普通高等教育"十二五"规划教材

Access 数据库技术及应用

主　编　吴　伶　谭湘键

副主编　陈义明　刁洪祥　拜战胜

　　　　陈光仪　向昌盛　刘　波

主　审　沈　岳

北京邮电大学出版社
·北京·

内容简介

本书为普通高等教育"十二五"规划教材。全书从关系数据库管理系统基础理论出发,以数据库应用系统开发知识为主线,其特色一是理论部分与 Access 应用技术部分相辅相成,既照顾到理论基础的坚实,又强调技术的实际应用;二是用一个实际的数据库应用系统贯穿整个教学过程,以其为核心内容并围绕它编排大量详实的实例,讲解与数据库相关的基础理论知识,包括数据模型和关系模型、关系运算、数据库的创建与使用、表的操作、查询、窗体、报表、宏、数据访问页、VBA 程序设计、数据库应用系统开发的方法及步骤、数据库保护等。

本书力求体系完整,结构清晰,实例丰富,图文并茂,精编精讲,易读易懂,全书例题新颖,具有普遍适用性。本书适合作为普通高等学校非计算机专业学生数据库技术课程的教学使用,也可作为全国计算机等级考试 Access 的培训教材或各层次办公人员的自学教材。

图书在版编目(CIP)数据

Access 数据库技术及应用/吴伶,谭湘键主编. --北京:北京邮电大学出版社,2011.12(2020.1 重印)
ISBN 978-7-5635-2643-7

Ⅰ.①A… Ⅱ.①吴…②谭… Ⅲ.①关系数据库—数据库管理系统,Access—高等学校—教材
Ⅳ.①TP311.138

中国版本图书馆 CIP 数据核字(2011)第 229954 号

书　　名	Access 数据库技术及应用
主　　编	吴　伶　谭湘键
责任编辑	陈岚岚
出版发行	北京邮电大学出版社
社　　址	北京市海淀区西土城路 10 号(邮编:100876)
发 行 部	电话:010-62282185　传真:010-62283578
E-mail	publish@bupt.edu.cn
经　　销	各地新华书店
印　　刷	保定市中画美凯印刷有限公司
开　　本	787 mm×1 092 mm　1/16
印　　张	19.5
字　　数	483 千字
版　　次	2011 年 12 月第 1 版　2020 年 1 月第 8 次印刷

ISBN 978-7-5635-2643-7　　　　　　　　　　　　　　　　　　定　价:39.00 元
· 如有印装质量问题,请与北京邮电大学出版社发行部联系 ·

目 录

第1章 数据库系统概述 … 1

1.1 数据库系统基础知识 … 1
1.1.1 信息、数据和数据管理 … 1
1.1.2 数据库技术的产生与发展 … 2
1.1.3 数据库、数据库管理系统 … 4

1.2 数据模型 … 5
1.2.1 实体模型 … 5
1.2.2 层次模型 … 7
1.2.3 网状模型 … 7
1.2.4 关系模型 … 8
1.2.5 面向对象模型 … 10

1.3 关系数据模型 … 10
1.3.1 关系数据结构 … 10
1.3.2 关系运算 … 10
1.3.3 关系完整性约束 … 11
1.3.4 关系的规范化 … 12

1.4 本章小结 … 14
习题一 … 15

第2章 Access 系统概述 … 17

2.1 Access 关系数据库 … 17
2.1.1 Access 关系数据库简介 … 17
2.1.2 Access 的版本 … 17
2.1.3 Access 的特点 … 17

2.2 Access 的数据库对象 … 18
2.3 Access 的启动与退出 … 22
2.3.1 启动 Access … 23
2.3.2 关闭 Access … 23

2.4 Access 的工作环境 … 23
2.4.1 菜单栏 … 24
2.4.2 工具栏 … 24

2.4.3 状态栏 ………………………………………………………………………… 25
　　2.4.4 数据库窗口 ……………………………………………………………………… 25
　　2.4.5 任务窗格 ………………………………………………………………………… 26
2.5 本章小结 …………………………………………………………………………………… 26
习题二 …………………………………………………………………………………………… 26

第3章　数据库的创建与应用 …………………………………………………………………… 27

3.1 数据库设计概述 ……………………………………………………………………………… 27
3.2 创建数据库 …………………………………………………………………………………… 28
3.3 使用数据库 …………………………………………………………………………………… 32
　　3.3.1 共享数据库 …………………………………………………………………… 32
　　3.3.2 转换数据库 …………………………………………………………………… 32
　　3.3.3 导出数据到 Excel、Word 和文本文件 ……………………………………… 33
3.4 数据库的压缩与修复 ………………………………………………………………………… 33
　　3.4.1 压缩 Access 数据库 …………………………………………………………… 33
　　3.4.2 修复 Access 数据库 …………………………………………………………… 34
3.5 本章小结 …………………………………………………………………………………… 34
习题三 …………………………………………………………………………………………… 34

第4章　表的创建与应用 ………………………………………………………………………… 35

4.1 表的设计 …………………………………………………………………………………… 35
　　4.1.1 表名 …………………………………………………………………………… 36
　　4.1.2 字段类型 ……………………………………………………………………… 36
　　4.1.3 表的结构设计 ………………………………………………………………… 38
4.2 创建与维护表结构 ………………………………………………………………………… 39
　　4.2.1 使用设计器创建表 …………………………………………………………… 40
　　4.2.2 使用向导创建表 ……………………………………………………………… 41
　　4.2.3 通过输入数据创建表 ………………………………………………………… 44
　　4.2.4 修改表结构 …………………………………………………………………… 45
　　4.2.5 设置字段的其他属性 ………………………………………………………… 47
4.3 输入与维护表数据 ………………………………………………………………………… 51
　　4.3.1 输入数据 ……………………………………………………………………… 51
　　4.3.2 导入、导出数据 ……………………………………………………………… 53
　　4.3.3 维护数据 ……………………………………………………………………… 55
4.4 表的使用 …………………………………………………………………………………… 57
　　4.4.1 浏览记录 ……………………………………………………………………… 57
　　4.4.2 记录的排序 …………………………………………………………………… 58

| 4.4.3 记录的筛选 | 59 |

4.5 表的索引 ··· 62
 4.5.1 索引概述 ·· 62
 4.5.2 创建与维护索引 ·· 63
4.6 建立表间关联关系 ·· 64
 4.6.1 表间关系 ·· 64
 4.6.2 创建关系 ·· 65
 4.6.3 编辑关系 ·· 68
 4.6.4 参照完整性 ··· 69
4.7 本章小结 ··· 70
习题四 ··· 71

第5章 查询 ·· 74

5.1 查询类型与查询视图 ·· 74
 5.1.1 查询类型 ·· 74
 5.1.2 查询视图 ·· 75
5.2 选择查询 ··· 76
 5.2.1 使用向导创建选择查询 ·· 76
 5.2.2 在设计视图中创建选择查询 ··································· 78
 5.2.3 在设计视图中建立查询准则 ··································· 81
5.3 参数查询 ··· 85
5.4 交叉表查询 ·· 86
 5.4.1 什么是交叉表 ·· 86
 5.4.2 使用向导创建交叉表查询 ······································ 86
5.5 操作查询 ··· 89
 5.5.1 生成表查询 ··· 89
 5.5.2 更新查询 ·· 89
 5.5.3 追加查询 ·· 91
 5.5.4 删除查询 ·· 92
5.6 SQL 查询 ·· 92
 5.6.1 SQL 简介 ·· 92
 5.6.2 SQL 查询命令 ··· 93
 5.6.3 SQL 查询示例 ··· 94
 5.6.4 联合查询 ·· 97
 5.6.5 传递查询 ·· 99
 5.6.6 数据定义查询 ·· 100
5.7 本章小结 ··· 101

习题五……101

第6章 窗体设计……104

6.1 窗体的基础知识……104
6.1.1 窗体的组成与结构……104
6.1.2 窗体的作用……105
6.1.3 窗体的视图……105
6.2 创建窗体……106
6.2.1 使用窗体向导创建窗体……106
6.2.2 自动创建窗体……107
6.2.3 自动窗体……109
6.2.4 利用图表向导创建窗体……112
6.2.5 利用数据透视表向导创建窗体……115
6.2.6 利用设计视图创建窗体……116
6.3 窗体控件的使用……118
6.3.1 常用的窗体控件……118
6.3.2 常用控件的操作……120
6.4 实用窗体设计……121
6.4.1 数据输入窗体设计实例……121
6.4.2 数据浏览窗体设计实例……125
6.5 本章小结……129
习题六……129

第7章 报表制作……132

7.1 报表的基础知识……132
7.1.1 报表的组成……132
7.1.2 报表的类型……133
7.1.3 报表的视图……135
7.2 创建报表……135
7.2.1 利用自动报表创建报表……135
7.2.2 利用报表向导创建报表……136
7.2.3 利用图表向导创建报表……138
7.2.4 利用标签向导创建报表……141
7.2.5 利用设计视图创建报表……143
7.3 报表设计……146
7.3.1 报表设计工具……146
7.3.2 报表的编辑……148

7.4 报表打印输出	155
7.4.1 报表的页面设置	155
7.4.2 报表的预览	155
7.4.3 报表的打印	156
7.5 本章小结	156
习题七	157

第8章 宏的应用 ... 160

- 8.1 宏的基本概念 ... 160
  - 8.1.1 宏和宏组概述 ... 160
  - 8.1.2 宏设计视图 ... 160
- 8.2 宏的创建 ... 161
  - 8.2.1 创建宏的过程 ... 161
  - 8.2.2 宏的创建实例 ... 162
  - 8.2.3 宏组的创建 ... 165
  - 8.2.4 创建条件宏 ... 169
- 8.3 宏的编辑和修改 ... 173
  - 8.3.1 添加操作 ... 173
  - 8.3.2 删除操作 ... 173
  - 8.3.3 更换操作、修改操作参数以及修改执行条件 ... 173
- 8.4 宏的运行 ... 173
- 8.5 常用的宏操作 ... 174
- 8.6 本章小结 ... 175
- 习题八 ... 175

第9章 数据访问页 ... 177

- 9.1 数据访问页概述 ... 177
  - 9.1.1 数据访问页的类型 ... 177
  - 9.1.2 数据访问页的存储与调用方式 ... 178
  - 9.1.3 数据访问页的组成 ... 179
- 9.2 创建与保存数据页 ... 179
  - 9.2.1 自动创建数据访问页 ... 179
  - 9.2.2 使用设计向导创建数据访问页 ... 181
  - 9.2.3 使用设计视图创建数据访问页 ... 184
  - 9.2.4 利用已有的网页创建数据访问页 ... 186
- 9.3 数据访问页的设计 ... 187
  - 9.3.1 数据访问页的外观设置 ... 188

9.3.2 为数据访问页添加控件 190
9.3.3 发布数据访问页 192
9.4 数据访问页配置实例 193
9.4.1 配置学院表数据访问页 193
9.4.2 创建学院表链接页 197
9.5 本章小结 200
习题九 200

第 10 章 模块与 VBA 202

10.1 模块与 VBA 概述 202
  10.1.1 模块定义与分类 202
  10.1.2 关于 VBA 203
10.2 VBA 编程基础 204
  10.2.1 数据类型 204
  10.2.2 常量 207
  10.2.3 变量 209
  10.2.4 数组 210
  10.2.5 函数 211
  10.2.6 运算符与表达式 217
10.3 创建 VBA 模块与编程环境 220
  10.3.1 VBE 编程环境 220
  10.3.2 VBE 编程窗口与编辑器 222
  10.3.3 创建新过程 223
  10.3.4 保存模块 226
10.4 Access 程序设计 227
  10.4.1 程序设计中语句书写规则 227
  10.4.2 程序设计中的基本语句 227
  10.4.3 顺序结构程序设计 231
  10.4.4 分支结构程序设计 231
  10.4.5 循环程序设计 234
  10.4.6 过程调用与参数传递 236
10.5 程序的调试方法 239
  10.5.1 程序的运行错误处理 239
  10.5.2 程序的调试 240
10.6 本章小结 242
习题十 243

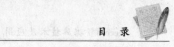

第11章 Access 数据库应用系统综合实例 … 246

11.1 学生教学管理系统分析 … 246
- 11.1.1 系统功能需求分析 … 246
- 11.1.2 系统数据库设计 … 247

11.2 学生教学管理系统功能实现 … 250
- 11.2.1 创建数据库 … 250
- 11.2.2 设计数据查询 … 251
- 11.2.3 设计窗体 … 252
- 11.2.4 设计报表和数据访问页 … 254
- 11.2.5 数据对象的集成 … 255

第12章 关系数据库设计 … 258

12.1 关系规范化 … 258
- 12.1.1 关系规范化的作用 … 258
- 12.1.2 函数依赖 … 259
- 12.1.3 范式 … 260

12.2 数据库设计概述 … 261
- 12.2.1 数据库设计的特点 … 262
- 12.2.2 数据库设计方法 … 262
- 12.2.3 数据库设计基本步骤 … 263

12.3 需求分析 … 264
- 12.3.1 需求分析的任务 … 264
- 12.3.2 需求分析的方法 … 264
- 12.3.3 结构化分析方法 … 265

12.4 概念结构设计 … 266
- 12.4.1 概念结构设计概述 … 266
- 12.4.2 E-R 模型 … 267
- 12.4.3 局部 E-R 图设计 … 268
- 12.4.4 全局 E-R 图设计 … 269

12.5 逻辑结构设计 … 270
- 12.5.1 概念模型转换 … 270
- 12.5.2 关系模型的优化 … 271
- 12.5.3 设计用户子模式 … 271

12.6 物理结构设计 … 272
- 12.6.1 物理结构设计概述 … 272
- 12.6.2 存取方法选择 … 272

12.6.3　存储结构的确定……………………………………………………273
　　12.6.4　物理结构的评价……………………………………………………273
　12.7　数据库的实施和维护………………………………………………………274
　　12.7.1　数据库实施…………………………………………………………274
　　12.7.2　数据库维护…………………………………………………………274
　12.8　本章小结……………………………………………………………………275
　习题十二……………………………………………………………………………275

第13章　数据库保护……………………………………………………………279

　13.1　数据库的安全性……………………………………………………………279
　13.2　数据库的完整性……………………………………………………………285
　13.3　数据库的恢复………………………………………………………………289
　　13.3.1 数据库后备……………………………………………………………289
　　13.3.2 数据库恢复……………………………………………………………292
　　13.3.3 操作具体实例…………………………………………………………293
　13.4　本章小结……………………………………………………………………294
　习题十三……………………………………………………………………………294

参考文献………………………………………………………………………………297

第1章 数据库系统概述

数据库技术是20世纪60年代末兴起的一种数据管理技术。随着计算机技术的高速发展及信息时代的应用需求，数据管理技术已经融入到人们的日常工作和社会生活的各个领域，扮演着十分重要的角色。数据库技术也已成为计算机科学的重要分支。

本章主要对数据库系统的基本概念、数据管理的发展过程、数据模型、关系数据模型、关系操作和关系的完整性等内容做一个基本的介绍，以便更好地掌握和理解 Access 数据库的应用。

1.1 数据库系统基础知识

计算机早期主要是用于科学计算，然而当计算机用于企业管理、办公信息系统等事物领域时就面临着数量庞大的各种类型数据。为了有效地管理这些数据，就产生了数据库技术。下面主要介绍数据库技术的产生、发展过程和数据库系统的一些基本概念及数据模型等内容。

1.1.1 信息、数据和数据管理

计算机的普遍应用极大扩展了数据处理领域，与数据相关的概念大量涌现，其中数据和信息是经常遇到的两个近似的概念。

1. 信息与数据

在计算机世界里，信息(Information)与数据(Data)是一对既有联系又有区别的基本概念。信息总是用数据来表示的；信息本身则来源于对现实世界客观事物的抽象。现实世界与计算机世界的关系可以用图1.1来表示。

图1.1 现实世界与计算机世界的关系

现实世界中的事物有两种，一种是具体的人或物，如一间教室、一台计算机、一个学生等；另一种是某种抽象的概念，如年龄、体重、血型等。这些客观事物反映到人们的头脑里，通过抽象就形成了信息，因此客观事物是信息的源泉。

在信息世界里，人们对客观存在的事物通过选择、分类、命名等抽象过程产生出概念模型。在这里事物的个体被称为实体，个体的特征称为属性；拥有相同属性的实体称为同类实体，它们的集合则构成实体集。在计算机中所有的信息均被抽象和转换为计算机能接受的数据形式，并通过适当的软件对它们进行存储和管理。

用数据表示信息有多种表现形式，如数值型数据、字符型数据、特殊型数据。

① 数值型数据：对客观事物进行定量记录的符号，如数量、年龄、考试成绩等。

② 字符型数据：对客观事物进行定性记录的符号，如姓名、地址、毕业学校等。

③ 特殊型数据：对客观事物进行形象特征和过程记录的符号，如声音、图像、视频等。

总之，信息是客观世界中各种事物的反映，数据是信息在计算机中的表现形式。或者说，数据的内涵是信息，而信息的载体则是数据。数据如不具有知识性和有用性则不能称为信息。

2. 数据处理与数据管理

从本质上来说，计算机是"数据自动处理机"。数据处理实际上就是利用计算机对各种类型的数据进行加工处理，包括数据的获取、表示、存储、加工/计算、转换及查询等一系列操作过程。数据处理的目的是从大量的、可能是杂乱无章的、难以理解的原始数据中抽取并推导出的对某些特定的人们来说是有价值的、有意义的数据，以此作为行为和决策的依据。

数据处理的最基本工作就是数据管理，数据管理是其他数据处理的核心和基础。数据管理应包括 3 项内容：组织和保存数据、进行数据维护、提供数据查询和数据统计功能。

（1）组织和保存数据

数据管理工作要将收集到的数据合理地分类组织，将其存储在物理载体上，使数据能够长期保存。

（2）进行数据维护

数据管理工作要根据需要随时添加新数据、修改原有数据和删除无用或过时的数据。

（3）提供数据查询和数据统计功能

数据管理工作要提供数据查询和数据统计功能，以便快速地得到需要的正确数据，满足使用要求。

数据库体现了当代先进的数据管理方式，主要研究与数据管理相关的技术。

1.1.2 数据库技术的产生与发展

数据库技术是随着数据处理的需要而产生的。数据处理的中心问题是数据管理，计算机在数据管理方面经历了人工管理阶段、文件管理阶段和数据库管理阶段的由低级到高级的发展过程。

20 世纪 50 年代中期以前，计算机主要用于科学计算。对数据管理，包括存储结构、存取方法、输入/输出方式等完全由程序设计人员负责，这一阶段称为人工管理阶段。人工管理阶段的特点是：数据不保存；由应用程序管理数据；数据不具有独立性也不具有共享性。

20 世纪 50 年代后期到 60 年代中期，计算机不仅用于科学计算，而且还大量用于事物管理。这一时期出现了可以直接存取的磁鼓和磁盘，它们成为联机的主要外部存储设备；同时在软件方面，出现了高级语言和操作系统。操作系统中有了专门的数据管理系统，称为文件管理系统。文件管理阶段的特点是：数据可以长期保存在外部设备上；数据是由文件系统来管理的；数据的独立性和共享性较差，数据的冗余度较大。

20世纪60年代后期，随着计算机用于数据处理的规模越来越大而产生了数据库管理系统。数据库管理系统克服了文件管理系统阶段的缺陷，对相关数据进行统一规划管理，形成一个数据中心，构成一个数据"仓库"，实现了整体数据的结构化。数据库管理阶段的特点是：数据整体结构化；具有很高的数据独立性；数据冗余度较低，共享性较强；数据由数据库管理系统统一管理和控制。

数据库发展阶段的划分是以数据模型的发展为主要依据的。数据模型的发展经历了非关系数据模型（包括层次模型和网状模型）、关系数据模型和面向对象数据模型3个阶段。因此，数据库技术的发展经历了三代：第一代非关系型数据库系统、第二代关系型数据库系统和第三代以面向对象模型为主要特征的数据库系统。

1. 第一代数据库系统——非关系型数据库系统

非关系型数据库系统包括层次模型和网状模型，在20世纪70年代至80年代初非常流行。第一代数据库系统以记录型为基本的数据结构，在不同的记录型之间允许存在联系，其中层次模型在记录型之间只能有单线联系。网状模型则允许记录型之间存在两种或多于两种的联系。

非关系型数据库系统的结构复杂，数据存取路径需用户指定，使用难度较大，自从关系型数据库系统兴起后，它们已逐步被关系型数据库取代。

1969年，美国IBM公司开发的层次模型数据库系统（Information Management System，IMS）和20世纪70年代美国数据库系统语言协会（Conference On Data System Language，CODASYL）的数据库任务组提出的网状模型数据库系统规范报告，简称为DBTG（Data Base Task Group）报告，是第一代数据库的典型代表。

2. 第二代数据库系统——关系型数据库系统

1970年，美国IBM公司San Jose实验室的研究员科德（E. F. Codd）提出了关系模型的概念，关系型数据库（Relational Database System，RDBS）开始问世。关系模型是建立在数学概念基础上的，有着坚实的数学理论基础。20世纪80年代以来，计算机厂商推出的数据库管理系统绝大多数都支持关系模型，现在微机上使用的数据库系统几乎都是关系型数据库。

关系型数据库采用人们常用的二维表为基本的数据结构，通过公共的关键字段实现不同二维表（或"关系"）之间的数据联系。二维表结构简单，形象直观，使用方便。关系型数据库允许一次访问整个关系，其效率远比第一代数据库系统（一次只能访问一个记录）高。因而受到用户的普遍欢迎。

较早商业化的关系型数据库系统有：IBM公司San Jose实验室研制的关系型数据库系统System R和美国Berkeley大学研制的INGRES数据库系统。

目前常见的关系型数据库系统有：DB2、FoxPro、MySql和Access。

3. 第三代数据库系统——面向对象-关系型数据库系统

20世纪80年代中期以来，对新一代数据库系统的研究日趋活跃，出现了包括分布式数据库系统、并行数据库系统和面向对象数据库系统等新型数据库系统。随着多媒体应用的扩大,人们希望新一代数据库系统除存储传统的文本信息外,还能存储和处理图形、声音等多媒体对象,于是第三代数据库应运而生。将数据库技术与面向对象技术相结合,成为第三代数据库系统的发展方向。

对于中、小数据库用户而言,由于高级数据库系统的专业性要求太高,通用性受到一定的限制,在推广使用的范围上受到约束。而基于关系模型的关系数据库系统功能的扩展与改善,面向对象关系数据库、数据仓库、Web 数据库、嵌入式数据库等数据库技术的出现,构成了新一代数据库系统发展的主流。

1.1.3 数据库、数据库管理系统

1. 数据库

数据库(DataBase,DB)是长期存放在计算机存储设备上的,有组织、可共享的数据集合。数据库的数据按照一定的数据模型组织、描述和存储,具有较小的冗余度和较高的数据独立性和易扩展性,并且可为各种用户共享。

数据库具有以下特点:

- 数据库把与应用程序相关的数据及其联系集中在一块并按照一定的结构形式进行存储,即数据库具有集成性;
- 数据库中的数据可以被多个用户和多个应用程序共享,即数据库具有共享性;
- 数据库的结构独立于程序,对于数据库的数据增加、删除、修改和检索等操作是由软件进行的,即数据库中的数据与程序具有较高的独立性;
- 减少了数据的冗余(重复);
- 避免数据的不一致性;
- 易于使用、便于扩展;
- 具有较高的数据安全性和完整性;
- 支持多用户操作。

2. 数据库管理系统

数据库管理系统(DataBase Management System,DBMS)是位于用户与操作系统之间,具有数据定义、操纵、查询和控制的系统软件,是数据库系统的核心组成部分。

数据库管理系统主要包括以下几个功能。

(1) 数据定义

包括定义构成数据库结构的模式、存储模式和外模式,定义外模式与模式之间的映射,定义模式与存储模式之间的映射,定义有关的约束条件。

(2) 数据操纵

包括对数据库数据的检索、插入、修改和删除等基本操作。

(3) 数据库运行管理

包括对数据库进行并发控制、安全性检查、完整性约束条件、数据库的维护等,以保证数据的安全性、完整性、一致性以及多用户对数据库的并发使用。

(4) 数据组织、存储和管理

对数据字典、用户数据、存取路径等数据进行分门别类地组织、存储和管理,确定以何种

文件结构和存取方式物理地组织这些数据,以便提高存储空间利用率以及缩短操作时间。

(5) 数据库的建立和维护

建立数据库包括数据库初始数据的输入与数据转换等。维护数据库包括数据库的转储与恢复、数据库的重组织与重构造、性能的监视与分析等。

(6) 数据通信接口

提供数据库管理系统与其他软件进行通信的功能。例如,提供与其他 DBMS 或文件系统的接口,从而能够将数据转换为另一个 DBMS 或文件系统能够接受的格式。

1.2 数据模型

在现实世界中,经常用模型来模拟和抽象事物的主要特征,模型能够清楚地表示某一事物。客观世界中的事物反映在人们的头脑中称为概念世界。在概念世界中将客观事物及其性质常抽象为实体及属性。由于概念世界中的信息在计算机中只能以数据形式存储,因此人们必须事先把具体事物转换成计算机能够处理的数据。在数据库中用数据模型来模拟、抽象、逼近和表示现实世界中的数据和信息。

数据模型(Data Model)也是一种模型,它是现实世界数据特征的抽象。

数据模型应满足3个方面的要求:①能够比较真实地模拟现实世界;②容易被人理解;③便于在计算机系统中实现。

数据模型包括3个方面的内容:数据结构、数据操作和数据约束条件(合称为数据模型的三要素)。数据结构用于描述系统的静态特性,研究的对象包括两类:一类是与数据类型、内容和性质有关的对象;另一类是与数据之间的联系有关的对象。数据操作是指对数据库中各种对象(型)的实例(值)允许进行的所有操作,即操作的集合。数据库主要有检索和更新两类操作。完整性规则是给定的数据模型中数据及其联系所具有的制约和依存规则,以保证数据的正确性、有效性和相容性。

数据模型是数据库系统的核心和基础,各种机器上实现的 DBMS 软件都是给予某种数据模型的。常见的数据模型有层次模型(Hierarchical Model)、网状模型(Network Model)、关系模型(Relational Model)、面向对象模型(Object Oriented Model)等。

1.2.1 实体模型

在信息世界中,客观存在并可以相互区分的客观事物或抽象事件称为实体(Entity)。实体模型有实体、属性、码、域、实体集等概念。现实世界中存在各种事物,事物与事物之间是存在着联系的,这种联系是客观存在的,也是由事物本身的性质决定的。也就是说实体与实体之间必然存在着联系。

1. 有关实体模型的几个概念

(1) 实体(Entity)

实体是客观存在并且可以相互区分的客观事物或抽象事件。实体可以是具体的人和事物,也可以是抽象的概念或联系,例如,一个教师、一个学生、一门课程、教师与讲授课程的关系等都是实体。

(2) 属性(Attribute)

实体有若干特性,每个特性称为实体的一个属性。一个实体可以由若干个属性来刻画。例如,学生的学号、姓名、性别、民族、出生日期等。

(3) 码(Key)

能唯一标识实体的一个属性或属性集称为码或关键字。例如,学生的学号是学生实体的码。

(4) 域(Domain)

属性取值范围称为该属性的域。例如,性别的域为"男"或"女"。

(5) 实体型(Entity Type)

具有相同属性的实体必然具有共同的特征和性质。实体型是用实体名及其属性名集合来抽象和刻画同类实体。例如,"教师"实体,其型的描述为:教师(教师编号、教师姓名、性别、专业、学历、职称)就是一个实体型。

(6) 实体集(Entity Set)

实体集是若干个同类实体的集合。例如,一个班的所有学生、一个学校的全体教师等都是实体集。

2. 实体之间的联系

实体之间的对应关系称为关联,它反映现实世界事物之间的相互联系。在信息世界中,联系是指实体与实体之间、实体集内的实体与实体之间以及组成实体的各属性间的关系。实体间有着各种联系,归纳起来有3种基本类型:一对一(1∶1)、一对多(1∶n)和多对多(m∶n)。

(1) 一对一联系(One-to-one Relationship)

设 A、B 为两个实体集,若 A 中的每个实体至多和 B 中的一个实体有联系,反过来,B 中的每个实体至多和 A 中的一个实体有联系,则称 B 对 A 是一对一(1∶1)联系。

例如,在学院中,每个系部有一名主任,而一位主任负责一个系部,则学院各系部与系部主任之间具有一对一联系。

(2) 一对多联系(One-to-many Relationship)

如果实体集 A 中的每个实体可以和实体集 B 中几个实体有联系,而 B 中的每个实体都和 A 中的一个实体有联系,那么 A 对 B 属于一对多(1∶n)联系。

例如,一个班级有许多学生,而一个学生只能属于一个班级,则学生与班级之间具有一对多的联系。

(3) 多对多联系(Many-to-many Relationship)

如果实体集 A 中的每个实体可以与实体集 B 中的多个实体有联系,反过来,B 中的每个实体也可以与 A 中的多个实体有联系,则称 A 对 B 或 B 对 A 是多对多(m∶n)联系。

例如,一位学生可以选修多门课程,而一门课程可以被多位学生选修,则学生与课程之间具有多对多联系。

3. E-R 模型

最著名、最实用的实体模型设计方法就是 P. P. S. Chen 于 1976 年提出的"实体-联系模型(Entity-Relationship Approach)",简称 E-R 模型。

E-R 模型中,常用 E-R 图来描述。在 E-R 图中,图形要素是矩形框、椭圆和菱形框。在

第 12 章关系数据库设计中将专门介绍 E-R 模型。

E-R 图具有的优点：
- 能真实自然地描述现实世界；
- 图形元素简单直观，易为用户和设计者理解和交流；
- 便于向数据模型转换。

以下是画 E-R 图的基本步骤：
- 对现实世界进行分析，抽象以后，找出实体集及其属性；
- 找出实体集之间的联系；
- 找出实体集联系的属性；
- 绘制 E-R 图，一般是先绘制局部的 E-R 图，然后再绘制全局的 E-R 图。

在信息世界中，实体的属性也叫字段(Filed)，也称为数据项；字段名往往和属性名相同。例如，教师的字段有教师号、教师姓名、所属学院、身份证号、性别、学历、职称、专业、工龄等。字段的有序集合称为记录(Record)。现实世界中的实体及其联系，在计算机世界中用数据模型来表示。

1.2.2 层次模型

现实世界中，许多实体之间的联系呈现出一种自然的隶属或层次关系，例如，行政机构、家族等。因此，可用树型结构表示各类实体及实体间的联系。在层次模型(Hierarchical Model)中每个结点表示一个实体型，结点之间的连线表示实体型间的联系，这种联系是"父子"结点之间的"一对多"的联系。例如，在一所大学中，包含了多个学院，而一个学院下有多个系部和许多学生；每个系部有多名教师，用层次模型表示如图 1.2 所示。

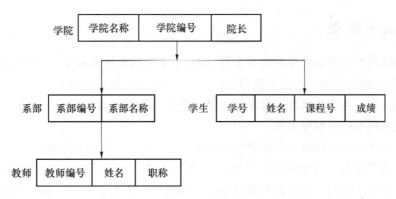

图 1.2 高校教学层次模型

其主要特征如下：
① 层次模型只有一个无父结点，这个结点称为根结点，如图 1.2 中学院结点；
② 根节点以外的其他结点仅有一个父结点，如图 1.2 中系部、学生、教师结点。

由学校到学院、学院到教师、学校到行政部门、行政部门到工作人员均是一对多的联系。

1.2.3 网状模型

在现实世界中，事物之间的关系大多数是非层次关系，如果用层次模型描述这种关系就有一定的困难,因此,引入了网状模型(Network Model)。

网状模型是层次模型的扩展,它表示多个从属关系的层次结构,呈现一种交叉关系的网络结构,网状模型是有向"图"结构,如图1.3所示。在网状模型中,每一个结点表示一个实体型,结点之间的连线表示实体型间的联系,从一个结点到另一个结点用有向线段表示,箭头指向"一对多"的联系的"多"方。

其主要特征如下:

① 网状模型允许一个以上的结点无父结点;
② 允许结点有多于一个的父结点。

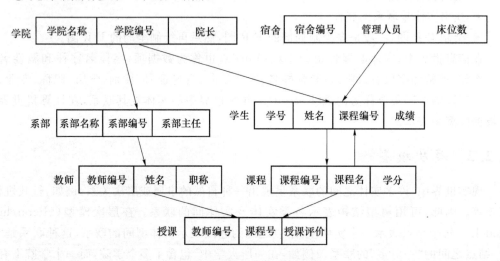

图1.3 学校管理的网状模型

1.2.4 关系模型

虽然网状模型比层次模型更有普遍性,但是由于其结构比较复杂,不便于应用程序的实现。因此,新的数据模型——关系模型(Relational Model)便应运而生,关系模型是最重要的一种数据模型。关系数据库系统采用关系模型作为数据的组织形式。现在主流数据库大都是基于关系模型的数据库系统。

关系模型是由美国IBM公司的研究员E.F.Codd于1970年首次提出的。为了表彰E.F.Codd为关系数据库技术做出的杰出贡献,1981年的图灵奖授予了这位"关系数据库之父"。

关系模型中实体与实体间的联系是通过二维表结构来表示的。关系模型就是用二维表结构来表示实体及实体间联系的模型。二维表结构简单、直观。表1.1学生信息表就是一个关系模型的例子。

表1.1 学生关系表

学生编号	姓 名	性 别	出生年月	学生班级
200420101401	刘琳琳	女	1983-9-13	计算02-3
200420101402	王明伟	男	1983-11-11	英语02-4
200420101403	李浩然	男	1982-7-28	金融02-5
200420101404	陈莉湘	女	1983-5-17	经济02-5

1. 关系模型的常用术语

(1) 关系(Relation)

一个关系对应一张二维表,每个关系都有一个名称,即关系名,表示为 $R(D1,D2,\cdots,Dn)$,其中 R 为关系名,$D1,D2,\cdots,Dn$ 为属性名。在 Access 数据库中,一个关系存储为一个表,具有一个表名。

对关系的描述称为关系模式,一个关系模式对应一个关系的结构。其格式为:

$$\text{关系名}(\text{属性名}1,\text{属性名}2,\cdots,\text{属性名}n)$$

在 Access 中,表示为表结构:

$$\text{表名}(\text{字段名}1,\text{字段名}2,\cdots,\text{字段名}n)$$

(2) 元组(Tuple)

在一个二维表(一个具体关系)中,一行称为一个元组,对应表中的一个具体记录。

(3) 属性(Attribute)

二维表中的一列称为一个属性,每一个属性有一个名称,即属性名,与前面讲的实体属性相同。在 Access 中表示为字段名。例如,表 1.1 中有 5 列,则有 5 个属性名(学生编号,姓名,性别,出生年月,学生班级)。

(4) 域(Domain)

属性的取值范围称为域。即不同元组对同一个属性的取值所限定的范围。例如,表 1.1 中性别值域是{男,女}。

(5) 主码或主关键字(Primary Key)

表中能够唯一地标识一个元组的属性或元组属性的组合称为主码或主关键字。它可以唯一地确定关系中的一个元组。在 Access 中能够唯一标识一条记录的字段或字段组合也称为主键。表 1.1 中由于学生编号具有唯一性,故可以作为标识一条记录的关键字。由于可能有重名的学生,所以,姓名字段不能作为主关键字,但姓名字段和出生年月字段的组合一般可以唯一标识一个记录,因此可以作为主关键字。

(6) 外部关键字(Foreign Key)

如果表中的一个字段不是本表的主关键字,而是另外一个表的主关键字,这个字段(属性)就称为外部关键字。在 Access 中称为外键。

2. 关系模型的 5 条性质

根据 E.F.Codd 的规定,在数据库中,每个关系都应该满足以下性质。

① 每一列中各数据项具有相同属性,即同一列的数据必须是同一数据类型。

② 每一行代表一个实体,任何两行的值不能完全相同。

③ 每一行中由一个实体的多种属性构成。

④ 行与行、列与列的次序可以任意交换,且不改变关系的实际意义。

⑤ 关系中每一个数据项不可再分,也就是说不允许表中还有表。例如,表 1.2 的课程表,其属性为课程编号、课程名称、学时,这时就不能正确反映实际情况;因为学时还可以再分为理论学时和实验学时才能反映实际情况。因此课程关系的属性应该为课程

表 1.2 课程表

课程编号	课程名称	学 时	
		理论学时	实验学时
20359B2	数据结构	50	36
02313B2	Access 数据库技术及应用	34	26
02320B2	计算机网络	50	20

编号、课程名、理论学时和实验学时。

以上这 5 条性质,使得关系的二维表比普通表格的要求更严格些。

1.2.5 面向对象模型

由于现实世界存在着大量的、复杂的、不规范的数据,需要对其进行复杂的数据处理,而传统的数据模型不能适应新一代数据库应用的需求,因此需要更高级的数据模型来表达,面向对象模型(Object Oriented Model)便孕育而生。

面向对象的概念最初出现在程序设计中,因为更便于描述复杂的客观现实,所以迅速渗透到计算机的其他领域。面向对象模型是面向对象概念与数据库技术相结合的产物。

面向对象模型最基本的概念是对象(Object)和类(Class)。在面向对象模型中,对象是指某一客观的事物,对象的描述具有整体性和完整性,对象不仅包含描述它的数据,而且还包含对它进行操作的方法,对象的外部特征与行为是紧密联系在一起的。其中,对象的状态由一组属性值组成,是该对象属性的集合;对象的行为由一组方法组成,是在对象状态上操作的方法的集合。共享同一属性集和方法集的所有对象构成了类。

面向对象模型是用"面向对象"的观点来描述现实世界客观存在的逻辑组织、对象间联系和约束的模型。它能完整地描述现实世界的数据结构,具有丰富的表达能力。由于该模型相对比较复杂,涉及的知识比较广,因此尚未达到关系模型的普及程度。

1.3 关系数据模型

1970 年,IBM 公司的研究员 E. F. Codd 在美国《ACM 通信》上发表了题为《大型共享数据库的关系模型》的论文,率先提出了以二维表的形式(Codd 称之为"关系")来组织数据库中的数据,提出了关系数据模型的思想,奠定了关系数据库系统坚实的基础。"关系"原本是一个数学概念,其理论基础是集合代数。关系方法就是采用数学方法来处理数据库中的数据。关系数据库是目前效率最高的一种数据库系统。Access 就是基于关系模型的数据库系统。关系模型由关系数据结构、关系操作集合和关系完整性约束三部分组成。

1.3.1 关系数据结构

关系模型中数据的逻辑结构是一张二维表。在用户看来非常单一,但这种简单的数据结构能够表达丰富的语义,可描述现实世界的实体以及实体间的各种联系。如一个图书馆可以有一个数据库,在数据库中建立多个表,其中一个表用来存放图书信息,一个表用来存放读者信息,一个表用来存放图书借阅信息等。

1.3.2 关系运算

关系运算采用集合运算方式,即运算的对象和结果都是集合。这种运算方式也称为一次一集合(Set-at-a-time)的方式。相应地,非关系数据模型的数据操作方式则为一次一记录

(Record-at-a-time)的方式。

常用的关系运算包括查询和更新两大部分。

查询运算是关系运算中的最主要部分,包括选择(Select)、投影(Project)、连接(Join)、除(Divide)、并(Union)、交(Intersection)、差(Difference)等。其中,选择、投影、并、差和笛卡儿积是5种基本运算,其他运算可以通过基本运算来定义和导出。这里只简单介绍关系数据库中最常用的3种关系运算,即选择、投影和连接。

(1) 选择

选择是对一个关系表中的记录进行的选择,该运算可以把符合某个条件的记录集选择出来,重新构建一个原表的子表。用于在关系表的水平方向(行)选择符合给定条件的元组。

(2) 投影

投影是对一个关系表中的字段进行的选择,该运算可以消去表的某些字段,并按要求重新安排次序。用于在关系表的垂直方向(列)找出含有给定属性列(或属性组)的子集。

(3) 连接

连接运算是将两个关系表,按照两个关系表中相同字段间的一定条件选择记录子集。连接运算属二元运算,参加运算的有两个关系表,结果生成一个新的关系。

更新运算包括增加(Insert)、删除(Delete)和修改(Update)等。

关系运算可用代数方式或逻辑方式表示。关系代数是用关系的运算方式来表达查询的要求;关系演算是用谓词的方式来表达查询要求。关系数据语言有关系代数语言(如 ISBL)、关系演算语言(如元组关系语言 ALPHA 和 QUEL)以及具有关系代数和关系演算双重特点的语言(如 SQL)。

1.3.3 关系完整性约束

关系完整性是为保证数据库中数据的正确性和相容性而对关系模型提出的某种约束条件或规则。例如,学校的数据库中规定性别只能为男或女,成绩只能为0～100或者"优"、"良"、"中"、"及格"和"不及格"等。

关系模型的操作必须满足关系的完整性约束条件。关系的完整性约束条件包括用户定义的完整性、实体完整性和参照完整性3种。后两者是关系模型必须满足的,由关系系统自动支持。

(1) 用户定义完整性(User-defined Integrity)

用户定义完整性是根据应用环境的要求和实际的需要,对某一具体应用所涉及的数据提出约束性条件。具体来说就是所涉及的数据必须满足一定的语义要求。例如,某个属性必须取唯一值、某个属性不能取空值(Null)、某个属性的取值范围在0～100之间等,其中Null 为"空值",即表示未知的值,是不确定的。用户定义完整性主要包括字段有效性约束和记录有效性约束。用户定义完整性是针对某一具体关系数据库的约束。关系模型应提供定义和检测这类完整性的机制。

(2) 实体完整性(Entity Integrity)

实体完整性是对关系中元组的唯一性约束,也就是对主关键字的约束,即关系(表)的主关键字不能是空值(Null)且不能有重复值。

设置实体完整性约束后,当主关键字值为 Null 时,关系中的元组无法确定。例如,在 Student 表关系中,"StudentID"是主码,由它来唯一识别每位学生,如果它的值取空值,将不能区分具体的学生,这在实际的数据库应用系统中是无意义的;当不同元组的主关键字值相同时,关系中就自然会有重复元组出现,这就违背了关系模型中元组的唯一性原则,因此这种情况是不允许的。

在关系数据库管理系统中,一个关系只能有一个主关键字,系统会自动进行实体完整性检查。

(3) 参照完整性(Referential Integrity)

参照完整性是对关系数据库中建立关联的关系之间数据参照引用的约束,也就是对外部关键字的约束。具体来说,参照完整性是指关系中的外部关键字必须是另一个关系的主关键字的值,或者是 Null。

例如,已知关系"Student 表"(见表 1.3)与关系"StudentCourse 表"(见表 1.4),在关系"Student 表"中"StudentID"为主关键字;在关系"StudentCourse 表"中"StudentID"为外部关键字。则在关系"StudentCourse 表"中"StudentID"属性的取值只能是关系"Student 表"中某个"StudentID"的值,或者取 Null 值。

表 1.3　Student 表

StudentID	Sname	Department
031201	张大林	数学 031
031202	王欣欣	英语 041
030703	刘意心	计算机 032
030804	李佳如	信工 031

表 1.4　StudentCourse 表

StudentID	CourseID	ExamGrade
031201	038Z0	90
031201	022Z0	88
030804	040B0	76
Null	019B1	65

关系完整性约束是关系设计的一个重要内容,关系的完整性要求关系中的数据及具有关联关系的数据间必须遵循一定的制约和依存关系,以保证数据的正确性、有效性和相容性。其中实体完整性约束和参照完整性约束是关系模型必须满足的完整性约束条件。

关系数据库管理系统为用户提供了完备的实体完整性自动检查功能,也为用户提供了设置参照完整性约束、用户定义完整性约束的环境和手段,通过系统自身以及用户定义的约束机制,就能够充分地保证关系的准确性、完整性和相容性。

1.3.4　关系的规范化

在数据库设计中,一个非常重要的问题是怎样把现实世界表示成合适的数据库模式。关系数据库的规范化理论就是进行数据库设计的有力工具。

关系数据库中的关系(表)要满足一定要求,满足不同程度要求的即为不同范式。遵循的主要范式有第一范式(1NF)、第二范式(2NF)、第三范式(3NF)和第四范式(4NF)等。规范化设计的过程就是按不同的范式,将一个二维表不断地分解成多个二维表并建立表间的关联,最终达到一个表只描述一个实体或者实体间的一种联系的目的。其目标是减少数据冗余,提供有效的数据检索方法,避免不合理的插入、删除、修改等操作,保持数据一致,增强数据的稳定性、伸缩性和适应性。

(1) 第一范式

在关系模型的5条性质中提到,关系中每一个数据项是不可再分的,满足这个条件的关系模式就属于第一范式。关系数据库中的所有关系都必须满足第一范式。

例如,将表1.5"课程表"规范为满足第一范式的表,显然该"课程表"不满足第一范式,处理方法是将表头改为只有一行标题的数据表,见表1.6。

表1.5 课程表

课程编号	课程名称	学时	
		理论学时	实验学时
20359B2	数据结构	50	36
02313B2	Access数据库技术及应用	34	26
02320B2	计算机网络	50	20

表1.6 满足第一范式的课程表

课程编号	课程名称	理论学时	实验学时
20359B2	数据结构	50	36
02313B2	Access数据库技术及应用	34	26
02320B2	计算机网络	50	20

(2) 第二范式

在满足第一范式的关系中,如果所有非主属性都完全依赖于主码,则称这个关系满足第二范式。即对于满足第二范式的关系,如果给定一个主码,则可以在这个数据表中唯一确定一条记录。一个关系模式如果不满足第二范式,就会产生插入异常、删除异常、修改复杂等问题。

例如,表1.7的"学生课程综合数据表",在表中没有哪一个数据项能够唯一标识一条记录,则不满足第二范式。该数据表存在如下缺点。

表1.7 学生课程综合数据表

学号	学生姓名	学生专业	课程编号	课程名称	学分	课程负责人	性别
031201	张大林	应用数学	20359B2	数据结构	3.5	郑佳敏	男
031202	王欣欣	英语	02313B2	Access数据库技术及应用	3	李丽芳	女
030703	刘意心	计算机	02320B2	计算机网络	4	王大力	男
030804	李佳如	信息工程	20359B2	数据结构	3.5	郑佳敏	女
031201	张大林	应用数学	02313B2	Access数据库技术及应用	3	李丽芳	女
031202	王欣欣	英语	02320B2	计算机网络	4	王大力	男

① 冗余度大。一个学生如果选了n门课程,则他的有关信息就要重复n遍,这就造成数据的极大冗余。

② 插入异常。在这个数据表中,如果要插入一门课程的信息,但此课程没有学生选修,则很难将其插入表中。

③ 删除异常。表中李佳如只选修了一门课程"数据结构",如果她不选了,这条记录就要被删除,即整个元组都随之删除,使得她的所有信息都被删除了,从而造成删除异常。

处理表1.7使之满足第二范式的方法是将其分解成3个数据表,见表1.8、表1.9、表1.10。这3个表均满足第二范式。其中"学生选课表"的主码为"学号"和"课程编号"的组合,

"学生专业表"的主码为"学号","课程表"的主码为"课程编号"。

表 1.8 学生选课表

学 号	课程编号	学 分	学 号	课程编号	学 分
031201	20359B2	3.5	030804	20359B2	3.5
031202	02313B2	3	031201	02313B2	3
030703	02320B2	4	031202	02320B2	4

表 1.9 学生专业表

学 号	学生姓名	学生专业
031201	张大林	应用数学
031202	王欣欣	英语
030703	刘意心	计算机
030804	李佳如	信息工程

表 1.10 课程表

课程编号	课程名称	学 分	课程负责人	性 别
20359B2	数据结构	3.5	郑佳敏	男
02313B2	Access数据库技术及应用	3	李丽芳	女
02320B2	计算机网络	4	王大力	男

(3) 第三范式

对于满足第二范式的关系,如果每一个非主属性都不传递依赖于主码,则称这个关系满足第三范式。传递依赖就是某些数据项间接依赖于主码。在表 1.10"课程表"中,"性别"属于课程负责人,主码"课程编号"不直接决定非主属性"性别","性别"是通过课程负责人传递依赖于"课程编号"的,所以此关系不满足第三范式。在某些情况下,不满足第三范式的关系会存在插入、删除异常和数据冗余等现象。为了将此关系转化为满足第三范式的数据表,可以将其分成表 1.11"课程表"和表 1.12"课程负责人表"。经过规范化处理,满足第一范式的"学生课程综合数据表"被分解为满足第三范式的 4 个数据表(学生选课表、学生专业表、课程表、课程负责人表)。

表 1.11 课程表

课程编号	课程名称	学 分
20359B2	数据结构	3.5
02313B2	Access数据库技术及应用	3
02320B2	计算机网络	4

表 1.12 课程负责人表

课程负责人	性 别
郑佳敏	男
李丽芳	女
王大力	男

在对数据库进行规范设计时,应该保证所有数据表都能满足第二范式,尽量满足第三范式。除上述的 3 种范式外,还有 BCNF(Boyce Codd Normal Form)、第四范式、第五范式。对于一个低一级范式的关系,可以通过模式分解,规范化为若干个更高一级范式的关系集合。

1.4 本章小结

信息是经过处理的有用数据,数据处理的目的是得到信息,数据处理的核心问题是数据管理。数据管理技术经历了人工管理、文件管理和数据库系统 3 个阶段。

数据模型是数据库系统的核心,数据模型包括:数据结构、数据操作和数据约束条件3个方面。常用的数据模型有:层次模型、网状模型、关系模型和面向对象模型。关系模型是最重要的一种数据模型。关系模型数据库中最常用的3种关系运算是选择、投影和连接。关系模型完整性约束条件包括用户定义完整性、实体完整性和参照完整性3种。

习 题 一

一、填空题

1. 在关系数据库中,一个元组对应表中_____。
2. 常用的数据模型有:_____、_____、_____和面向对象模型。
3. 用二维表来表示实体及实体之间联系的数据模型是_____。
4. 关系模型数据库中最常用的3种关系运算是_____、_____、_____。
5. 在数据库系统中,数据的最小访问单位是_____。
6. 对表进行水平方向的分割用的运算是_____。
7. 数据结构、_____和_____称为数据模型的三要素。
8. 关系的完整性约束条件包括_____完整性、_____完整性和_____完整性3种。

二、单项选择题

1. 对数据库进行规划、设计、协调、维护和管理的人员,通常被称为(　　)。
   A. 工程师　　　　B. 用户　　　　C. 程序员　　　　D. 数据库管理员
2. 下面关于数据(Data)、数据库(DB)、数据库管理系统(DBMS)与数据库系统(DBS)之间关系的描述正确的是(　　)。
   A. DB 包含 DBMS 和 DBS　　　　B. DBMS 包含 DB 和 DBS
   C. DBS 包含 DB 和 DBMS　　　　D. 以上都不对
3. 数据库系统的特点包括(　　)。
   A. 实现数据共享,减少数据冗余
   B. 具有较高的数据独立性、具有统一的数据控制功能
   C. 采用特定的数据模型
   D. 以上特点都包括
4. 下列各项中,对数据库特征的描述不准确的是(　　)。
   A. 数据具有独立性　　　　　　　B. 数据结构化
   C. 数据集中控制　　　　　　　　D. 没有冗余
5. 在数据的组织模型中,用树型结构来表示实体之间联系的模型称为(　　)。
   A. 关系模型　　B. 层次模型　　C. 网状模型　　D. 数据模型
6. 在数据库中,数据模型描述的是(　　)的集合。
   A. 文件　　　　B. 数据　　　　C. 记录　　　　D. 记录及其联系
7. 在关系数据库中,关系就是一个由行和列构成的二维表,其中行对应(　　)。
   A. 属性　　　　B. 记录　　　　C. 关系　　　　D. 主键

8. 关系数据库管理系统所管理的关系是(   )。
   A. 一个二维表   B. 一个数据库   C. 若干个二维表   D. 若干个数据库文件
9. 在同一所大学里,院系和教师的关系是(   )。
   A. 一对一   B. 多对一   C. 一对多   D. 多对多
10. 在一个二维表中,水平方向的行称为(   )。
    A. 属性   B. 元组   C. 关键字   D. 字段
11. 在关系数据库的基本操作中,从表中取出满足条件的元组的操作称为(   )。
    A. 选择   B. 关系   C. 投影   D. 连接
12. 关系数据库的任何检索操作都是由3种基本运算组合而成的,这3种基本运算不包括(   )。
    A. 投影   B. 连接   C. 选择   D. 求交
13. 下列选项中,(   )是实体完整性的要求。
    A. 主键的取值不能为 Null   B. 字段的取值不能超出约定的范围
    C. 设置字段默认值   D. 数据的取值必须与字段相吻合
14. 数据管理系统能实现对数据库中数据的查询、插入、修改和删除,这类功能称为(   )。
    A. 数据管理功能   B. 数据定义功能
    C. 数据操作功能   D. 数据控制功能
15. 在数据库中,能够唯一标识一个元组的属性或属性组合被称为(   )。
    A. 字段   B. 域   C. 记录   D. 关键字
16. 要从学生关系中查询学生的姓名和班级,则需要进行的关系运算是(   )。
    A. 选择   B. 关系   C. 投影   D. 连接
17. 用户可以为 Access 数据库表中的字段定义有效性规则,有效性规则是(   )。
    A. 控制符   B. 条件   C. 文本   D. 3种说法都不正确
18. 在数据库中,建立索引的主要作用是(   )。
    A. 节省存储空间   B. 便于管理   C. 提高查询速度   D. 防止数据丢失

三、简答题

1. 试叙述数据、数据库、数据库管理系统、数据库系统的概念。
2. 数据模型包括哪几个？数据模型包括哪3方面的内容？
3. 解释实体、实体型、实体集、主关键字和外部关键字。
4. 实体的联系有哪几种？
5. 关系模型的主要特征是什么？关系模型是由哪几部分组成的？
6. 关系运算包括哪些？
7. 关系模型有哪些完整性约束？
8. 关系的第一、第二和第三范式各有什么要求？

第 2 章 Access 系统概述

Access 是 Windows 环境下的关系型数据库管理软件。它提供了大量的工具和向导，即使没有任何编程经验，也可以通过可视化的操作来完成大部分的数据库管理和开发工作。而对于数据库的开发人员，Access 提供了 VBA(Visual Basic for Application)编程语言，可用于开发高性能、高质量的桌面数据库系统。

2.1 Access 关系数据库

从最初的 Access 1.0 到目前的 Access 2003 都得到了广泛的应用。Access 经历了多次的升级，其功能越来越强大，操作也越来越简单。本书以 Access 2003 为介绍对象，除非特别说明，提及的 Access 均为 Access 2003。

2.1.1 Access 关系数据库简介

Access 2003 是 Microsoft 公司推出的面向办公自动化、功能强大的关系数据库管理系统，是 Microsoft Office 系列应用软件的一个重要组成部分，是目前最普及的关系数据库管理软件之一。Access 操作简单，易学易用。Access 2003 对以前的 Access 版本作了许多的改进，其通用性和实用性大大增强，集成性和网络功能更加强大。

Access 是一种关系数据库管理系统(RDBMS)。顾名思义，关系数据库管理系统是数据库管理软件，它的职能是维护数据库、接受和完成用户提出的访问数据的各种请求。利用 Access 可以对已有的数据库进行操作，也可以在此基础上进行数据库的开发和设计。

2.1.2 Access 的版本

自从 1992 年 11 月正式推出 Access 1.0 以来，Microsoft 公司一直在不断地完善增强 Access 的功能，1994 年推出的 Access 2.0 有了较大的改动，75% 以上的内容都是新增或改进的。1995 年随着 Windows 95 的推出，Microsoft 公司又将 Access 2.0 升级为 Access 7.0，1997 年推出了 Access 97，Microsoft 首次对 Access 97 进行了汉化，推出了 Access 97 中文版，随后又推出了中文版的 Access 2000、Access 2002 和 Access 2003。

2.1.3 Access 的特点

Access 为用户提供了友好的用户界面和方便快捷的运行环境。Access 2003 数据库管理系统不仅具有传统的数据库系统的功能,同时还进一步增强了自身的特性。

① Access 是一个中、小型关系数据库管理系统,适合于开发中、小型管理信息系统。

② Access 作为 Microsoft Office 组件中的一个数据库管理软件,可以对数据进行处理、查询和管理。它与 Excel、Word、PowerPoint 等应用程序具有统一的操作界面,并可数据共享。

③ 采用 OLE 技术,能够方便地创建和编辑多媒体数据库,包括文本、声音、图像和视频。

④ Access 支持 ODBC 标准的 SQL 数据库的数据。

⑤ Access 内置了大量的函数,其中包括数据库函数、算术函数、文本函数、日期/时间函数、财务函数等,用户利用它可以解决许多问题而不必编写代码。

⑥ Access 提供了许多宏命令。宏命令在用户不介入的情况下能够执行许多常规的操作。用户只要按照一定的顺序组织 Access 提供的宏操作,就能够实现工作的自动化。

⑦ Access 内置编程语言 Visual Basic(VB),提供使用方便的开发环境 VBA(Visual Basic for Application)窗口,允许用户通过编程的方式完成较复杂的任务,VBA 大大加强了 Access 的应用系统开发能力。

2.2 Access 的数据库对象

Access 关系数据库是数据库对象的集合。数据库对象包括:表(Table)、查询(Query)、窗体(Form)、报表(Report)、页(Page)、宏(Macro)和模块(Module),如图 2.1 所示。

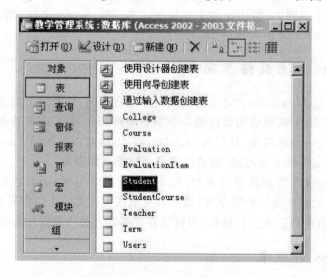

图 2.1 Access 数据库窗口

在任何时刻,Access 只能打开并运行一个数据库。但是,在每一个数据库中,可以拥有众多的表、查询、窗体、报表、页、宏和模块。这些数据库对象都存储在同一个以.mdb 为扩展名的数据库文件中。一个 Access 2003 数据库就是一个扩展名为.mdb 的文件。

下面对 Access 数据库中的 7 个对象作简单的介绍。

1. 表(Table)

在 Access 关系数据库中,表是有结构的数据的集合,是数据库应用系统的数据"仓库"。表用于存储基本数据。

表是数据库的核心与基础，一个数据库中可包含多个表，每个表都拥有自己的表名和结构。在表中，一行数据称为一条记录，每一列代表某种特定的数据类型，称为一个字段。

在 Access 关系数据库中，有关表的操作都是通过表对象来实现的。表对象可以管理表的结构（包括字段名称、数据类型、字段属性等）以及表中存储的记录。

用于显示和编辑表结构的窗口称为设计视图。用于显示、编辑和输入记录的窗口称为数据表视图，如图 2.2 和图 2.3 所示。

图 2.2 Student 数据表的设计视图

StudentID	Sname	IDcard	Sex	Nation	BirthDate	Colleg	Department	Class
200641301303	唐嘉	430121198804107634	男	汉族	1988-4-10	13	050201	翻译06-1
200642302218	龙语	430702198810194941	女	汉族	1988-10-19	23	020102	国贸06-2
200642303120	梁丽芳	431028198811211741	女	汉族	1988-11-21	23	110203	会计06-1
200720501230	刘丽	430424198609180149	女	汉族	1986-9-18	03	090601	兽医05-2
200720602106	王婷	430405198604222422	女	汉族	1986-4-22	06	080801	水利05-1
200720602132	李英英	430921198612130122	女	汉族	1986-12-13	06	080801	水利05-1
200720701202	万微方	430413198506292456	男	汉族	1985-6-29	07	081401	食科05-3
200720803210	章程壮	430702198612180943	女	汉族	1986-12-18	23	110203	会计05-2
200720805425	葛晷	431126198711120923	女	汉族	1987-11-12	08	020104	金融05-4
200720806217	王丽娟	430408198703112902	女	汉族	1987-3-11	23	020102	国贸05-2
200721702312	武岳	431121198511174539	男	汉族	1985-11-17	17	090401	园林05-3
200740101320	陈明	430122198910106965	女	汉族	1989-10-10	01	030101	法学07-3
200740102134	温斌	431121198701170454	男	汉族	1987-1-17	01	110302	公事07-1
200740302726	郭佳颖	520201198809104141	女	汉族	1988-9-10	03	090601	动物检疫07
200740307210	尹培立	141181198803190911	男	汉族	1988-3-19	03	090601	宠物医疗07
200740512223	贺怡	230204198810170786	女	汉族	1988-10-17	05	090701	水产07-2

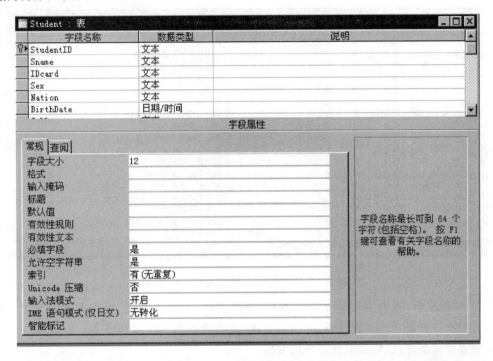

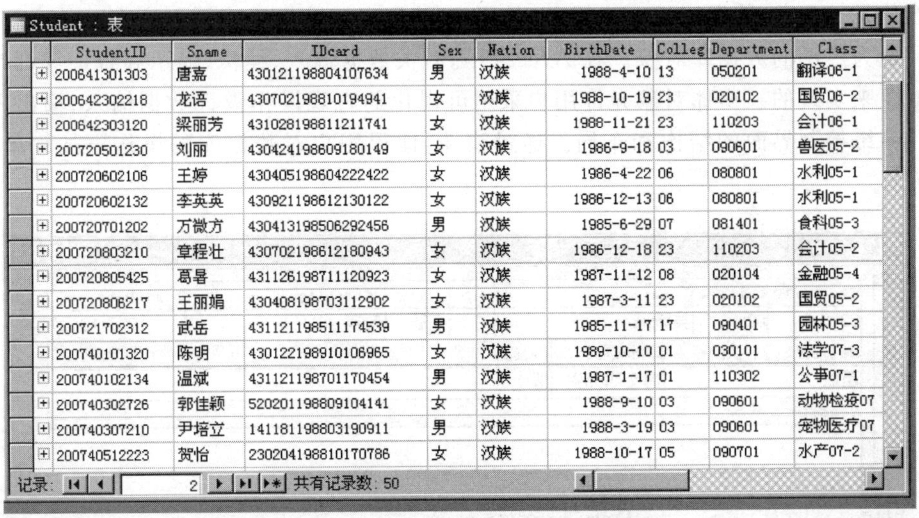

图 2.3 Student 数据表视图

2. 查询(Query)

查询就是按照一定的查询条件或准则,对数据表和已建立的查询数据进行查找,如图2.4所示。查询提供了另外一种浏览数据表的方式。通过查询用户可以依据准则或查询条件抽取表中的记录与字段。查询到的数据记录集合称为查询的结果集,它与表一样,都是数据库的对象,但它不是基本表。

StudentID	Sname	Sex	Class	BirthDate	Address
200540701105	杨洁	女	食工艺06	1986-8-17	重庆市万州区太湖路
200640204111	邓丹	男	信科06-1	1987-1-11	湖南省望城县高塘岭镇
200641201103	何小雯	女	艺术06-1	1987-9-28	湖南省邵阳市双坡岭
200641202121	唐校军	男	体育06-2	1987-11-13	湖南省涟源市交警大队
200641301303	唐嘉	男	翻译06-1	1988-4-10	湖南省长沙县县政府
200642302218	龙语	女	国贸06-2	1988-10-19	湖南常德市烟草公司
200642303120	梁丽芳	女	会计06-1	1988-11-21	湖南省郴州安仁县桥头镇
200720501230	刘丽	女	兽医05-2	1986-9-18	湖南省衡东县大桥镇
200720602106	王婷	女	水利05-1	1986-4-22	湖南省衡阳市珠晖区嘉树里
200720602132	李英英	女	水利05-1	1986-12-13	湖南省益阳市南县茅草街镇
200720701202	万微方	男	食科05-3	1985-6-29	湖南衡阳华新开发区
200720803210	章程壮	女	会计05-2	1986-12-18	湖南常德市南坪一组
200720805425	葛暑	女	金融05-4	1987-11-12	湖南省宁远县供销大厦住宅小区
200720806217	王丽娟	女	国贸05-2	1987-3-11	湖南衡阳市衡祁路8号安然大厦
200721702312	武岳	男	园林05-3	1985-11-17	湖南永州祁阳进宝塘
200740101320	陈明	女	法学07-3	1989-10-10	湖南宁乡县第一高级中学
200740102134	温斌	男	公事07-1	1987-1-17	湖南省祁阳县浯溪镇

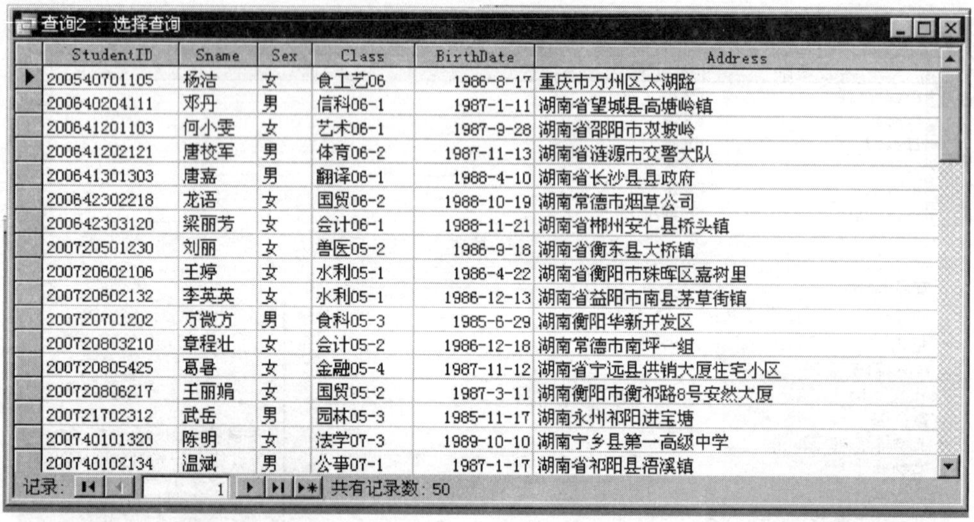

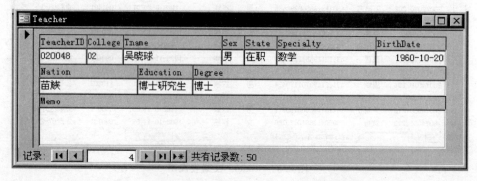

图2.4 利用Student数据表建立的查询

在Access中,查询主要包括选择查询、参数查询、交叉表查询、操作查询和SQL查询等。其中操作查询又包括删除查询、追加查询、更新表查询和生成表查询。在查询中,重要的是设置查询条件,以便获取所需要的数据。

3. 窗体(Form)

窗体是Access数据库的用户界面,是用户与Access数据库应用程序交互的主要接口,是应用最为广泛的数据库对象。在Access中,有关数据输入、编辑、显示和查询等都是通过窗体对象来实现的。窗体对象允许用户采用可视化的直观操作设计数据输入、输出界面以及应用系统控制界面的结构和布局。通过窗体,使得用户对数据库的操作更加简单,如图2.5所示。

图2.5 "教学管理"数据库中Teacher数据表窗体

窗体还提供了一个良好的数据库编程环境,用户可以通过宏命令或 VBA 代码对窗体、报表、Web 页等应用接口的各种对象编程处理,以使其完成更加复杂的任务。

4. 报表(Report)

在 Access 关系数据库中,报表对象允许用户不用编程仅通过可视化的直观操作就可以设计报表打印格式。与窗体不同,报表不能用来输入数据。报表对象不仅能够提供方便快捷、功能强大的报表打印格式,而且能够对数据进行分组统计和计算,如图 2.6 所示。

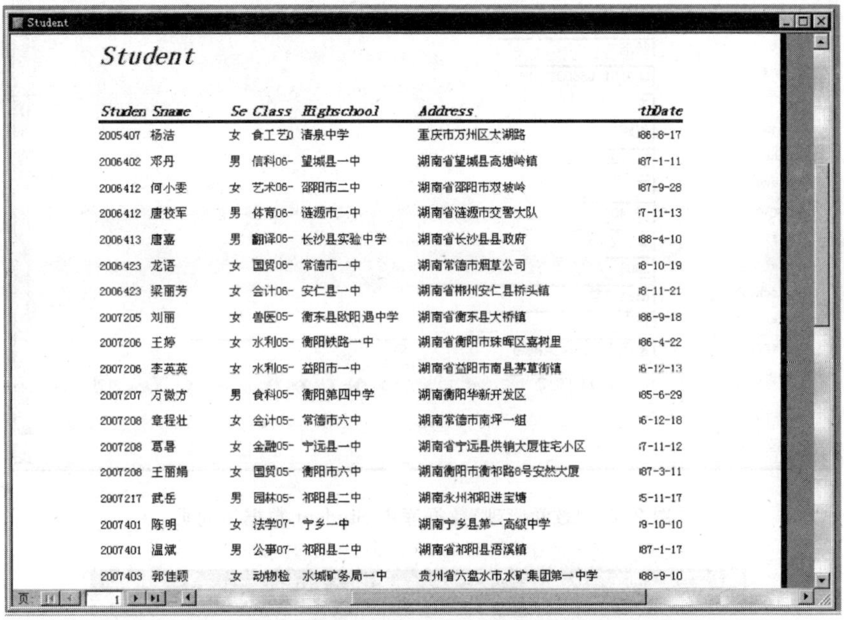

图 2.6 "教学管理"数据库中 Student 报表

5. 页(Page)

页也称数据访问页,是自 Access 2000 之后新增的对象,指的就是网页(Web Page)。通过页可以将数据库中的记录发布到 Internet 或 Intranet,并使用浏览器进行记录的维护和操作。

页是用于在 Internet 或 Intranet 上浏览的 Web 页。页可以用来输入、编辑、浏览 Access 数据库中的记录,如图 2.7 所示。

6. 宏(Macro)

宏是一个或多个操作的集合。其中的每一个操作执行特定的单一数据库操作功能,如打开窗体、生成报表等。在日常工作中,用户经常需要重复大量的操作,利用宏就可以简化这些操作,使大量的重复性操作能自动完成。Access 提供了许多宏操作,这些宏操作可以完成日常的数据库管理工作,如图 2.8 所示。

7. 模块(Module)

模块是一个用 VBA(Visual Basic for Application)语言编写的程序段,是由声明、语句和过程组成的集合。模块中的每一个过程可以是一个函数过程,也可以是一个子过程。通过将模块与窗体、报表等 Access 对象相联系,可以建立完整的数据库应用程序。

模块的主要作用是建立 VBA 程序以实现宏等难以完成的较为复杂或高级的功能。使用 VBA 语言的目的主要有两个：一是创建在窗体、报表和查询中使用的自定义函数；二是提供在所有类模块中都可以使用的公共子过程。通过在数据库中添加的 VBA 代码，可以创建出自定义菜单、工具栏和具有其他功能的数据库应用系统。

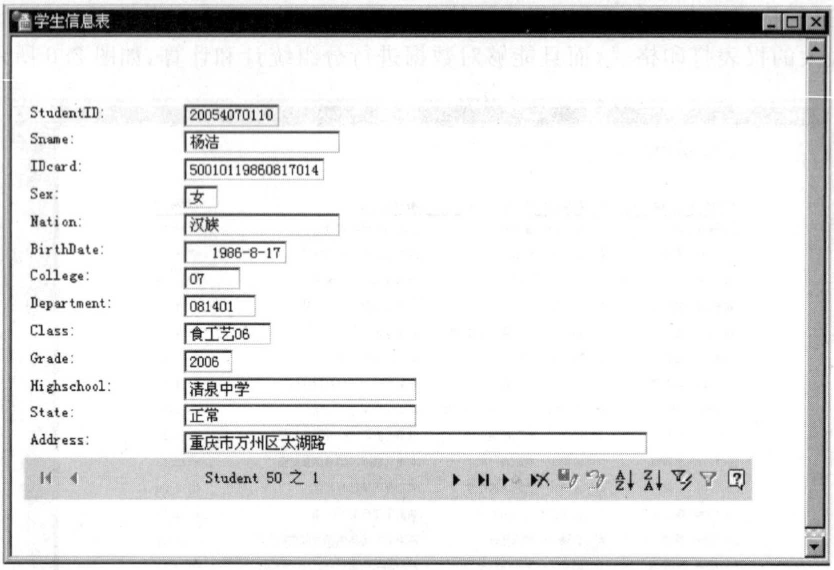

图 2.7 "教学管理"数据库中 Student 数据访问页

图 2.8 "教学管理"数据库的宏对象窗口

2.3 Access 的启动与退出

作为 Microsoft Office 套件的成员，Access 2003 的使用界面与 Word、Excel 等的风格相同。在 Access 中编辑数据库对象就像在 Word 中编辑文档、Excel 中编辑表一样方便。

其强大的功能和详尽的帮助,使读者可以在较短的时间里,做出一个具有 Windows 风格的数据库应用系统。

2.3.1 启动 Access

启动 Access 的方法与启动其他 Office 软件完全一样,常用以下 3 种方式。

① 从"开始"菜单启动。在 Windows 任务栏中,依次单击"开始"|"程序"|"Microsoft Office"|"Microsoft Office Access 2003"。

② 使用快捷方式启动。双击桌面上的 Access 2003 快捷方式图标,即可启动 Access。

③ 打开文件方式。双击一个已建立好的 Access 文件,系统会先启动 Access 程序,再在此程序窗口中打开指定的文件。

2.3.2 关闭 Access

若要退出 Access,可以采用以下 4 种方法。
① 从"文件"菜单中选择"退出"命令。
② 单击 Access 应用程序窗口右上角的"关闭"按钮。
③ 双击 Access 应用程序窗口左上角的应用程序控制菜单图标。
④ 按 Alt+F4 组合键。

2.4 Access 的工作环境

Access 2003 的工作窗口主要由标题栏、菜单栏、工具栏、数据库窗口、状态栏和任务窗格组成,如图 2.9 所示。

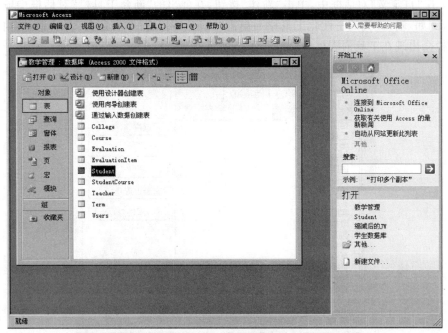

图 2.9 Access 工作窗口

2.4.1 菜单栏

Access 的菜单栏中共有 7 个默认菜单,如图 2.10 所示。单击菜单栏中的菜单名,将打开对应的下拉菜单。选择下拉菜单中的命令,将执行该命令指定的操作。

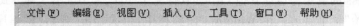

图 2.10 Access 2003 菜单栏

Access 的菜单栏为用户使用 Access 命令提供了便捷的途径。Access 的菜单栏完全遵循 Windows 对菜单的有关规范。

2.4.2 工具栏

Access 工具栏上的每一个命令按钮对应于一条菜单项命令。用户通过单击工具栏上的命令按钮快速执行常用的操作,如图 2.11 所示。

图 2.11 Access 2003 数据库工具栏

Access 的工具栏是根据当前的工作环境动态显示或隐藏的。通常工具栏位于菜单栏下方,不过用户也可通过鼠标拖放将工具栏拖到任意位置。

用户也可以自定义工具栏来设置自己的工作环境,方法如下。

(1) 单击"视图"|"工具栏"|"自定义"命令,打开"自定义"对话框。

(2) 在"自定义"对话框中,单击"新建"按钮,在弹出的"新建工具栏"对话框中输入工具栏名称,例如,输入"我的个性化工具栏",单击"确定"按钮返回"自定义"对话框,这时新建立的工具栏会出现在工具列表框中,如图 2.12 所示。

图 2.12 Access"自定义"对话框

(3) 单击"命令"选项卡,为自定义工具栏添加所需要的命令按钮,如图 2.13 所示。

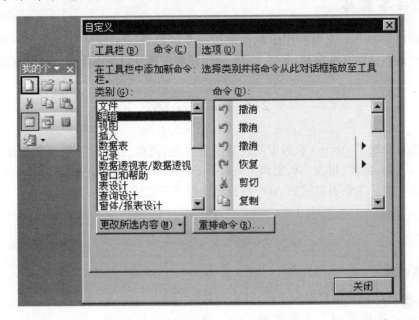

图 2.13　为定制的工具栏添加命令按钮

注意：必须打开数据库文件才能建立自定义工具栏,而且该数据库文件不能是只读的。

(4) 单击"关闭"按钮,完成自定义工具栏的操作,如图 2.14 所示。

图 2.14　自定义的"我的个性化工具栏"

2.4.3　状态栏

状态栏位于 Access 工作环境的最下方,用于显示当前的工作状态。

2.4.4　数据库窗口

数据库窗口是一种很独特的窗口,这是由于在 Access 关系数据库中,任意时刻只能打开一个数据库窗口。打开一个数据库窗口就意味着打开了一个数据库,创建一个新的数据库窗口也就意味着创建了一个新的数据库。同样,关闭一个数据库窗口意味着关闭了一个数据库。

数据库窗口除具有一般 Windows 窗口所具有的最小化按钮、最大化按钮、关闭按钮、标题栏(显示数据库文件名称)和窗口控制菜单框以外,还设置了 7 个数据库对象选项卡、对象列表区和命令按钮,见图 2.1。

2.4.5 任务窗格

任务窗格是 Office 应用程序中提供常用命令的窗口。Access 提供了多个任务窗格，"开始工作"是默认的任务窗格，见图 2.9。使用任务窗格可以使操作更加简单方便。

2.5 本章小结

本章主要介绍了 Access 数据库的发展及其特点，简单介绍了 Access 数据库的七大对象，包括表、查询、窗体、报表、页、宏和模块；Access 的启动与退出方法；Access 2003 工作窗口的组成及功能。为学习以后的 Access 数据库打下一定的基础。

习 题 二

一、填空题

1. 用 Access 创建的数据库文件，其扩展名是_____。
2. Access 数据库的七大对象是_____、_____、_____、_____、_____、_____和_____模块。
3. Access 的数据库类型是_____。
4. Access 的数据库中，表与表之间的关系分为一对一、一对多和_____ 3 种。

二、单项选择题

1. Access 数据库是一个（　　）。
   A. 数据库文件系统　　　　　　　B. 数据库系统
   C. 数据库管理系统　　　　　　　D. 数据库应用系统
2. 在 Access 中，表和数据库的关系是（　　）。
   A. 一个数据库仅包含一张表　　　B. 一个数据库可以包含多张表
   C. 一个表可以包含多个数据库　　D. 一个表仅能包含两个数据库
3. 下列属于 Access 对象的是（　　）。
   A. 数据库　　　B. 记录　　　C. 窗体　　　D. 字段
4. 退出 Access 数据库管理系统可以使用（　　）快捷键。
   A. Alt+F5　　　B. Alt+F+X　　　C. Ctrl+F4　　　D. Ctrl+O
5. 在 Access 数据库中，表就是（　　）。
   A. 关系　　　B. 数据库　　　C. 记录　　　D. 查询

三、简答题

1. Access 2003 是什么类型的数据库管理系统？
2. Access 数据库包含的对象有哪些？简述各个对象的功能。
3. 简述 Access 七大对象之间的关系。
4. 查询与表有什么区别？
5. 宏与模块有什么区别？

第 3 章 数据库的创建与应用

在 Access 中,数据库和表是两个不同的概念。表是处理数据、建立关系数据库和应用程序的基本单元。它用于存储包含各种信息的数据。数据库中包括表、查询等对象。数据库通过对这些对象的操作,进行复杂的数据处理,实现数据库的多重功能。

一般地,在创建与使用数据库之前,首先需要设计数据库。数据库设计包括分析数据需求、确定需要的表、确定表中的字段和确定各表之间的关系。数据库的操作包括创建数据库、打开与关闭数据库、对数据库的七个对象的操作以及数据库的压缩与修复等。

3.1 数据库设计概述

数据库设计(Database Design)是指对于一个给定的应用环境,构造最优的数据库模式,建立数据库及其应用系统,使之能够有效地存储数据,满足各种用户的应用需求。

数据库设计过程的关键,在于明确数据的存储方式与关联方式。在各种类型的数据库管理系统中,为使用户提供的信息更有效和更加准确,通常将不同主题的数据存放在不同的表中。

数据库设计一般包括以下步骤。

1. 需求分析

要设计一个结构合理的数据库,首先要了解用户需要从数据库中得到哪些信息以及用户是如何使用这些数据的。例如,我们要建立教学管理数据库,其目的是要用来管理学生、教师、课程、成绩等相关信息。

2. 确定需要的表

要建立一个数据库,需要收集许多资料和信息。将这些信息按主题进行分类,分解为各个基本实体,每个实体可以设计为数据库中的一个表。例如,教学管理数据库应该至少包括学生基本情况表、教师基本情况表、课程表、成绩表等。

3. 确定表的字段

根据用户需要从表中了解哪些信息,确定数据表的结构,也就是每个数据表需要包括哪些字段。一般情况下,表中数据都是原始数据,不必包含可通过推导得到或通过计算得到的字段。另外,还需要确定数据库中每个数据表的主关键字,它能唯一确定表中各条记录。

根据以上需求分析,教学管理数据库的上述4个表结构如下,其中加下划线者是主关键字。

（1） Student（学生基本情况）表至少应包含的字段：StudentID（学号）、Sname（姓名）、Sex（性别）BirthDate（出生日期）、Department（系）、Class（班级）。

（2） Teacher（教师基本情况）表至少应包含的字段：TeacherID（教师编号）、Tname（姓名）。

（3） Course（课程）表至少应包含的字段：CourseID（课程号）、Cname（课程名）。

（4） StudentCourse（成绩）表至少应包含的字段：StudentID（学号）、CourseID（课程号）、TeacherID（教师编号）、ExameGrade（考试成绩）。

4. 确定表间关系

在关系型数据库中各个独立表存储的数据之间可能存在一定的关系,为了对这些内容进行组合,以得到有意义的信息,用户可以在这些表之间通过关键字段定义关系,也可以通过创建一个新表来表示这种关系。上面的4个表间是有关系的,它们的关系可通过关键字来进行联系,如成绩表中只有学号,而没有学生姓名,这种表意义不直观,但将成绩表中的学号与学生基本情况表中的学号相对照,即能知道学生的姓名,表中数据的意义就清楚了。同理,课程名可以通过课程号、教师姓名可以通过教师编号,分别从课程表、教师基本情况表中获得。

5. 检验与测试

确定表、字段和关系后,应该对设计方案进行分析,检查其中的错误和缺陷。具体方法可以先创建表,在表中添加几个示例数据,检验是否能够从表中得到想要的结果。

3.2 创建数据库

Access数据库是以 .mdb 作扩展名、以单独的数据库文件形式存储在磁盘中的,而且一个Access数据库中的所有其他对象（如表、查询、视图等）都存储在同一个.mdb文件中。也就是说一个.mdb文件实际上包含了一个完整的Access数据库应用系统。利用Access组织、存储和管理数据时,应先创建数据库,然后在该数据库中创建所需的数据库对象。在Access中,创建的数据库可以是空的,也可以根据模板或现有的数据库文件,创建一个有一定功能的数据库。

1. 创建空数据库

可以先建立一个空数据库,再在数据库窗口添加表、窗体、报表及其他对象。创建空数据库的具体操作步骤如下。

（1） 在Access 2003的主窗口中选择"文件"|"新建",或单击"常用"工具栏上的新建按钮，或单击"任务窗格"中的"新建文件"选项,打开"新建文件"任务窗格,如图3.1所示。

（2） 单击该功能列表的"新建"栏中的"空数据库"选项,弹出"文件新建数据库"对话框,如图3.2所示。

（3） 在该对话框"保存位置"栏和"文件名"栏中指定数据库存放的位置和文件名,如"D:\Access例题\教学管理.mdb"。

（4） 单击"创建"按钮。

这样就完成了"教学管理"空数据库的创建,同时出现"教学管理"数据库窗口。此时建立的数据库中没有任何其他数据库对象存在,我们可以根据需要在该数据库容器中创建其他的数据库对象。

图 3.1 "新建文件"任务窗格

图 3.2 "文件新建数据库"对话框

2. 使用向导创建数据库

如果说创建空数据库是最灵活和富有个性的方法,那么利用"数据库向导"创建数据库则不失为最简单的方法。"数据库向导"可以为所选数据库类型创建必需的表、窗体和报表等数据库对象。具体操作步骤如下。

(1) 在"新建文件"任务窗格中单击"本机上的模板"选项,弹出"模板"对话框,再选择"数据库"选项卡,如图 3.3 所示。

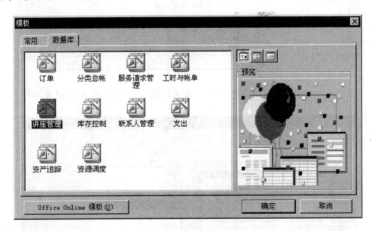

图 3.3 "模板"对话框

(2) 在"数据库"选项中,单击要创建的数据库类型的图标,如"讲座管理"数据库,然后单击"确定"按钮。

(3) 在"文件新建数据库"对话框中,指定数据库的保存位置和文件名,然后单击"创建"按钮,如图 3.2 所示。

(4) 按照"数据库向导"的指导进行操作,如图 3.4~图 3.9 所示。

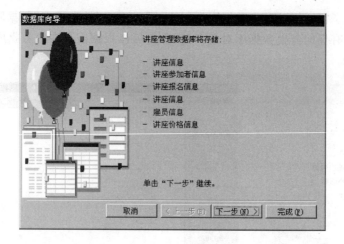

图3.4 "数据库向导"对话框一数据库中将要包含的信息

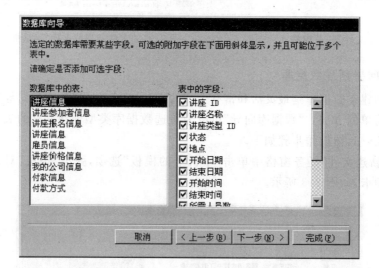

图3.5 "数据库向导"对话框二选择数据库中包含的表及相关字段

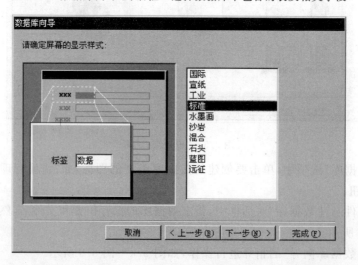

图3.6 "数据库向导"对话框三选择数据库屏幕显示样式

第3章 数据库的创建与应用

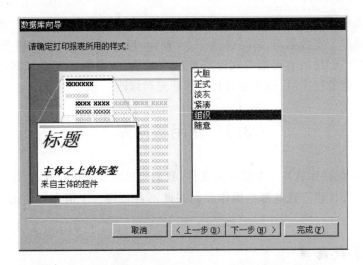

图 3.7 "数据库向导"对话框四选择数据库报表打印样式

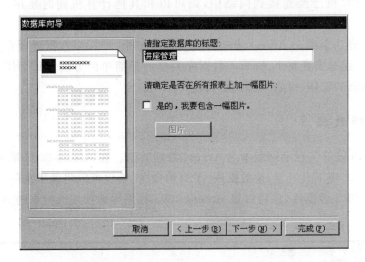

图 3.8 "数据库向导"对话框五指定数据库标题及是否添加图片

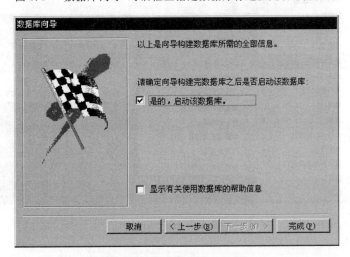

图 3.9 "数据库向导"对话框六完成数据库创建

完成上述操作后,"讲座管理"数据库的结构框架就建立起来了。利用"数据库向导"创建的数据库不是一个空数据库,而是包含了表、查询、窗体、报表、宏和模块等 Access 对象。由于"数据库向导"创建的表可能与实际需要的表结构、表数据不完全相同,因此通常使用"数据库向导"创建数据库后,还需要对其进行补充和修改。

3.3 使用数据库

一个 Access 数据库就是一个独立的文件,我们可以对其进行打开、关闭、保存、移动、复制、重命名、删除等操作。这些基本操作我们在此不再赘述。下面介绍使用 Access 数据库的其他方法。

3.3.1 共享数据库

如果一台计算机已经连接到网络中,则可以和其他计算机同时使用一个 Access 数据库。

例如,如果要共享整个 Access 数据库,可以将整个 Access 数据库放在网络服务器或共享文件夹中。这是实现整个 Access 数据库共享的最简单的方法。每个用户都能共享数据,并能使用相同的窗体、报表、查询、宏和模块。

3.3.2 转换数据库

Access 2003 能够实现不同版本的 Access 数据共享。在 Access 2003 系统环境下,通过"工具"|"数据库实用工具"|"转换数据库"子菜单命令,不仅可以将低版本的 Access 数据库转换成 Access 2003 数据库,还可以将 Access 2003 数据库转换成低版本的 Access 数据库,如图 3.10 所示。

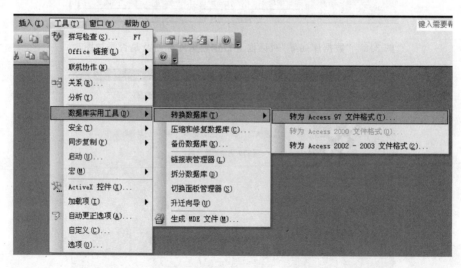

图 3.10 转换数据库

3.3.3 导出数据到 Excel、Word 和文本文件

在 Access 中可以将数据从 Access 中导出到 Excel、Word 和文本文件中,可以使用"文件"|"导出"命令把打开的数据表或查询,导出到 Excel 或文本文件中,也可以通过拖放把 Access 对象导出到 Excel 或 Word 文档中。这样不仅提供了不同软件间的数据共享,同时也为进行数据分析提供了更多方法和环境。

3.4 数据库的压缩与修复

Access 数据库长时间使用后容易出现数据库过大、数据库损坏、计算机硬盘空间使用效率降低等问题,可以利用 Access 自带的压缩和修复数据库功能进行维护优化。

3.4.1 压缩 Access 数据库

压缩 Access 数据库文件将重新组织文件在硬盘上的存储,释放由于删除记录所造成的空置硬盘空间。下面介绍两种具体的操作方法。

方法一:
① 打开已建好的.mdb 数据库;
② 单击"工具"|"数据库实用工具"|"压缩和修复数据库"子菜单命令,即可完成 Access 数据库的压缩。

方法二:
① 打开已建好的.mdb 数据库;
② 单击"工具"|"选项"命令,打开"选项"对话框,如图 3.11 所示;

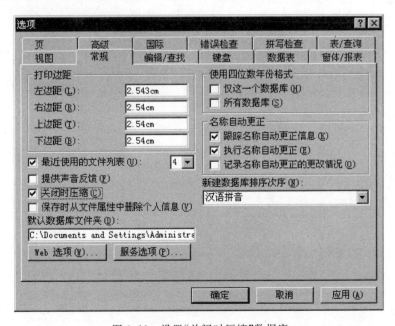

图 3.11 设置"关闭时压缩"数据库

③ 在"选项"对话框中单击"常规"选项卡,再单击"关闭时压缩"复选框;
④ 单击"确定"按钮。
按方法二设置好后,在关闭数据库时会自动完成对数据库的压缩。

3.4.2 修复 Access 数据库

在 Access 数据库使用过程中,如果数据库损坏了就需要对该数据库进行修复。修复数据库和压缩数据库是同时进行的,修复数据库的操作方法与压缩数据库的方法一相同,参见图 3.10 所示。

3.5 本章小结

在这一章中,我们主要学习了数据库的设计方法,即确定数据库的用途、确定数据库中的表和字段及表间联系。

数据库的一般操作包括创建数据库、打开与关闭数据库、维护数据库窗口和数据库的压缩与修复等。在下面的章节中我们将开始学习数据库容器中七大对象的基本知识和基本操作。

习 题 三

1. 设计数据库有哪些基本步骤?各个步骤中需要注意哪些问题?
2. Access 2003 数据库窗口主要由哪几部分组成?各部分的作用是什么?
3. 利用 Access 数据库模板创建的数据库与创建空数据库有哪些不同?

第4章 表的创建与应用

在 Access 关系数据库管理系统中,表是用来存储和管理数据的,是数据库的基本对象。它以记录和字段的形式存储数据,是处理数据和建立关系型数据库的基本单元。一个没有任何表的数据库是一个空数据库,不能做任何其他操作,表是数据库其他对象的操作依据。

在创建表之前,需要先了解表的字段类型并进行表的结构设计。表设计的质量直接影响到数据库的效率,设计表的依据就是规范化规则。具体要解决的问题就是确定表的结构和输入数据,表结构包括表名称、表中字段(字段名、属性)、主键等。

创建表时,可以使用向导、表设计器和输入数据时自动创建等方法进行,一般是在表设计器中创建和维护表的结构。

表的操作包括创建表、输入与维护表数据、浏览与查询表数据、使用索引对数据进行排序处理等。

本章主要介绍表的字段类型和表的结构设计、表的操作、表的创建、表数据的输入与维护、浏览和查询记录、表的索引与关联等。

4.1 表的设计

在 Access 中,表都是以二维表的形式构成的,见表 4.1。对应的表是由表名、表中字段属性、表中的记录 3 个部分构成。表中的每一行称为一条记录,每一列称为一个字段。表中所有的字段构成表的结构。

表 4.1 "Student"表

StudentID	Sname	Sex	Nation	BirthDate	College	Department	Class	City	Postalcode	Memo
20051105	杨洁	女	汉族	1985-4-9	食科院	3201	食工艺06	万州	404000	
20064111	邓丹	男	汉族	1986-3-2	信科院	3202	信科06-1	长沙	410100	
20061103	何小雯	女	汉族	1981-10-20	体艺院	3501	艺术06-1	邵阳	422000	
20062121	唐晓军	男	汉族	1985-6-10	体艺院	3502	体育06-2	涟源	417100	
20061303	唐嘉	男	汉族	1980-12-30	外语院	3203	翻译06-1	长沙	410100	
20062218	龙语	女	汉族	1985-7-20	经济院	3504	国贸06-2	常德	415000	

4.1.1 表名

在 Access 中,表是用来实际存储数据的地方,数据库的其他对象(如查询、窗体和报表等)是表的不同形式的"视图"。因此在创建其他数据库对象之前,必须先创建表。

表名是该表在数据库中的唯一标识,也是用户操作表的唯一标识。表的名称应尽量体现表中数据的含义。

Access 中字段、控件和对象(包括表)的名称命名有如下规定:

① 长度不能超过 64 个字符;

② 可以包含汉字、字母、数字、空格及其他字符(除句号".";、感叹号"!"、重音符号"`"和方括号"[ ]"之外)的任意组合;

③ 不能以空格开头,虽然空格可以出现在字段、控件和对象名的中部,但最好不用。避免和 Microsoft Visual Basic for Applications 的命名发生冲突;

④ 不能包含控制字符(从 0~31 的 ASCII 值,如回车键);

⑤ 在 Microsoft Access 项目中,表、视图或存储过程的名称中不能包括双引号""";

⑥ 为字段、控件或对象命名时,最好确保新名称和 Microsoft Access 中已有的属性和其他元素的名称不重复,否则,在某些情况下,数据库可能产生意想不到的结果。

表中不能有两个重名的字段。表是二维的矩阵,由多行组成,每一行都包含完全相同的列,列中的数值可能不同。表的一行称为一条记录,每条记录包含完全相同的字段。表的记录可以增加、删除和修改。

表由两部分构成,即表的结构和表中的数据。表的结构由字段名称和类型确定。

4.1.2 字段类型

数据有类型和值之分,类型是数据的分类,值是数据的具体表示。数据处理的基本要求是对不同类型的数据进行选择分类。为了适应存储数据的需要,Access 数据库(.mdb)提供了许多数据类型,下面介绍 10 种 Access 数据库常用的字段类型。

1. 文本

文本类型字段通常用来存储如姓名、地址等内容,或者用于不需要计算的数字,如电话号码、文件编号或邮编等信息,长度可由用户定义,但不能超过 255 个字符。

文本类型最多存储 255 个字符。"字段大小"属性控制允许输入的最多字符数。

2. 备注

备注类型字段用于数据块的存储,适用于长文本和数字,是文本类型字段的特殊形式,如注释或说明。备注字段不能用于排序和索引。

备注类型字段最多存储 65 536 字符。

3. 数字

数字类型字段用于表示数量,是要进行算术计算的数值数据,但涉及货币的计算除外(使用"货币"类型)。

数字类型字段根据其表现、存储形式的不同,又分为字节、整型、长整型、单精度型、双精度型、同步复制 ID（GUID）和小数。它们的字段大小有所不同，分别为 1、2、4、8 个字节。"字段大小"属性对应具体的数字类型。

4. 日期/时间

日期/时间类型字段用于存储日期/时间数据。例如"1966-9-26 23:12:31"和"2008-4-16 11:48:50"都是合法的日期/时间值。"1966-11-20"和"23:12:40"也是合法的日期/时间值。日期的年份只能在 100~9 999 之间。

日期/时间字段占 8 个字节。

5. 货币

货币类型字段用于存储货币值。货币类型计算期间禁止四舍五入，可以精确到小数点左边 15 位和小数点右边 4 位。显示时系统自动添加货币符号和千位分隔符，小数部分超过两位时自动四舍五入。如 $12 345.78、￥65 432.16。

货币类型字段占 8 个字节。

6. 自动编号

自动编号用于在添加记录时自动插入的唯一顺序（每次递增 1）或随机编号，系统默认为递增编号。自动编号主要用来为表设置键。

自动编号类型字段占 4 个字节，用于"同步复制 ID"（GUID）时存储 16 个字节。

7. 是/否

是/否类型字段用于表示逻辑值 Yes/No、True/False、On/Off、-1/0（"是/否"、"真/假"、"开/关"）的数据，例如性别、婚否等，不允许 Null 值。Access 一般用复选框内打勾"√"表示"是"，用空白表示"否"。

是/否类型字段占 1 位。

8. OLE 对象

OLE 对象字段数据类型用于链接或嵌入其他程序所创建的对象（如 Microsoft Word 文档、Microsoft Excel 电子表格、图片、声音或其他二进制数据）。

OLE 对象类型字段最多存储 1 GB 的内容（受磁盘空间限制），也支持.bmp,.gif,.jpeg,.tif,.png,.pcd,.pcx 等数据格式。

9. 超链接

用于存储超链接的字段。超链接可以是 UNC 网络路径（局域网中文件的地址）或 URL。超级链接地址是指向 Access 对象、文档或 Web 页面等目标的一个路径。当用户单击超级链接时，Web 浏览器或 Access 就使用该超级链接地址跳转到指定的目的地。

可以在超级链接字段中直接输入文本或数字，Access 会把输入的内容作为超级链接地址。

超链接类型最多存储 64 000 个字符。

10. 查阅向导

选择此数据类型将启动向导来定义组合框，使用户能选用其他表或字段中的数据。查阅向导字段需要与对应于查阅字段的主键大小相同的存储空间。其长度为 4 个字节。

4.1.3 表的结构设计

表的所有字段组成了表结构。在建表之前要定义表的结构。表的结构定义主要是字段属性的定义。字段的基本属性包括字段的名称、类型和说明。以表 4.1"Student"表为例，其结构定义见表 4.2"Student"表结构。

表 4.2 "Student"表结构

字段名	字段类型	字段长度	字段约束	字段说明
StudentID	文本	12	Primary key	学生学号
Sname	文本	20		学生姓名
Sex	文本	2		学生性别
Nation	文本	20		民族
BirthDate	日期/时间			出生日期
College	文本	5		学院 ID
Department	文本	8		专业 ID
Class	文本	10		班级名称
Postalcode	文本	6		邮政编码
City	文本	10		所在城市
Memo	备注			备注信息

1. 字段名

字段名是表中每个字段的名称，数据表的表头即字段是以名称来区别的，字段名是以字母、数字或汉字开头，包含汉字、字母、数字、空格或其他字符的字符串，长度不能超过 64 个字符（包括空格）。

同一表中字段名不允许相同，字段名也不要与 Access 内置函数或者属性名称相同，以免引用时出现错误。

2. 数据类型

字段的数据类型应与存储的数据类型相匹配。数据库可以存储大量的数据，并提供丰富的数据类型。Access 数据库提供的字段数据类型有文本、备注、数字、日期/时间、货币、自动编号、是/否、OLE 对象、超链接和查询向导等。

3. 字段说明

字段说明在字段的设计中不是必需的，只是为了帮助用户记忆该字段的用途。输入了字段说明后用户在使用该字段的过程中，字段说明会显示在状态栏中。

4. 字段的其他属性

字段除了基本的属性外，还有其他一些属性，如在字段的"常规"选项卡中可以设置以下 12 种属性。

① 字段大小：指定文本型字段的长度（即最多中英文字符数），或数值型字段的类型和大小。如字节型占 1 字节，整型占 2 字节，长整型占 4 字节等。

② 小数位数：指定小数型（数字或货币型）数据的小数位数。

③ 格式：指定数据显示或打印的格式。

④ 输入法模式:对于包含中文字符的字段,如果将输入法模式设置为"输入法开启",则当向表中输入数据,光标移到该字段时系统会自动打开输入法窗口。而对于大量输入英文字符的字段,可设置输入法模式为"输入法关闭",可以免去切换输入法的麻烦。

⑤ 输入掩码(InputMask):指定输入数据时的格式,可用"输入掩码向导"来编辑输入掩码。

⑥ 标题:指定在数据表视图以及窗体中显示该字段时所用的标题。如果某字段名意义不明确,则可通过该属性再设置一个标题。

⑦ 默认值:指定将添加新记录时,自动加入到字段中的值。

⑧ 有效性规则:用于限制用户输入该字段的数据值的表达式。例如,性别字段只能为"男"或"女",因此可以在性别字段的有效性规则属性中输入:[性别]="女" Or [性别]="男"。

有效性规则中可以使用<、>、=、>=、<=、<>、Between 等关系运算符,还可用 And、Or、Not、Xor、Eqv、Imp 等逻辑运算符以及+、-、*、/、\(整除)、Mod(整除求余)、^等算术运算符以及括号()等。

⑨ 有效性文本:设置当用户输入的数据不符合有效性规则时所显示的出错提示信息。例如,设置性别字段的有效性文本为"输入的性别必须是男或女!!",则以后向表中输入数据时,一旦性别字段输入不满足有效性规则,则系统会弹出一个出错对话框,显示该信息。

⑩ 必填字段:指定该字段是否必须输入数据,如果为"是"则必须输入。

⑪ 允许空字符串:用于文本型字段,设置是否允许空字符串(长度为0)。

⑫ 索引:设置该字段是否进行索引以及采用的索引方式。可以加快数据的查询和排序速度。

4.2 创建与维护表结构

创建表可以有多种方法。在"数据库"窗口中选择"表"对象选项卡后,其右窗格就会显示"使用设计器创建表"、"使用向导创建表"和"通过输入数据创建表"这3种快捷选项(如图4.1所示),供用户选择。此外,在"新建表"对话框列表中除包含前面这3种创建表的功能外,还有"导入表"和"链接表"共5种方法创建表,它们有各自的优缺点。"使用向导创建表"提供了很多数据库开发工作中常用到的字段,供选择使用,并已经设置好了字段的类型。

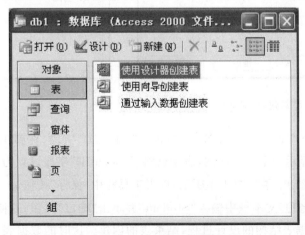

图 4.1 "新数据库"对话框

创建表是由若干过程组成，下面的步骤能够较快地完成表设计：

① 创建新表；

② 输入字段名、数据类型和说明；

③ 输入每一个定义好的字段属性；

④ 设置主键；

⑤ 为必要的字段建立索引；

⑥ 保存设计。

4.2.1 使用设计器创建表

使用设计器创建表是常用和有效的方法，Access 中的表设计器为用户创建和修改表结构提供了方便。该方法可以一次性完成表结构建立。使用设计器创建表的步骤如下。

(1) 在 Access 的数据库工具栏上单击"打开"按钮(或单击菜单"文件"的"打开"按钮)，弹出"打开"数据库对话框。选中以前创建的空数据库"db1.mdb"，单击"打开"按钮。弹出如图 4.1 所示的"db1"数据库窗口。

(2) 在数据库窗口中，单击"对象"列表下的"表"，然后双击"使用设计器创建表"选项，从而打开表设计器窗口，如图 4.2 所示。

(3) 创建"student"表，包括 StudentID、Sname、Sex、Nation、BirthDate、College、Department、Class、Postalcod、City、Memo 等字段。在图 4.3 所示的表设计器中，在"字段名称"中依次输入各个字段名称。在下方显示"字段属性"窗口的"常规"选项卡下按照表 4.2 设置各个字段属性。例如，表中第三字段为 Sex，类型为文本，字段大小为 2，有效性规则为(="男" Or ="女")，默认值为"男"。

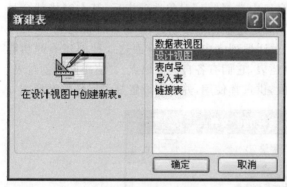

图 4.2 "新建表"对话框

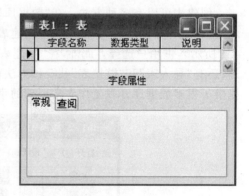

图 4.3 表"设计视图"

(4) 设置好各个字段类型和属性后，右击"StudentID"字段，在弹出的菜单中单击"主键"命令，在左边会显示一个钥匙图案，表示已将"StudentID"字段设置为该表的主键。

(5) 表结构的设计结果如图 4.4 所示，单击工具栏中"保存"按钮，会打开如图 4.5 所示的对话框，在"表名称"文本框中输入"Student"并单击"确定"按钮，返回数据库窗口，如图 4.6 所示，即完成数据表结构的设计过程，结束表的创建。这时的数据表是一个没有包含任何记录的空表。

图 4.4 创建的"student"表结构

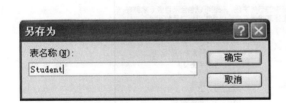

图 4.5 "另存为"对话框

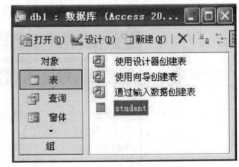

图 4.6 数据库窗口

这样在数据库窗口的表对象窗口中,可以看到"Student"选项,若右击"Student",在弹出的快捷菜单中选择"设计视图"菜单项,可再次打开"Student"表结构,如图 4.4 所示。

如果表的各个字段、类型及属性定义好后,发现某些地方有错,则可以在数据库窗口中,单击该表名,然后单击数据库窗口上方的"设计"按钮,从而打开表设计器窗口,可以进一步增加/删除字段、修改字段名、重新确定字段类型及其属性。

4.2.2 使用向导创建表

使用表向导创建表是把系统提供的示例作为样本,在表向导的引导下完成新表的创建过程。操作步骤如下。

(1) 打开已创建的数据库或者新建一个数据库。

(2) 在"数据库"窗口中,单击"新建"按钮,打开"新建表"对话框,如图 4.7 所示。

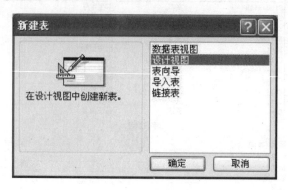

图 4.7 "新建表"对话框

(3) 在"新建表"对话框中,选择"表向导",单击"确定"按钮,打开"表向导"对话框,如图 4.8 所示,在该对话框中,首先选择"商务"或"个人"类,例如,选择默认的"商务"类,然后选择"示例表"中某个表,例如"学生"表,然后在"示例字段"中选取"字段名",并通过单击按钮移到"新表中的字段"中,其中按钮的作用分别是：表示移一个字段到"新表中的字段"中，表示一次把所有字段移到"新表中的字段"中，表示把"新表中的字段"中的一个字段移到"示例字段"中，表示一次把"新表中的字段"中的所有字段移回到"示例字段"中。如果新表中的字段不符合要求可以通过单击"重命名字段"进行修改。

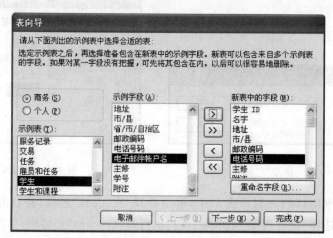

图 4.8 "表向导"对话框

(4) 设置完表的字段之后,单击"下一步"按钮,指定表的名称并确定是否设置主键,如图 4.9 所示。

(5) 输入表名及明确主键设置之后,单击"下一步"按钮,设置新表与数据库已有表之间的相关性,如图 4.10 所示。单击"关系"可确定新表与该数据库中的其他表之间的关系(表之间的相关性将在 4.6 节中详细介绍)。

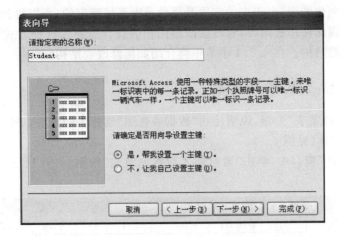

图 4.9 指定表的名称和是否设置主键

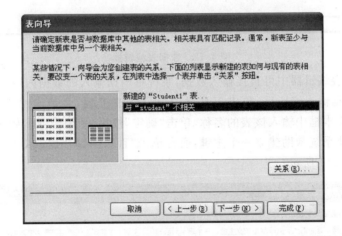

图 4.10 设置表的相关性

(6) 设置完相关性之后，单击"下一步"按钮，如图 4.11 所示。可通过 3 个单选按钮来决定对表的进一步操作。

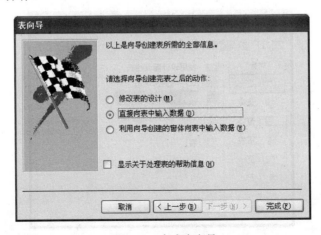

图 4.11 完成表向导

使用表向导创建的表,由于表的字段及属性是由系统确定的,所以得到的表与实际要求未必完全一致。因此使用表向导,有时会限制用户的设计思路。这种方式建立的表通常需要进一步修改表的结构。在4.2.4小节中将介绍如何修改表结构。

4.2.3 通过输入数据创建表

仍然以"读者档案表"为例,说明使用"数据表视图"创建表的方法。操作步骤如下。

(1) 打开数据库(见图4.1)。

(2) 在"数据库"窗口中,单击"通过输入数据创建表"按钮,打开"数据表编辑器",如图4.12所示。

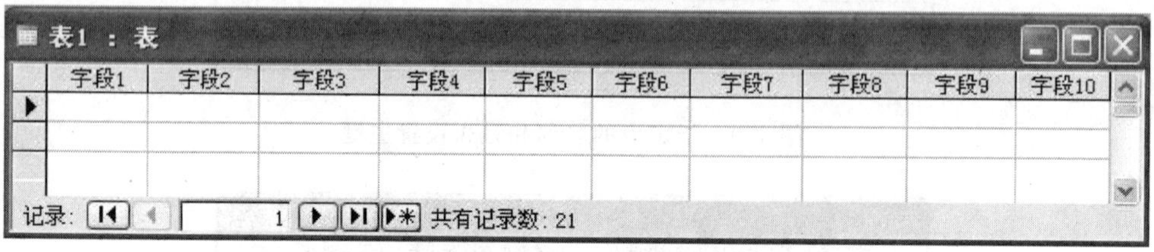

图4.12 数据表编辑器

(3) 在数据表编辑器中可直接输入数据,系统将根据输入的数据内容定义新表的结构。

(4) 所有数据输入完毕后,单击工具栏中"保存"按钮，会弹出图4.5"另存为"对话框,在"表名称"文本框中输入该表的名称,单击"确定"按钮,系统会弹出如图4.13所示的提示框,询问是否让系统帮助建立一个主键,通常单击"否",主键在修改结构时确定。返回数据库窗口(如图4.14所示)。

图4.13 主键消息提示框

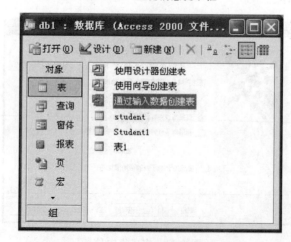

图4.14 返回数据库窗口

需要指出,用通过输入数据创建表方法创建的表,字段名称默认为字段1、字段2、字段3、……,不能体现对应数据的内容,与实际应用要求不符。另外,尽管系统会根据数据的内容自行定义字段结构,但也不是完全符合设计者的思想。因此,使用这种方法建立的表,需要修改表的结构。

4.2.4 修改表结构

在表的设计过程中,经常需要修改表结构。如通过表向导创建的表结构和通过输入数据创建的表结构,通常都需要进行表结构的修改,才能使得该表更好地符合实际应用的要求。表设计器不仅用于创建新表,也是修改表结构的重要工具。下面介绍有关这方面的操作。

1. 字段名及字段属性的修改

字段名及字段属性的修改可以直接在表设计视图中进行。

例如,打开"教学管理系统"数据库中"Student"的表设计视图,修改其中字段名及字段属性可按如下的步骤进行。

（1）打开"教学管理系统"数据库。

（2）在"表"对象下选择"Student"数据表。

（3）在数据库窗口的工具栏中单击"设计"按钮 设计,打开"Student"的"表设计视图"窗口。

（4）修改字段名,只需要把光标选定在要修改的字段名上,直接修改即可。

（5）修改字段的数据类型,只需将光标选定在要修改的数据类型上并单击按钮 ,在下拉列表框中选择所需的数据类型。例如,将 Department 的数据类型文本修改为数字,如图 4.15 所示。

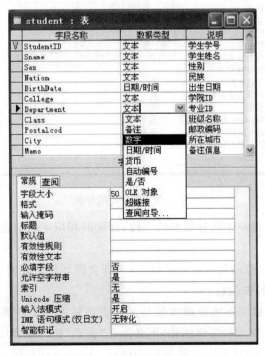

图 4.15 修改表的数据类型

(6) 在相应的常规选项卡可以直接修改字段大小、格式、有效性规则等属性值。

(7) 单击工具栏"保存"按钮,完成表结构修改。

2. 字段的增加与删除

(1) 若在所有字段后添加字段,可以单击字段名称列末尾的第一个空行,直接输入所需的字段名及选择类型。

(2) 若在某字段上方插入一个字段,首先应该选定该字段行,然后单击工具栏中的"插入行"按钮 ,该行上方即出现一个空行,在此输入被插入字段。如果位置不合适,还可直接拖动字段至适当的位置放置。

(3) 如果要删除一个字段,可以通过选择该字段并右击,然后在弹出的菜单中选择"删除行",如图 4.16 所示。

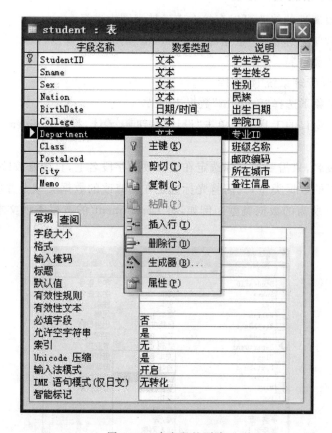

图 4.16　表字段的删除

(4) 如果要删除的是一个已有数据的字段,删除时相应字段值也会丢失,这时系统提示是否永久删除该字段。

(5) 必须指出:对主键的删除应非常慎重,否则会破坏整个表的结构。如果删除表中的主键字段,系统将显示警告信息。

(6) 被删除的主关键字不能是将本表与其他表关联的一个外部关键字,否则系统将不允许删除此主关键字。如果确实要删除,则必须在"关系"窗口中将这个关系删除后,才能删除该主关键字。

(7) 所有更改字段的操作完成后,单击工具栏"保存"按钮,完成表结构修改,关闭"表设计视图"。

3. 数据表结构复制

如果在数据库中已有相似结构的数据表存在,则可以通过"数据表结构复制"(该操作可在两个数据库间复制和粘贴)来创建一个新表,复制表的表结构和原表相同。

4.2.5 设置字段的其他属性

字段除了基本的属性外,还有其他一些属性。如字段的输入掩码属性、默认值、有效性规则和查询属性等。

1. 设置字段的输入掩码属性

利用输入掩码(InputMask)可以创建字段模板,即指定输入数据的格式。定义字段的输入掩码时可通过单击掩码右边的 按钮,用"输入掩码向导"来编辑输入掩码,如图4.17所示。

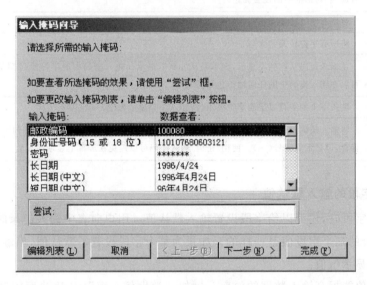

图4.17 输入掩码向导

例如,输入邮政编码时,只能输入6位有效数字,是默认的,则其输入掩码的控制字符为000000,这样以后输入邮政编码时要求必须输满6位数字;对于身份证号,有些为15位,有些为18位,则其输入掩码的控制字符可为000000000000000999;对于湖南车牌,则其输入掩码的控制字符可为\湘＞LA0000,表示必须以"湘"字开头,第2个符号"＞"将所有字符转换为大写字母,第3字符为大写字母或数字,第4至第7字符为数字,这样录入数据时,Access会自动将第2个及第3个字符中的小写转换为大写,注意"＞"

表示将后面的所有字母(这里为第2及第3字符)均转换为大写;对于英文名字,假定最多12个字母,且第一个字母必须大写,则其输入掩码的控制字符可为＞L＜???????????,这样Access会自动将第1个字母转换为大写。

定义输入掩码的字符见表4.3。

表 4.3 输入掩码字符及含义

字 符	说 明
0	数字(0~9,必须输入,不允许加号[+]与减号[-])
9	数字或空格(非必须输入,不允许加号和减号)
#	数字或空格(非必须输入;在"编辑"模式下空格显示为空白,但是在保存数据时空白将删除;允许加号和减号)
L	字母(A~Z,必须输入)
?	字母(A~Z,可选输入)
A	字母或数字(必须输入)
a	字母或数字(可选输入)
&	任一字符或空格(必须输入)
C	任一字符或空格(可选输入)
. , : ; - /	小数点占位符及千位、日期与时间的分隔符(实际的字符将根据 Windows"控制面板"中"区域设置属性"对话框中的设置而定)
<	将所有字符转换为小写
>	将所有字符转换为大写
!	使输入掩码从右到左显示,而不是从左到右显示。输入掩码中的字符始终都是从左到右填入。可以在输入掩码中的任何地方包括感叹号
\	使接下来的字符以字面字符显示(例如,\A 只显示为 A)
密码或 password	将输入掩码属性设为"密码",可创建密码输入控件。在该控件中输入的任何字符都将以原字符保存,但显示为星号(*)。使用"密码"输入掩码可以避免在屏幕上显示输入的字符

2. 设置字段的输入默认值

在定义表字段时,还可以给字段设置输入默认值。用户向表中输入记录时,常常有这种情况:多条记录的某个字段值是一样的。如果为某个字段设置了默认值,当输入新的记录时字段中将自动显示该值。

设置默认值能提高输入数据的效率。例如,"学生信息表"中"政治面貌"字段的值多数是"团员",所以可以设其默认值为"团员"。

3. 有效性规则与有效性文本

"有效性规则"属性定义字段数据输入的规则,用来保证输入数据的正确性。例如,性别字段只能为"男"或"女",因此可以在性别字段的有效性规则属性中输入[性别]="女" Or [性别]="男"。又如,入学总成绩字段的值必须在 300~750 分,则在入学总成绩字段的有效性规则中可输入[入学总成绩]>=300 and [入学总成绩]<=750。又如成绩字段必须介于 0~100,则成绩字段的有效性规则可以为">=0 And <=100"或者"Between 0 And 100"。要求成绩字段必须是 5 的倍数时,有效性规则可以为"([成绩] Between 0 And 100) and [成绩] Mod 5 = 0"。又如出生年月必须在 1900—2050 年,则可用">#1900-1-1# And <#2050-12-31#"。

有效性规则中可以使用<、>、=、>= 、<=、<>、Between 等关系运算符,还可用 And、Or、Not、Xor、Eqv、Imp 等逻辑运算符以及+、-、*、/、\(整除)、Mod(整除求余)、^等算术运算符以及括号等。Eqv 表示两个操作数相同时表达式为 True,Imp 表示第一个操作数为 True,第二个操作数为 False 时,表达式为 True。Xor 表示两个操作数不同时,表达式的值为 True。& 表示将运算符两边的文本连在一起。

"<> 0"表示非 0 值;"<999 Or Is Null"要求该字段输入项必须小于 999 或为空值。

"Is Not Null"表示不为空,即可为任何值。

"Like ″A?????″"要求该字段输入项必须是以字母 A 开头的 6 个字符。

"Year([出生日期])=1980"要求该字段输入项年份必须是 1980 年。类似的还有 Month、Day、Hour、Minute、Second 可以取日期/时间类型字段的月、日、时、分、秒值。

实际上,用户可以使用很多系统的内置函数。用户在设计表时,在字段属性的有效性规则框右边单击 按钮,弹出表达式生成器如图 4.18 所示。生成器上方是一个表达式框,下方是用于创建表达式的元素。将这些元素粘贴到表达式框中可形成表达式,也可在表达式框中直接输入有效性规则表达式,或双击"函数"→"内置函数",可以看到很多系统的内置函数,包括上述的 Year、Month、Day 函数等。

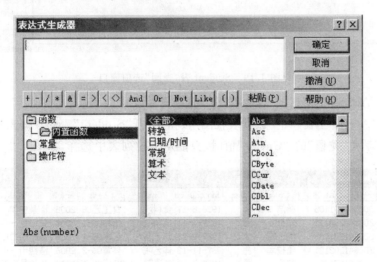

图 4.18 表达式生成器

4. 设置"查询"

"Student"表的"Cname"学院名称字段的值,应与"College"表的字段的值相对应。为方便输入,可设置"Student"表的"Cname"字段的有关"查阅"属性设计,可实现"Student"表输入学院名称时,可直接从下拉列表中选择。

设置"Student"表的"Cname"字段"查阅"属性的具体操作如下。

(1) 打开"Student"表的设计视图,并选定"Cname"字段。

(2) 在"查阅"选项卡的"显示控件"下拉列表框中选择"列表框","行来源类型"下拉列表框中选择"表/查询","行来源"下拉列表框中选择"Cname","绑定列"和"列数"选择默认值,如图 4.19 所示。

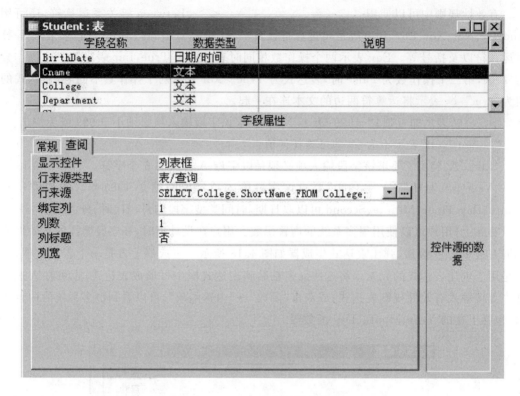

图 4.19 Student 表"查阅"选项窗口

(3) 单击 Access 主窗口的"保存"按钮,完成属性设置。

(4) 单击 Access 主窗口的"数据表视图"按钮,打开"Student"表的数据表视图。

(5) 修改学生"龙语"的"Cname"值时,只能从下拉列表中选择,如图 4.20 所示。

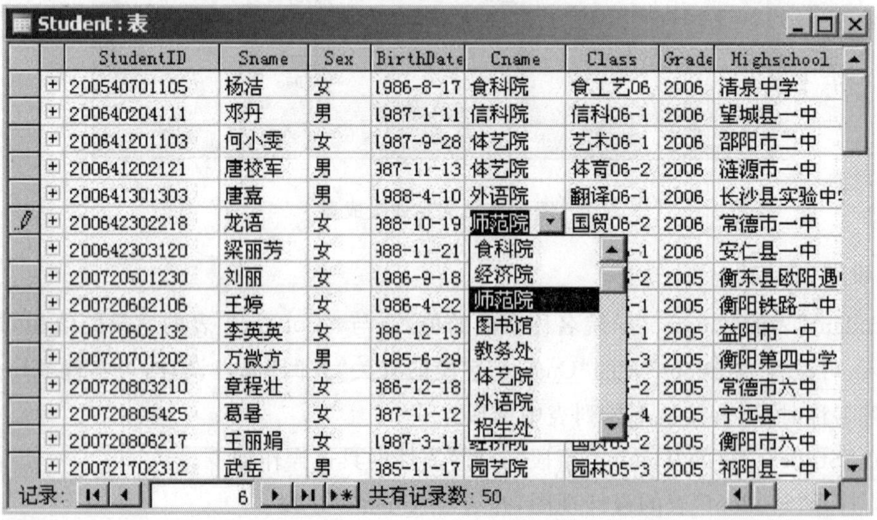

图 4.20 "Student"表中"Cname"字段的输入和修改

4.3 输入与维护表数据

表结构设计完以后,将生成一个没有记录的空白数据表。接下来就是输入数据和对表中的数据进行操作了。输入与添加记录有两种方法,一是通过键盘逐条记录的输入,二是从已有的文件中获取数据。若需要的数据在其他文件(包括文本文件、Excel 文件)或数据库(包括.mdb、FoxPro 数据或 Paradox 数据等)中,就可以通过"导入"|"导出"功能直接获得数据。

一般地说,在数据表视图中输入记录的同时,可以对表中的数据进行各种编辑操作。

4.3.1 输入数据

输入数据,需要打开表的"数据表视图",如图 4.21 所示。在数据表视图中操作数据,与 Excel 基本相同。

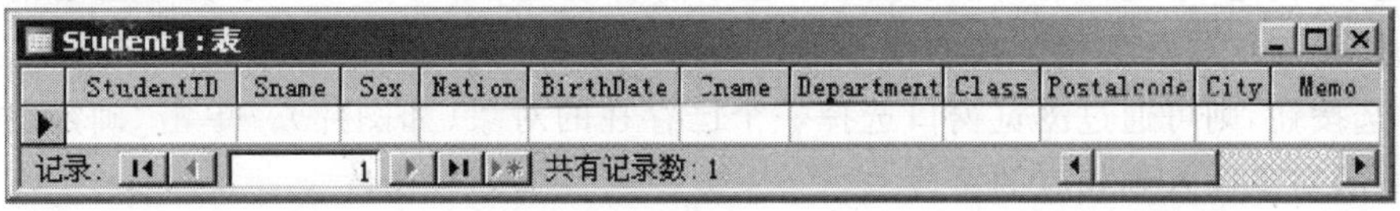

图 4.21 Student1 空白数据表

1. 文本、数字、货币、日期/时间型数据的输入

输入这些数据类型时应注意以下事项。

(1) 若要编辑字段中的数据,可以单击该字段,然后输入数据即可。

(2) 如果转到下一字段,按 Tab 键或光标键。当光标在记录末尾时,按 Tab 键将转至下条记录。

(3) 若要替换整个字段的值,选定单元格整个数据,然后输入数据即可。

(4) 按 Esc 键,可以取消对当前字段的更改。

(5) 连续按两次 Esc 键,可以取消对当前记录的更改。

(6) 向数据表输入的数据必须与字段的类型逐一匹配,如果在"日期/时间型"字段中输入的不是"日期/时间型"数据,则在焦点离开该字段时就会显示"输入的值无效"消息框,若不更正就不能继续输入。

(7) 输入完毕后,关闭当前窗口,保存记录到数据表中。

2. 输入 OLE 型数据

这种字段是通过使用插入对象的方式来输入数据的。OLE(对象链接和嵌入,Object Linking and Embedding)数据类型是指由其他应用程序创建的、可链接或嵌入到 Access 数据库中的各种对象,如图片、视频文件、声音、Word 或 Excel 文档等。OLE 型字段不能直接输入数据,而需要从其他地方导入数据。

在表中 OLE 型字段下插入 OLE 对象的方法是:在该字段上右击打开快捷菜单,在快捷菜单中选择"插入对象"命令,弹出"Microsoft Office Access"对话框,可选择"由文件创建"(如图4.22所示)或"新建"对象,当"链接"复选框被选定后,插入对象为"链接",否则为"嵌入"对象。

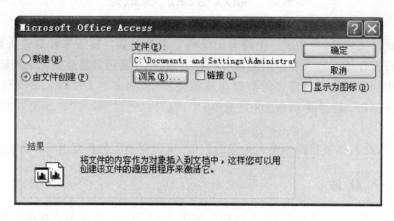

图4.22 插入对象对话框

若选中"新建"单选按钮,则对话框中显示各种已经在 Windows 系统中注册的对象类型,可以通过与这些对象相关联的程序创建新的对象,并插入到字段中。如果选中"由文件创建"单选按钮,则可通过浏览窗口选择一个已存在的对象(如图片)。单击"确定"按钮,便可将选中的对象插入到相应的字段。

在"数据表视图"下,查看 OLE 对象的方法是用双击 OLE 对象所在单元格,即可显示该对象。

3. 输入超链接型数据

超链接型数据的输入,可用"插入超链接"对话框来实现。例如,在输入"Teacher"表中的"E-mail"字段时,可选择"插入"菜单中的"超链接"命令,或单击工具栏上的 按钮,则会弹出"插入超链接"对话框,如图4.23所示。

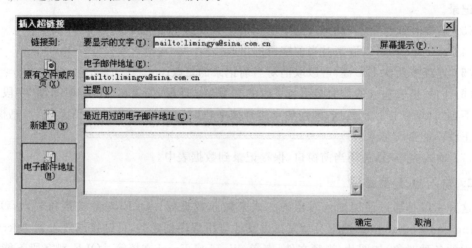

图4.23 "插入超链接"对话框

在该对话框中有3种超链接可供选择:原有文件或 Web 页、新建页、电子邮件地址。输入教师李明雅的 E-mail:limingya@sina.com.cn,还可通过单击屏幕提示按钮输入提示信息。

下面以"Student"表为例，具体说明表中数据的输入。向以表 4.2 为结构的"学生信息表"中输入数据，数据的来源为表 4.1 中列出的 6 条记录。

可按下面方式操作。

(1) 启动 Access 数据库系统，在 Access 窗口中，打开"教学管理系统"数据库文件。

(2) 在数据库窗口中，选择"表"对象下的"Student"，然后单击该窗口工具栏中的"打开"按钮 打开，显示"Student"的"数据表视图"(见图 4.21)，这时"Student"为空表。

(3) 按照表 4.1 列出的记录依次输入。

(4) 本例为了说明"OLE 对象"型字段的操作，特在"Student"表中加一字段"Photo"为"OLE 对象"型字段，具体的操作说明如下。"Photo"是"OLE 对象"型字段，本例中插入一个图片。其方式为单击该单元格，然后选择"插入"菜单中"对象"命令，弹出如图 4.23 所示的对话框。单击"由文件创建"单选按钮。在"文件"文本框中输入插入位图文件的路径(也可以通过"浏览"按钮打开"浏览"对话框来选择路径及位图文件)。单击"确定"按钮关闭对话框，完成 Photo 数据的插入，单元格显示文本"位图图像"，双击该单元格可打开该图片。若要插入另一个图片，需要把原来的删除。删除 OLE 对象的方法是：单击 OLE 对象单元格，然后选择菜单栏中"编辑"|"删除"命令。

6 条记录全部输入后，数据表视图如图 4.24 所示，其中第 3 条记录的照片字段将显示"位图图像"信息。

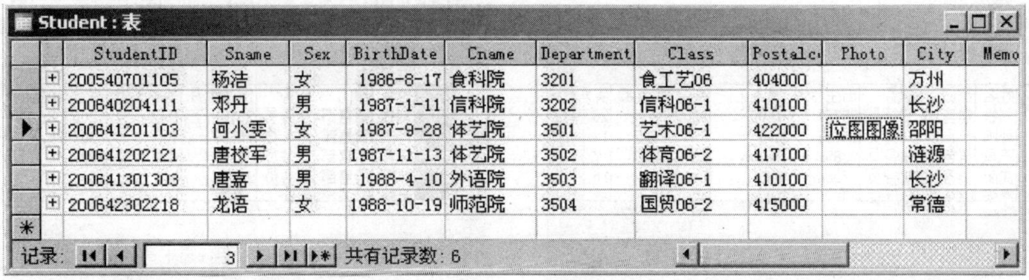

StudentID	Sname	Sex	BirthDate	Cname	Department	Class	Postalc	Photo	City	Memo
200540701105	杨洁	女	1986-8-17	食科院	3201	食工艺06	404000		万州	
200640204111	邓丹	男	1987-1-11	信科院	3202	信科06-1	410100		长沙	
200641201103	何小雯	女	1987-9-28	体艺院	3501	艺术06-1	422000	位图图像	邵阳	
200641202121	唐校军	男	1987-11-13	体艺院	3502	体育06-2	417100		涟源	
200641301303	唐嘉	男	1988-4-10	外语院	3503	翻译06-1	410100		长沙	
200642302218	龙语	女	1988-10-19	师范院	3504	国贸06-2	415000		常德	

图 4.24　"Student"表的输入

4. 数据的复制

利用数据的复制操作，可以减少重复数据或相近数据的输入，加快数据的录入过程。

在 Access 中，数据的复制内容可以是一条记录、多条记录、一列数据、多列数据、一个数据项和多个数据项或一个数据项的部分数据。数据的复制操作步骤如下：

(1) 打开相应表的数据表视图。

(2) 选定要复制的内容，右击，弹出快捷菜单，选择"复制"菜单项。

(3) 选定复制的目标位置，右击，弹出快捷菜单，选择"粘贴"菜单项。

(4) 保存表。

4.3.2　导入、导出数据

1. 导入数据

导入数据是把数据从一个应用程序和数据库中加入到当前 Access 表中，或是将同一数据库中的其他表的数据复制到当前表中。数据可以是文本、Excel表和数据表等。可以用现有数据创建新的Access表,也可将其添加到已有的Access表中,还可以把数据复制到不同类型的文件中。

导入数据时,通常使用"导入"对话框,操作步骤如下。

(1) 选择"文件"|"获取外部数据"|"导入"命令,出现"导入"对话框。

(2) 在"文件类型"框中,选择要导入文件的类型。

(3) 在"查找范围"组合框中,输入或浏览查找到源文件夹。

(4) 在"文件名"组合框中输入或选择相应的文件名。

(5) 选择"导入"按钮,系统将弹出其他相应的对话框。例如,类型是"Microsoft Excel",则系统在"导入"对话框关闭后,打开一个"导入对象"对话框,选择相应的对象类型及对象名后,单击"下一步"按钮,如图4.25所示。

(6) 单击"下一步"按钮,如果Excel表中没有适合做主键的字段,则选择单选按钮"让Access添加主键",如图4.26所示。最后单击"完成"按钮,则系统将选中的对象添加到当前数据库中,如图4.27所示。

图4.25 导入Excel数据表1

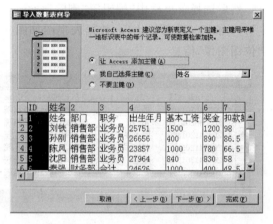

图4.26 导入Excel数据表2

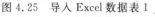

图4.27 已导入的Excel数据表

2. 导出数据

在 Access 2003 中,也可以把 Access 表中的数据导出到另一种格式的文件中,供其他应用程序使用。

例如,将"Student"表的数据导入 Excel 5-7 电子表格。

(1) 在"教学管理系统"数据库窗口的"表"对象列表区,选定"Student"。

(2) 选择 Access 系统菜单的"文件"|"导出"菜单项,打开"导出"对话框。

(3) 在"保存类型"组合框中选择"Microsoft Excel 5-7"。

(4) 在"保存位置"组合框中输入或选定所要保存的文件夹。

(5) 在"文件名"组合框中输入"学生"。

(6) 单击"确定"按钮,将 Access 的表导出成为 Excel 文件。

4.3.3 维护数据

在 Access 中,用户可以采用多种方法维护表中的记录,其维护操作主要包括编辑、修改和删除记录的操作。对于数据的修改、更新等工作,数据的显示与存储是同步的,即数据库中的数据是自动保存的。

一般来说,一个表有很多条记录,在对表中的记录进行编辑时,在任意时刻只能对一条记录进行编辑操作,该条记录被称为"当前记录"。

1. 记录的选定

数据表视图也提供了一些编辑工具,便于数据表的维护操作。数据表视图下各部分的名称如图 4.28 所示。

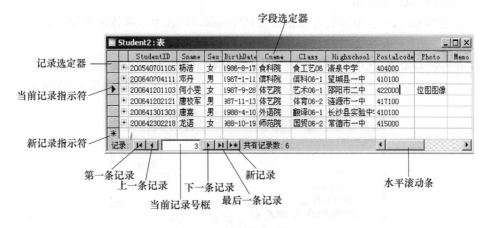

图 4.28 数据表的编辑工具

记录选定器(位于数据表中左侧的小框)和字段选定器(是数据表的列标题)用于选定待编辑的数据。

记录选定器有如下 3 种状态符来表示记录状态。

(1) 符号 ▶ 表示"当前记录指示符"。当显示该指示符时,表示前面编辑的记录数据已被保存。

(2) 符号 ✏ 表示"正在编辑指示符"。当焦点离开该记录时,所做的更改立即保存,该指示符也随即消失。

(3) 符号 * 表示"新记录指示符"。可在所指行输入新记录的数据。

记录导航栏位于数据表视图的下端,包括 5 个按钮和一个记录编号框。可以用它快速找到所要的记录。

2. 添加记录

添加记录也就是在表中增加新的一行。常用的方法是直接单击表的最后一行并输入需要添加的数据;也可以单击"表"工具栏上的新记录按钮 ;或者在菜单栏上选择"插入"→"新记录"命令,光标将自动跳到最后一行上,从而可输入需要添加的记录。

3. 修改记录

如果需要修改表中的数据,可以直接进入数据表视图,将光标定位到指定的位置,就可以修改相应行的数据。

4. 删除记录

删除记录的方法是:选定删除对象(一条或多条记录),然后单击工具栏中的"删除记录"按钮 ,或者右击该记录,在弹出的快捷菜单中选择"删除记录"即可删除。

删除记录时,系统会提示"您正准备删除记录"字样,由于删除记录意味着数据丢失,为不可逆操作,所以进行删除操作应慎重。

5. 追加记录

追加记录是指在数据表末尾添加另一个表中的记录,要求两个表的结构一致。可按以下两种方法操作。

(1) 不打开数据表追加

比如,把"Student"表中的所有数据追加到"Student1"表中。具体步骤如下。

① 打开"教学管理系统"数据库,显示数据库窗口,选择"表"对象。

② 在"表"对象下,选中"Student"表,单击工具栏中的"复制"按钮 。

③ 单击工具栏中的"粘贴"按钮 ,弹出"粘贴表方式"对话框,如图 4.29 所示。

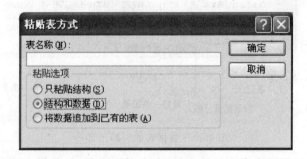

图 4.29 粘贴表方式

在"粘贴选项"区中选定"将数据追加到已有的表"单选按钮,并在"表名称"框中输入"Student1"。单击"确定"按钮返回数据库窗口。

(2) 打开数据表追加

打开源数据表后,首先将若干记录复制到剪贴板;再打开目标数据表,选择"编辑"|"粘

贴追加"菜单项,则剪贴板上的这些记录就会追加到目标数据表末尾。

在对数据表中记录进行插入和移动时,可以采用上述追加方法来实现。

4.4 表的使用

在建立数据库和表的基础上,本节将介绍表的使用和编辑、数据的排序和筛选、表与表的关系以及 Access 如何与外部共享数据等。

4.4.1 浏览记录

浏览记录的快捷的方法是使用数据表视图,打开数据表视图窗口即可浏览记录。在数据表视图窗口中,可以使用滚动条来移动和浏览表中的记录和字段,也可用光标移动键和 Tab 键来移动和显示记录。如果要查看 OLE 对象字段数据,可以在数据表视图窗口中双击该字段,系统会打开一个显示该内容的窗口。

为了使用方便,用户可以改变数据表的显示形式,如改变外观、隐藏列、冻结列、筛选数据和限制对字段的访问等。

1. 改变数据表视图显示效果

(1) 在"教学管理系统"数据库窗口的"表"对象列表区,双击"Student"选项。

(2) 在数据视图中,单击菜单"格式"|"数据表",弹出"设置数据表格式"对话框,如图 4.30 所示。

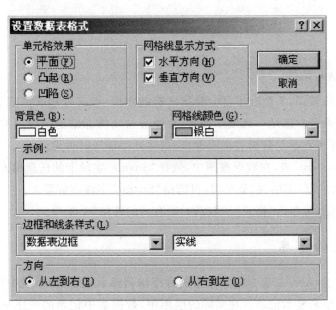

图 4.30 设置数据表格式对话框

(3) 在"设置数据表格式"对话框中设置单元格显示效果、网格线显示方式、网格线颜色、背景颜色、边框和线条样式等。

2. "隐藏列"命令可以将用户暂时不关心的字段进行隐藏

（1）打开"Student"表，在数据视图中，选择"IDcard"字段上的任意单元。

（2）单击菜单"格式"|"隐藏列"，可以将当前列也就是"IDcard"字段隐藏。

"取消隐藏列"命令可以取消隐藏的字段。

（1）打开"Student"表，在数据视图中，单击菜单"格式"|"取消隐藏列"。

（2）在"取消隐藏列"对话框中选择的字段为显示字段，未选择的字段为隐藏字段，如图4.31所示。

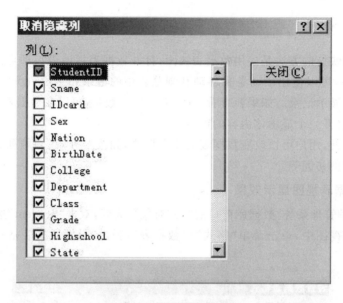

图 4.31　取消隐藏列窗口

3. 列的冻结与解冻

当表中的字段较多，不能在屏幕上显示所有的字段，但又希望有的列能保留在屏幕上，可选择"冻结列"命令。冻结一列或多列时，系统会自动将冻结的字段列放在数据表视图的最左端，无论怎样左右滚动数据表视图窗口，这些列都能随时可见。

（1）打开"Student"表，在数据视图中，选择"Sname"字段上的任意单元。

（2）单击"格式"|"冻结列"菜单项，可冻结"Sname"字段在屏幕上。

若要取消冻结，可单击"格式"|"取消对所有列的冻结"菜单项。

4.4.2　记录的排序

在通常情况下，Access表是按主键值的升序排列显示记录，如果表中没有主键，则以记录输入的先后顺序来显示记录。在实际的应用中，数据表中记录的顺序是根据不同的需求排列的。排序就是按照某个字段的内容值重新排列记录的次序。

数据表视图工具栏中包括"升序排序"按钮和"降序排序"按钮，只要先在数据表中单击某个要排序的字段，然后单击排序按钮，排序就会自动完成。

在Access中，不仅可以按一个字段排序记录，也可以按多个字段排序记录。按多个字

段排序记录时,首先根据第一个字段指定的顺序进行排序,当第一个字段具有相同的值时,再按照第二个字段进行排序,依此类推,直到按全部指定的字段排好序为止。多个字段排序方法可参见下面的"筛选"部分中的"高级筛选|排序"。

需要说明的是:

(1) 对备注型字段排序将只针对前 255 个字符排序,不能对"OLE 对象"字段排序;

(2) 若已设置过排序,索引设置(参见 4.5.2 小节)就不再起作用,除非清除排序设置;

(3) 若要清除排序,只要单击"记录"|"取消筛选/排序"菜单项即可。

4.4.3 记录的筛选

在数据表视图窗口中,默认情况下 Access 会将表中所有的记录和字段全部显示出来。筛选就是有选择地查看记录,筛选时用户必须设定筛选条件,然后 Access 就会筛选并显示符合条件的记录,把不符合条件的记录隐藏起来,隐藏的记录并没有被删除。筛选的过程实际上是创建一个该表的记录子集。Access 提供了按选定内容筛选、内容排除筛选、按窗体筛选、高级筛选和筛选目标共 5 种筛选方法。

下面介绍前 4 种筛选,这些方法也适用于查询或窗体。

1. 按选定内容筛选

在数据表中选定要筛选的内容,在工具栏中单击"按选定内容筛选"按钮,窗口中会显示出满足条件的记录。

例如,在"Student"表中,筛选出所有的女生记录,操作步骤如下。

(1) 在数据表视图下打开"Student"表,选定"Sex"字段中"女",如图 4.32 所示。

(2) 单击工具栏中"按选定内容筛选"按钮,显示筛选结果,如图 4.33 所示。

图 4.32 "Student"表筛选前　　图 4.33 筛选出所有的女生记录

(3) 若要取消筛选,单击工具栏中"取消筛选"按钮。

(4) 若要保存筛选设置,只要保存设置筛选后的表即可。下次打开表时,单击工具栏中"应用筛选"按钮执行筛选。

2. 内容排除筛选

按内容排除筛选是将除当前选定的内容以外的值作为条件进行筛选。

例如,在"Student"中,筛选除少数民族学生,操作步骤如下。

(1) 在数据表视图下打开"Student"表,在"Nation"字段中任意"汉族"值上,右击,打开快捷菜单,如图 4.34 所示。

(2) 选择"内容排出筛选"菜单项,显示筛选结果,如图 4.35 所示。

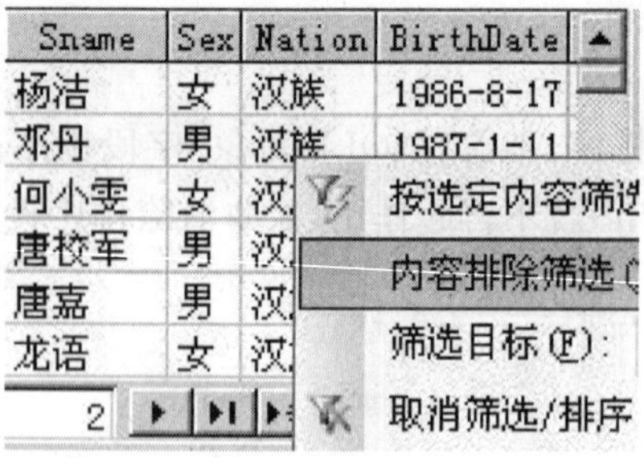

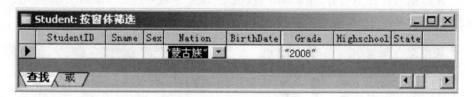

图 4.34 筛选非"汉族"的记录 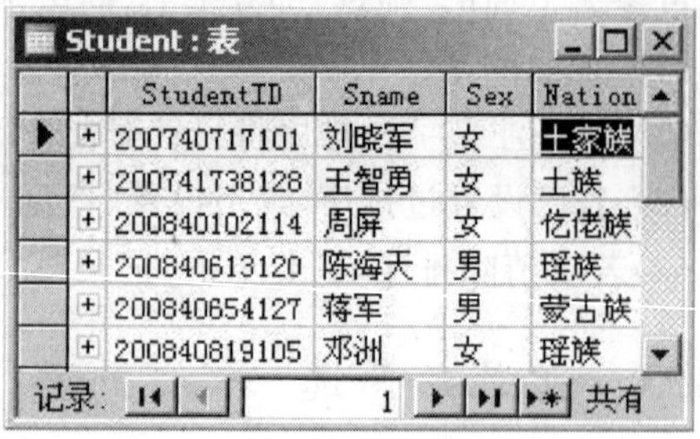　　　　图 4.35 显示所有少数民族学生的记录

(3) 取消筛选时,单击工具栏中"取消筛选"按钮。

3. 按窗体筛选

当筛选条件比较多时,可采用"按窗体筛选"。按窗体筛选是在"按窗体筛选"对话框上设定筛选条件,然后进行筛选。

例如,在"Student"表中,筛选 2008 年入学的蒙古族学生,操作步骤如下。

(1) 在数据表视图下打开"Student"表,单击工具栏中"按窗体筛选"按钮,打开"Student:按窗体筛选"窗口。

(2) 单击"Grade"字段的空白处,在下拉列表中选择"2008",在同一行的"Nation"字段的下拉列表中选择"蒙古族",如图 4.36 所示。

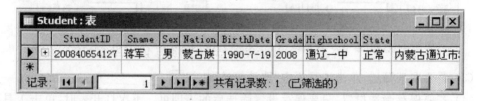

图 4.36 "按窗口筛选"设置筛选条件

(3) 单击工具栏中"应用筛选"按钮 执行筛选,筛选结果如图 4.37 所示。

图 4.37 显示 2008 年入学的蒙古族学生记录

(4) 取消筛选时,单击工具栏中"取消筛选"按钮。

需要指出的是:设置在同一行的各条件筛选结果是同时满足所有条件的记录;设置在不同行的各条件筛选结果是至少满足其中一个条件的记录。单击"按窗体筛选"窗口下面的"或"选项卡,也可以按分行设置条件。

4. 高级筛选/排序

当需要设置多个筛选条件，或依据多个字段排序时，可以使用“高级筛选/排序”来筛选。

例如，在“Student”表中，筛选少数民族的学生，对筛选结果依据入学年份“Grade”升序排序，如果入学年份相同，则按“Sname”降序排序，操作步骤如下。

(1) 在数据表视图下打开“Student”表，选择“记录”|“筛选”|“高级筛选/排序”菜单项，打开“高级筛选/排序”窗口，如图 4.38 所示。

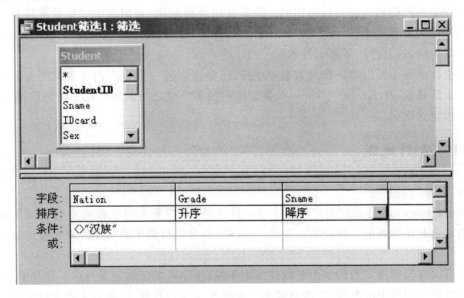

图 4.38 “高级筛选/排序”窗口

(2) 在第一列“字段”下拉列表中选择“Nation”字段，在“条件”框中输入“<>"汉族"”；在第二列“字段”下拉列表中选择“Grade”，在“排序”下拉列表中选择“升序”；第三列“字段”下拉列表中选择“Sname”，对应的“排序”下拉列表中选择“降序”（汉字排序依据拼音字典排序）。

(3) 单击工具栏中“应用筛选”按钮执行筛选，筛选结果如图 4.39 所示。

Student：表

StudentID	Sname	Sex	Nation	BirthDate	Grade	Highschool	State	
200741738128	王智勇	女	土族	1989-1-17	2007	乐都一中	正常	青海省乐都县达拉
200740717101	刘晓军	女	土家族	1987-7-17	2007	慈利一中	正常	湖南省慈利县零阳
200840102114	周屏	女	仡佬族	991-11-10	2008	道真中学	正常	贵州省道真县旧城
200842347230	曾志伟	女	白族	1989-2-14	2008	桑植县马头	正常	湖南省张家界市桑
200841636106	汪铭	女	土家族	990-10-17	2008	道真中学	正常	贵州省道真县京街
200840654127	蒋军	男	蒙古族	1990-7-19	2008	通辽一中	正常	内蒙古通辽市科区
200840819105	邓洲	女	瑶族	1990-4-14	2008	江华县招生	正常	湖南永州市物价局
200840613120	陈海天	男	瑶族	1984-3-25	2008	江永二中	正常	湖南省江永县源口

记录：1 共有记录数：8（已筛选的）

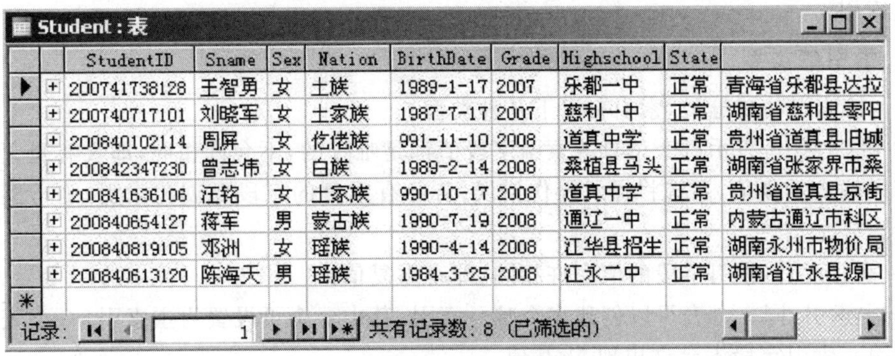

图 4.39 高级筛选排序结果

(4) 取消筛选时，单击工具栏中“取消筛选”按钮。

在前面介绍的几种筛选中,每个设置完之后,筛选条件都会保存在"高级筛选/排序"窗口中。

4.5 表的索引

在通常情况下,Access 表是按主键值的升序排列显示记录,如果表中没有主键,表中记录的顺序是由数据输入的先后决定的。除非有记录被删除,否则表中的记录顺序总是不变的。当用户的要求变化时,为加快数据的检索、查询、显示和打印速度,需要对文件中的记录顺序重新组织,这就产生了索引技术。

索引技术除了可以重新排列数据顺序外,还是建立同一数据库内各表间的关联关系的前提。也就是说,在 Access 中,同一个数据库中的多个表之间需要建立关联关系,就必须以关联字段建立索引。

4.5.1 索引概述

1. 索引

索引(Indexing)是数据表记录排序的一种方法,是按照索引字段或索引字段集的值使表中的记录有序排列的一种技术。在 Access 中,通常是借助于索引文件来实现记录的有序排列。

索引文件包括指定表的一个字段或多个字段,按字段的值将记录排序。建立索引之后,如果查找索引字段中的数据,将按照基于二分法的快速查找算法,先在索引文件中查找数据的记录号,然后根据记录号来找到记录。例如,当为姓名字段创建索引后,就可快速搜索某个姓名。主键是特殊的索引。

索引文件中不包括表记录的内容,仅含记录号,因此不会占用过多的磁盘空间。一个表可以建立多个索引,每一个索引代表一种表中记录的逻辑顺序。

当表中包含很多记录时,索引可以提高搜索速度。索引字段的数据类型可以是"文本"、"数字"、"货币"及"日期/时间"等类型,主键字段会自动索引,但 OLE 对象和备注字段等不能设置索引。

2. 索引的类型

(1) 按索引功能分类,索引有以下几种类型。

① 唯一索引:表示每个记录的索引字段值都是唯一的,不允许相同,即没有重复值。若给该字段输入重复值,系统将提示操作错误;若已有重复的字段要创建索引,则不能创建唯一索引。

② 普通索引:索引字段的值允许相同,即有重复值。

③ 主索引:同一个表可以创建多个唯一索引,其中一个可设置为主索引,一个表只有一个主索引。索引字段不允许出现 Null 值。

在同一个表中,最多允许创建 32 个索引,但是只能创建一个主索引。Access 将主索引字段作为当前排序字段。

在表设计视图和索引窗口中,主索引字段的记录选定器上会显示一个钥匙符号,因此主索引就是主键。

(2) 按索引字段个数分类，索引可以分为单个字段索引和多个字段索引。

多字段索引是指为多个字段联合创建的索引，其中允许包含的字段可达 10 个。若要在索引查找时区分表中字段值相同的记录，则必须创建包含多个字段的索引。多个字段索引是：先按第一个索引字段排序，对于字段值相同的记录再按第二个索引字段排序，依此类推。

4.5.2 创建与维护索引

在 Access 中，可以使用一个字段或多个字段的组合作为索引关键字。创建索引就是为字段设置索引属性。可在表设计视图和索引窗口中设置索引属性。

1. 在表设计视图中创建索引

在表设计视图创建索引的方法如下。

(1) 打开"表设计视图"(见图 4.4)，选定要创建索引的字段(一个或多个)。

(2) 在对应的"字段属性"窗口的常规选项卡中"索引"项的下拉列表中选择索引类型。

(3) 在"索引"项的下拉列表中有 3 个可选项，其中"无"表示未建索引；"有(有重复)"表示普通索引；"有(无重复)"表示唯一索引。

必须指出：

① 选择索引字段后，单击工具栏"主键"按钮，可以设置主索引，即主键(主键字段的左侧出现 标记)；

② 在"设计视图"下创建的索引，对索引字段按升序排列；

③ 对字段创建索引后，当数据更新时，索引文件会自动更新。

2. 利用索引窗口创建索引

在索引窗口创建索引的方法如下。

(1) 打开表的"设计视图"，单击工具栏中"索引"按钮，弹出"索引"窗口，如图 4.40 所示。

(2) "索引"窗口具有创建、查看和编辑索引的功能。窗口的一行可以设置一个索引字段。其中"索引名称"单元是必填项，既可沿用字段名称，也可重新命名；"字段名称"和"排序次序"均在各自单元格的下拉列表框中选取。

图 4.40 "索引"窗口

(3) "索引"窗口下方的索引属性窗口用于设置"唯一索引"、"主索引"和"忽略 Nulls"属性。"忽略 Nulls"栏中若选"是"，表示该索引排除值为"Null"的记录，"否"为默认选项。

3. 维护索引

在表的设计视图和索引窗口中可以对表的索引进行修改或删除操作。

(1) 在表的设计视图中维护索引

只需在表的设计视图中选定相应的字段后,在"常规"选项卡的"索引"下拉列表中重新选择相应的索引类型。删除索引则选择"无"。

(2) 在"索引"窗口中维护索引

① 修改"索引"可在打开相应表的"索引"对话框后,单击欲修改的索引,直接修改。

② 删除"索引"可在索引窗口中,选定一行或多行,然后按 Delete(Del)键;或在欲删除的索引列右击,在打开的快捷菜单中选择"删除行"。

③ 取消主索引(主键)也可以在设计视图中选定主键字段,然后单击工具栏中"主键"按钮。

④ 插入"索引"可在欲插入的索引列右击,然后在打开的快捷菜单中选择"插入行",输入索引名称、字段名称和排列次序。

4.6 建立表间关联关系

在一个关系数据库中,通常建立了若干表,由于反映客观事物的数据间有多种对应关系,这些表之间常常存在着联系。在 Access 中可将有联系的若干表建立起关联关系,凭借关系来连接表或查询表中的数据。

4.6.1 表间关系

表间关系是指两个表中各有一个含义相同且数据类型相同的字段,利用这个字段建立两个表之间的关系。通过这种表之间的关联性,可以将数据库中的多个表连接成一个有机的整体。关系的主要作用是使多个表的字段建立关联,从而快速地提取数据信息。

1. 表的关联

建立数据库中的表间关系,一是要保证建立关联关系的表具有相同的字段;二是每个表都要以该字段建立索引。在这个前提下,以其中一个表中的字段与另一表中的相同字段建立关联,两表就具有了一定的关联关系。

在建立关系的两个表中,表具有相同的字段是指关联字段的数据类型必须相同,但字段名称允许不同。对于自动编号型主键与数字型字段关联时例外,只要求它们的"字段大小"属性相同,比如均为长整型。如果是两个数字型字段,则要求"字段大小"属性必须相同。

在关联的两个表中,总有一个是主表,一个是子表。比如"Student"学生表与Student-Course"学生选课表建立关联时,前者为主表,后者为子表。

2. 关联的类型和方法

在关系模型中,表间关系可分为一对一、一对多和多对多类型。

(1) 一对一关系

如果主表中的每一条记录仅能在子表中有一个匹配的记录,并且子表中的每一条记录仅能在主表中有一个匹配记录,这种关系称为一对一关系。

例如,"学生"表与"学生家庭地址"表可以通过"学号"建立这两个表的一对一联系。这种一对一关系类型并不常用,因为通常这些数据都可放在一个表中,即可以将学生家庭地址作为一个字段放到"学生"表中,而不需设置一个"学生家庭地址"表。

若在两个表之间建立一对一关系,首先要确定两个表的关联字段,其次要定义主表中该字段为主键或唯一索引(字段值无重复),还要定义另一个表中与主表相关的字段为主键或唯一索引(字段值无重复),最后确定两个表具有一对一的关系。

(2) 一对多关系

如果主表的一条记录能与子表的多条记录匹配,而在子表中的任意一条记录仅能与主表的一条记录匹配,这种关系称为一对多关系。

例如,"College"学院表与"Student"学生表可以通过"College"字段建立这两个表的一对多联系,因为一个学院有很多学生,而每个学生只属于一个学院。

若在两个表之间建立一对多关系,首先要确定两个表的关联字段,其次要定义主表中该字段为主键或唯一索引(字段值无重复),还要定义另一个表中与主表相关联的字段为普通索引(字段值有重复),最后确定两个表具有一对多的关系。

(3) 多对多关系

如果主表中的某一记录能与子表中的多条记录匹配,并且子表中的某一记录也能与主表中的多条记录匹配,这种关系称为多对多关系。对于这种关系,可以先定义一个连接表,并将原表中能作为主键的字段添加到连接表中,从而转化为以连接表为子表,原来两个表分别为主表的两个一对多关系。

例如,"Student"学生表和"Course"课程表之间是多对多关系,一个学生可以选修多门课程,每门课程也可以被多个学生选修。学生表和课程表分别和"StudentCourse"学生选课表建立一对多联系。以实现两个表之间的多对多关系。"StudentCourse"学生选课表是连接表,它的主键则由"StudentID"字段和"CourseID"字段组成。

若在两个表之间建立多对一关系,首先要确定两个表的关联字段,其次要定义主表中该字段为普通索引(字段值有重复),然后定义另一个表中与主表相关联的字段为主键或唯一索引(字段值无重复),最后确定两个表具有多对一的关系。

3. 主键和外键

表间关系的创建通常是通过"主键"和"外键"联系的。在前面"创建索引"部分中叙述了主键的创建方法。主键和外键的定义如下。

(1) 主键

主键值能唯一标识表中的每个记录。所以主键必须是唯一索引,且不允许存在 Null 值。即在编辑数据时,主键字段值既不能为空,也不能出现两个相同的值。

主键通常为一个字段。但如果所选字段不能保证唯一性时,可以将两个或多个字段进行组合,设定为主键。

(2) 外键

在关联表中,若一个表用主键作为关联字段,则另一个表的关联字段就称为该表的外键。主键和外键表明了表间关系。与主键不一样的是,外键一般不具有唯一性,且不能是自动编号字段,除非要建立一对一关系。

4.6.2 创建关系

以创建"高校教学管理系统"数据库中的"Student"学生表和"StudentCourse"学生选课

表之间关系为例,说明创建关系的方法。由于一名学生可以选修多门课程,所以这两个表之间的关系类型是一对多的关系。

"Student"学生表的表结构见表 4.2,"StudentCourse"学生选课表的表结构如表 4.4 所示。创建这两个表关系的步骤如下。

表 4.4 StudentCourse 表结构

字段名	字段类型	字段约束	字段说明
CourseID	文本(10)	Primary key	课程编号
StudentID	文本(12)	Primary key	学生编号
TeacherID	文本(8)	Primary key	教师编号
Term	文本(11)		学年学期
TotalMark	数字-单精度型		总成绩
Memo	备注		备注信息
ExamGrade	数字-单精度型		考试成绩
RegularGrade	数字-单精度型		平时成绩
ExamMethod	文本(4)		考核方式
ExamDate	日期/时间		考试日期

(1) 打开"高校教学管理系统"数据库,已知"Student"学生表和"StudentCourse"学生选课表,具有公共属性字段"StudentID",且已分别建立了索引。

(2) 在"数据库"窗口,单击工具栏中"关系"按钮,或单击工具菜单中的"关系"菜单项,打开"关系"窗口。如果在数据库中已经创建了关系,那么在"关系"窗口中将显示出这些关系。

(3) 如果没有定义任何关系,Access 会在打开"关系"窗口的同时弹出"显示表"对话框,如图 4.41 所示。也可通过单击工具栏中"显示表"按钮,打开"显示表"对话框。

(4) 在"显示表"对话框中,选择"表"选项卡,分别单击"Student"和"StudentCourse"选项及"添加"按钮,将这两个要建立关系的表添加到"关系"窗口中,关闭"显示表"对话框。屏幕上会出现"关系"窗口,如图 4.42 所示。

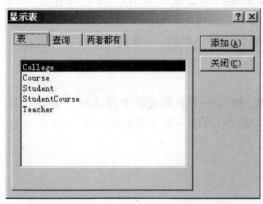

图 4.41 "显示表"对话框

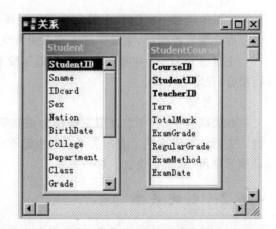

图 4.42 显示表的"关系"窗口

(5)在"关系"窗口中,将主表"Student"学生表中主键"StudentID"用鼠标拖放到"StudentCourse"学生选课表中的外键"StudentID"的位置上,会弹出"编辑关系"对话框,如图4.43所示。在图中显示了关联的两个字段,并显示其关系类型是"一对多"。

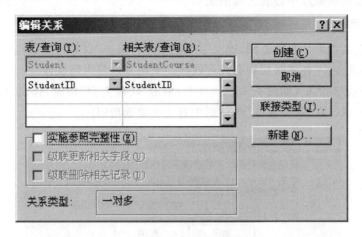

图 4.43 "编辑关系"对话框

(6)在"编辑关系"对话框中"表/查询"下拉列表框对应主表的字段列表,若需修改字段,可单击对应的下拉按钮重新选择;"相关表/查询"下拉列表框则对应子表的字段列表,也可以从列表框中重新选择子表字段。此时单击"创建"按钮,两表中的关联字段间出现了一条连线,说明两个表之间创建了一个关系,如图4.44所示。

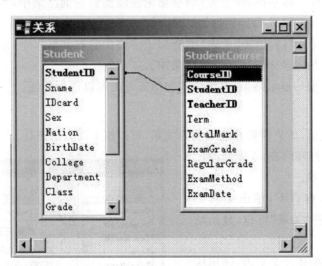

图 4.44 建立表间关联关系

(7)关闭"关系"窗口,保存数据库,就建立了两个表的关联关系。当两个表建立关系后,再打开主表时,会看到表的左侧有一列加号"+",单击某个"+",会打开此加号所在行记录相关联的子表记录。

4.6.3 编辑关系

表之间的关系不是一成不变的,可以通过单击工具栏上的"关系"按钮,打开关系视图窗口,显示、编辑数据库中各表之间的关系。

1. 联接类型

联接类型是指查询的有效范围,即对哪些记录进行选择,对哪些记录执行操作。联接类型分3种:内部联接、左外部联接和右外部联接。系统默认是内部联接。

在"编辑关系"对话框(如图 4.43 所示)中,单击"联接类型"按钮,弹出"联接属性"对话框,如图 4.45 所示。在"联接属性"对话框中有 3 个单选按钮。

图 4.45 "联接属性"对话框

(1) 内部联接。联接字段满足特定条件时,才合并两个表中的记录并将其添加到查询结果中。

(2) 左外部联接。将左边表(主表)中全部记录添加到查询结果中,右边表(子表)中只有与主表有相匹配的记录才添加到查询结果中。

(3) 右外部联接。将右边表(子表)中全部记录添加到查询结果中,左边表(主表)中只有与子表有相匹配的记录才添加到查询结果中。

这几种联接类型的显示结果,在第 5 章介绍查询时可以得到验证。

2. 编辑关系

表间关系建立后,如果需要修改或删除关系,可以按下面方法进行。

(1) 关闭所有打开的表,不能修改已打开的表之间的关系。

(2) 在数据库窗口下,单击工具栏"关系"按钮,打开"关系"窗口,显示结果见图 4.44 所示。

(3) 在两个表的连线上右击,弹出快捷菜单,如图 4.46 所示。单击"编辑关系"打开"编辑关系"对话框(见图 4.43 所示)可以修改关系;单击"删除",或单击所要删除的关系连线,然后按 Delete 键,可以删除这两个表之间的关系。

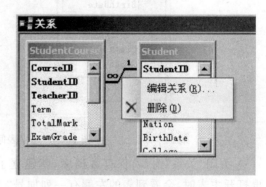

图 4.46 编辑关系

4.6.4 参照完整性

参照完整性规则属于表间规则,用于在编辑记录时维持已定义的表间关系。对于相关联的两个表,即主表和子表,如果在其中一个表进行更新、删除或插入记录操作时,另一个表不随之改变,则会影响数据的完整性。

例如,修改主表"Student"学生表中关联字段"StudentID"的值,或修改主表某条记录的"StudentID",或者把此条记录删除,而子表"StudentCourse"的关联字段"StudentID"的值未作相应修改或删除,这样就会出现子表中的记录失去对应关系;如果在子表中插入一条记录,而主表不变,也将使该条记录在主表中没有对应记录。这种使关联字段值不保持相关联的情况,即是违背了表间数据的参照完整性。

为了保持参照完整性,Access 提供了参照完整性的一组规则,以及实施参照完整性的操作界面。

1. 实施参照完整性的条件

① 两表必须关联,而且主表的关联字段是主键,或具有唯一索引。
② 子表中任一关联字段值在主表关联字段值中必须存在。

2. 参照完整性的规则与使用

参照完整性规则包括更新、删除和插入等 3 个组规则。具体使用时包括 3 个方面,即实施参照完整性、级联更新相关字段和级联删除相关字段。

(1) 实施参照完整性

在"编辑关系"对话框中单击"实施参照完整性"复选框,表示两个关联表之间建立了实施参照完整性规则,如图 4.47 所示。

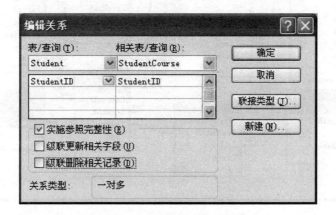

图 4.47 选择"实施参照完整性"

当两个表间建立参照完整性规则后,在主表中不允许更改与子表相关的记录的关联字段值;在子表中,不允许在关联字段中输入主表关联字段不存在的值,但允许输入 Null 值;不允许在主表中删除与子表记录相关的记录;在子表中插入记录时,不允许在关联字段中输入主表关联字段中不存在的值,但可以输入 Null 值。

在选择实施参照完整性后,在"编辑关系"对话框中"级联更新相关字段"和"级联删除相关字段"复选框,变成可选项。

(2) 级联更新相关字段

在选择实施参照完整性后,在"编辑关系"对话框中单击"级联更新相关字段"复选框,表示关联表间可以级联更新。

当关联表间实施参照完整性并级联更新时,若更改主表中关联字段值时,则子表所有相关记录的关联字段值就会随之更新。但在子表中,不允许在关联字段输入除 Null 值以外的主表关联字段中不存在的值。

(3) 级联删除相关字段

在选择实施参照完整性后,在"编辑关系"对话框中单击"级联删除相关字段"复选框,表示关联表间可以级联删除。

当关联表间实施参照完整性并级联删除时,若删除主表中的记录,子表中的所有相关记录就会随之删除。

如果关联表间不实施参照完整性,也就是不选"实施参照完整性"的复选框,这时对主表或子表的更新、删除和插入不受限制。

当相关表间实施参照完整性以后,表间连线将根据关系类型,显示出一对一、一对多等标志,图 4.48 表示的是"教学管理系统"数据库中表间关系图,所有关系均实施了参照完整性规则。

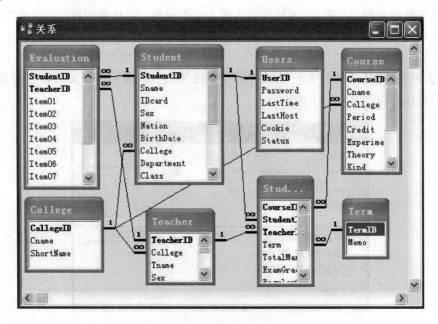

图 4.48 "教学管理系统"数据库的"关系"窗口

4.7 本章小结

在 Access 中,数据表是处理数据,建立关系数据库和应用程序的基础。在创建表之前需要了解表的 10 种常用字段、进行表结构设计。创建表时需要先创建表的结构才能输入与使用表中数据。

表中的数据可以按用户的要求在数据表视图中浏览、筛选和排序,也可以建立索引与关联,实现快速查询和表间数据的级联插入、更新和删除。

本章主要讲述了表结构的设计,数据的输入、修改和编辑,数据的排序和筛选,外部数据的导入和导出。重点讲述设置表的关系、各类字段的输入方法、如何与外部共享数据以及索引的创建、维护与使用等内容。本章的难点是理解和设置表的关系、多表关联与参照完整性设置。

一、填空题

1. Access 的数据库中,表与表之间的关系分为一对一、一对多和_____ 3 种。
2. 在 Access 中可以定义 3 种主关键字:自动编号、单字段及_____。
3. Access 提供了文本型和_____型两种字段数据类型,用以保存文本和数字组合的数据。
4. 在 Access 中"必填字段"属性的取值有"是"或"_____"两项。
5. 在 Acccss 中排序数据规则中,中文按_____顺序排序。
6. 数据类型为备注、超链接、_____的字段不能排序。
7. 在 Access 中,文本型字段最多为_____个字符。
8. _____是一个准则系统,Access 使用这个系统用来确保相关表中的记录之间的有效性,并且不会因意外而删除或更改相关数据。
9. 在 Access 中,"索引"属性提供了"无"、"有(有重复)"和"_____(无重复)"3 项取值。
10. 在 Access 中,数据类型主要包括:自动编号、文本、备注、数字、日期/时间、_____、是/否、OLE 对象、超链接和查询向导 10 种数据类型。

二、单项选择题

1. 下面关于关系描述错误的是( )。
   A. 关系必须规范化   B. 关系数据库的二维表的元组个数是有限的
   C. 关系中允许有完全相同的元组   D. 二维表中元组的次序可以任意交换
2. 如果一张数据表中含有"照片"字段,那么"照片"这一字段的数据类型通常为( )。
   A. 备注   B. OLE 对象   C. 超级链接   D. 链接向导
3. 定义字段默认值的含义是( )。
   A. 该字段值不能为空   B. 在未输入数据之前系统自动提供的数值
   C. 系统自动把小写字母转化为大写字母   D. 不允许字段的值超出某个范围
4. 某文本型字段的值只能为字母,且不允许超过 6 个,则该字段的输入掩码属性可定义为( )。
   A. CCCCCC   B. 999999   C. AAAAAA   D. LLLLLL
5. 已知一个 Access 表的姓名字段的长度为 12,下面关于姓名字段数据输入( )是正确的。

  A. 必须输入 12 个汉字

  B. 最多能输入 24 个英文字符

  C. 必须输入 12 个英文字符

  D. 汉字数与英文字符数之和最多不能超过 12 个

6. 下列数据类型能够进行排序的是(　　)。

  A. 备注数据类型　　　　　　　　B. 超级链接数据类型

  C. 数字数据类型　　　　　　　　D. OLE 对象数据类型

7. 在 Access 中,"文本"数据类型的字段最大为(　　)个字节。

  A. 127　　　　B. 256　　　　C. 128　　　　D. 255

8. 在 Access 表中可以定义 3 种主关键字,它们是(　　)。

  A. 单字段、双字段和自动编号　　　B. 单字段、双字段和多字段

  C. 单字段、多字段和自动编号　　　D. 双字段、多字段和自动编号

9. 用户可以为 Access 数据库表中的字段定义有效性规则,有效性规则是(　　)。

  A. 控制符　　　　　　　　　　　B. 条件

  C. 文本　　　　　　　　　　　　D. 以上 3 种说法都不正确

10. 下列实体类型的联系中,属于多对多关系的是(　　)。

  A. 商品条形码与商品之间的联系　　B. 客机的座位与乘客之间的联系

  C. 学生与课程之间的联系　　　　　D. 学校与学生之间的联系

11. 在同一单位里,人事部门的职员表和财务部门的工资表的关系是(　　)。

  A. 一对一　　　B. 多对一　　　C. 一对多　　　D. 多对多

12. Access 不能进行排序或索引的数据类型是(　　)。

  A. 文本　　　　B. 数字　　　　C. 备注　　　　D. 自动编号

13. 表示给定日期是一周中的哪一天的函数为(　　)。

  A. Hour(date)　B. Date()　　　C. Weekday(date)　D. Sum

14. 关系型数据库中所谓的"关系"是指(　　)。

  A. 表中的两个字段有一定的关系

  B. 各个记录中的数据彼此间有一定的关联关系

  C. 某两个数据库文件之间有一定的关系

  D. 数据模型符合满足一定条件的二维表格

15. 已知某一数据库中有两个表,它们的主键与外键是一对多的关系,这两个表若想建立关联,应该建立的永久联系是(　　)。

  A. 一对一　　　B. 一对多　　　C. 多对多　　　D. 多对一

16. 在一张"学生"表中,要使"年龄"字段的取值在 15～40 之间,则在"有效性规则"属性框中输入的表达式为(　　)。

  A. >=15 AND <=40　　　　　　B. >=15 OR <=40

  C. >=40 AND <=15　　　　　　D. >=15 & <=40

17. 某数据库的表中要添加 Internet 站点的网址,则该采用的字段的数据类型是(　　)。

  A. OLE 对象数据类型　　　　　　B. 查询向导数据类型

C. 自动编号数据类型　　　　　　　D. 超级链接数据类型

18. 下列算式正确的是(　　)。

　　A. Int(4.5)=5　　　　　　　　B. Int(4.5)=45
　　C. Int(4.5)=4　　　　　　　　D. Int(4.5)=0.5

19. 字符函数 Rtrim(字符表达式)返回值是去掉字符表达式(　　)的字符串。

　　A. 中间空格　　B. 两端空格　　C. 前导空格　　D. 尾部空格

20. 从字符串 S("ABCDEFG")中返回子串 T("CD")的正确表达式为(　　)。

　　A. Mid(S,3,2)　　　　　　　　B. Left(Right(S,5),2)
　　C. Right(Left(S,4),2)　　　　　D. 以上都可以

三、简答题

1. 字段有哪几种数据类型？
2. 常用的建立表的方法有哪几种？
3. 字段有效性规则属性、格式属性和字段的掩码属性的作用各是什么？
4. 字段索引属性包括哪几类？索引与主键有什么关系？
5. 什么是筛选？Access 提供了几种筛选方式？它们有何区别？
6. 表间关系有哪几种？
7. 关联表间实施参照完整性的含义是什么？
8. 简述设置与更改主关键字的过程。
9. 主键和外键的取值有什么限制？在建立表间关系时起什么作用？
10. 关联表间的级联更新和级联删除的含义是什么？

四、综合题

1. 在"高校图书馆管理系统"数据库中创建"图书编目表"、"读者档案表"、"读者借阅表"、"出版社明细表"和"超期罚款表"(表结构参见 2.5.1 小节和 2.10.1 小节)并录入若干记录。

2. 自己动手创建一个数据库，其中包含以下 3 个表，要求表中各字段类型及大小符合实际情况，然后输入相应数据，并进行简单查询。

① 学生基本信息表，包括学生学号、学生姓名、政治面貌、出生日期、入学年份、入学总成绩、专业名称、班级编号、籍贯、照片等字段；

② 教职工基本信息表，包括教职工姓名、身份证号、教职工号、性别、学历、职称、专业、工龄、家庭电话、移动电话、电子邮件地址、家庭住址、工资、照片等字段；

③ 学生选课表，包括学生学号、课程编号、教师的教职工号、学期、选课成绩等字段。

第 5 章 查 询

"查询"是 Access 数据库的一个重要对象,具有重要而广泛的应用。它可以从一个或多个表中按照某种准则检索数据,同时可以进行计算、更新或删除等修改数据源的操作,还能通过查询生成一个新表,更重要的是可以把查询的结果作为后续对象窗体、报表或数据访问页的数据源。查询本质上是一种基于表的视图,查询获得的记录集显示在虚拟的数据表视图中,并不占用实际储存空间。

5.1 查询类型与查询视图

根据查询方法和对查询结果的处理不同,可以把 Access 中的查询划分为"选择查询"、"交叉表查询"、"操作查询"和"SQL 查询"等 4 种类型。

Access 为"查询"提供了 3 种视图方式,即设计视图、数据表视图和 SQL 视图。

5.1.1 查询类型

打开 Access 的设计视图,菜单栏会自动增加一个"查询"菜单项,下拉菜单中包含有创建各种查询的命令,如图 5.1 所示。

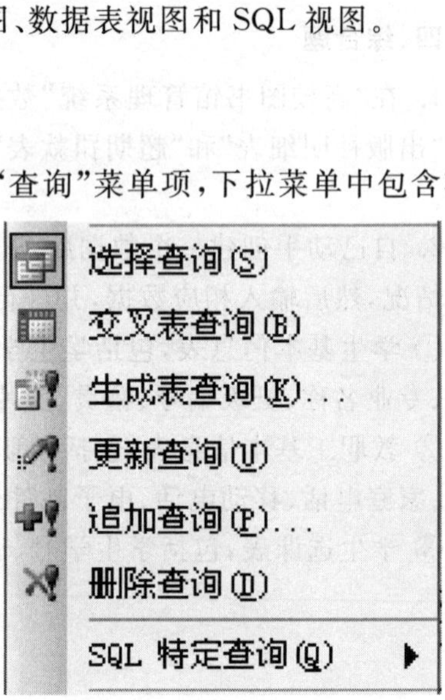

1. 选择查询

选择查询是最重要的查询类型,它根据某些限制条件从一个或多个表中检索数据,并在虚拟的数据表视图中显示结果,在查询的同时还可以对记录进行计数、求平均值等计算。

参数查询是一种特殊的选择查询,它能够在执行查询时显示一个对话框,提示用户输入查询条件的有关参数,将结果按指定的形式显示出来。例如,在打印报表时显示对话框询问月份,输入月份后便可打印相应月份的报表。

图 5.1 查询类型

2. 交叉表查询

交叉表查询创建类似于 Excel 的数据透视表,它主要用于对数据进行分析计算,可显示来源于表中某个数值字段的合计、计数或平均值等,通过对数据进行分组可以更加直观地显示数据表的内容。

3. 操作查询

操作查询是一种处理表中记录的查询,并且一次可以批量处理大量的记录。例如,删除记录、更新记录、添加记录或通过查询生成一个新表。

(1) 删除查询

从一个或多个表中删除一批记录。例如,使用删除查询来删除 Student 表中已经退学的学生。删除查询是删除整个记录,而不是记录中的某个字段。

(2) 更新查询

更新查询可以更改已存在数据的表。例如,在 StudentCourse 表中修改某个学生的某门课程的成绩。

(3) 添加查询

是一种向已有数据的表中添加记录的查询。例如,当有新的教师调入时,可以通过追加查询将他们的信息追加到 Teacher 表中。

(4) 生成表查询

是一种通过复制查询结果而生成新表的查询,生成的表独立于数据源,如同在数据库中创建的表一样。

4. SQL 查询

SQL 查询是用户使用 SQL 语句创建的查询。常用 SQL 查询有联合查询、传递查询、数据定义查询和子查询。我们将在下一章进行详细的讨论。

5.1.2 查询视图

Access 为查询对象提供了"设计"、"数据表"和"SQL"3 种视图方式。设计视图用于创建和修改各种类型的查询,数据表视图用于显示查询结果,而 SQL 视图是一个用来输入 SQL 查询语句的窗口。图 5.2 是查询的设计视图,通过左上角的视图按钮,可以很方便的在 3 种视图之间切换。

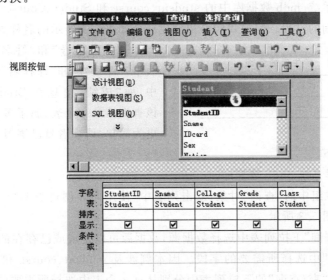

图 5.2　查询的设计视图

1. 设计视图

设计视图是一个创建或修改查询的窗口,窗口中包含有创建或修改查询所需要的各种要素,如图 5.2 所示。设计视图分为上下两部分,上部窗格用于显示当前查询的数据来源,可以是数据库中的表或已创建的其他查询;下部窗格用来设置查询输出的字段、查询准则和记录排序方式等。

2. 数据表视图

数据表视图以行、列形式显示查询数据,用于浏览、添加、搜索、编辑或删除查询数据,操作的结果直接作用在数据表上。

3. SQL 视图

Access 中的查询是使用 SQL 语言实现的。如果掌握 SQL 语言,可以直接在 SQL 窗口中书写 SQL 语句。若不熟悉 SQL 语言,则可以在设计视图中采用可视化的操作方法,只需在设计视图中设置要显示的字段、查询准则(即条件)和排序方式等,系统会自动生成 SQL 语句,切换到 SQL 视图,就可以看到等效的 SQL 语句。

5.2 选择查询

选择查询是最重要的一种查询类型,它可以从一个或多个表以及其他已存在的查询中按照指定的准则检索出所需要的记录集。很多其他类型的查询如参数查询和交叉表查询都需要在选择查询的基础上进行。

5.2.1 使用向导创建选择查询

使用向导创建选择查询,除了能够检索出所需要的数据外,还能对查询结果集进行计数、求最大值、求最小值、求平均值和统计汇总等工作。

下面以教学系统.mdb 数据库中的 student、course 和 StudentCourse 3 个表为例,介绍使用向导创建查询的过程。假定我们希望创建一个如表 5.1 所示的名称为"学生成绩"的查询,其中的"学号"和"姓名"信息在 student 表中,"课程号"和"课程名"信息在 course 表中,而"成绩"信息在 StudentCourse 表中。该查询涉及 3 个表,属于多表查询,单表查询更为简单,请读者自己练习。

表 5.1 学生成绩查询

学 号	姓 名	课程号	课程名	成 绩
…	…	…	…	…

操作步骤如下。

(1) 打开教学系统.mdb 数据库。

(2) 单击对象组中的"查询"对象,双击列表中"使用向导创建查询"快捷方式,启动"简单查询向导",如图 5.3 所示。

(3) 在"表/查询"下拉列表中选择数据源,数据源可以是表或已存在的另一个查询。首先要在"可用字段"中选择所需要的字段。因本例涉及 student、course 和 StudentCourse 3 个表,所以应该在"表/查询"的下拉列表中分别从这 3 个表中选择所需要的字段。操作方法是先单击要传送的字段,然后单击">"按钮,也可以双击要选择的字段将它传送到"选定的字段"中。若要一次传送一个表中的全部字段,则可单击">>"按钮。若要取消选定字段,则可以使用"<"或"<<"按钮。

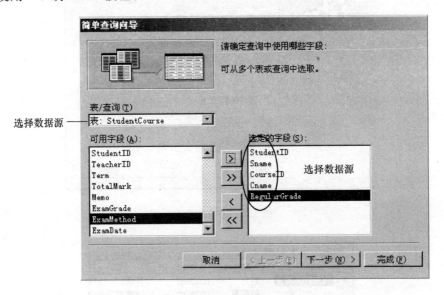

图 5.3　选择查询数据源和字段

(4) 单击"下一步"按钮,弹出如图 5.4 所示对话框,询问"明细"查询还是"汇总"查询。"明细"查询就是普通的选择查询,"汇总"查询是在普通查询基础上进行统计处理,本例选择"明细"查询。

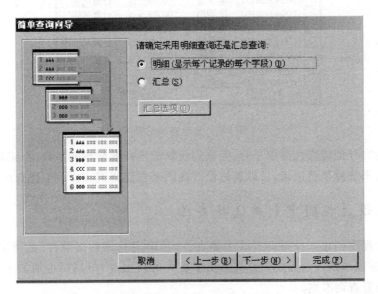

图 5.4　确定明细还是汇总查询

(5) 单击"下一步"按钮,出现如图 5.5 所示的为查询命名对话框,本例命名为"学生成绩查询"。若选择"打开查询查看信息",则单击"完成"按钮后,Access 将创建该查询并显示查询结果,如图 5.6 所示,否则进入设计视图修改查询设计,结束操作向导。

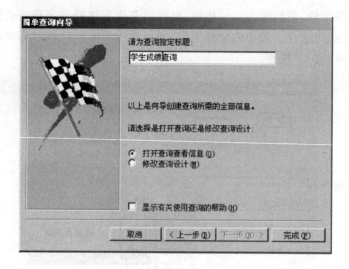

图 5.5　为查询命名

图 5.6　显示查询结果

使用查询向导创建查询简单易行,但我们仅仅能选择要显示的字段,不能通过设定记录需满足的条件来选择某些记录,可以通过设计视图来创建查询或修改上述查询来满足要求。

5.2.2　在设计视图中创建选择查询

使用设计视图创建选择查询有 3 个要点:一是确定查询数据源;二是指定查询输出字段;三是设置查询准则。这为用户查询提供了更大的自由度,但同时也增加了难度,其中的关键是如何设置查询准则。

下面仍以教学系统.mdb 数据库中的 student、course 和 StudentCourse 3 个表为例,介绍如何在设计视图中创建查询。为了说明设计视图的功能,我们考虑一个比较复杂的查询,创建表 5.1 的查询,满足如下条件:

(1) 选择"出生日期"为 1979 年 1 月 1 日之后的学生;

(2) 选择英语课程"成绩"为 90 分以上(含 90 分)、"性别"为女的学生;

(3) 显示"学号"、"姓名"、"性别"、"课程名"和"成绩"字段(这些字段分布在 student、course 和 StudentCourse 3 个不同的表中);

(4) 按英语成绩"降序"排序。

显然这个查询无法通过查询向导完成,只有在设计视图中可以轻易地完成,操作步骤如下。

(1) 打开教学系统.mdb 数据库。

(2) 在对象组中单击"查询"对象,然后在查询对象列表中双击"在设计视图中创建查询"快捷方式,出现"设计视图"窗口和"显示表"对话框,后者能够显示出教学系统数据库中的所有表和查询,如图 5.7 所示。

图 5.7 查询"设计视图"窗口和"显示表"对话框

(3) 分别双击 student、course 和 StudentCourse 3 个表,将它们添加到查询"设计"窗口中作为查询数据源,然后关闭"显示表"对话框,添加后的表及关系将出现在"设计"视图窗口的上部,如图 5.8 所示,窗口下部用于设置查询输出字段、排序和准则等。

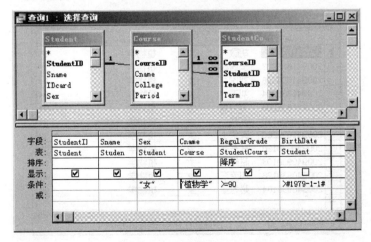

图 5.8 查询设计窗口

注意：使用设计器创建多表查询首先必须建立关系，这样表间将会出现“一对多”的关系连线。否则查询结果将是各个表记录集合的笛卡儿积，即各个表记录的一切可能的组合。

(4) 向查询中添加字段，操作方法是分别双击要添加的字段，或使用鼠标将要添加的各个字段分别拖动到“字段”一行的不同单元格中。本例添加的字段是“学号”、“姓名”、“性别”、“课程名”、“成绩”和“出生年月”，它们分别来自于 student、course 和 StudentCourse 3 个表。

(5) 对每个字段，查询设置主要有“排序”、“显示”和“准则”。“排序”指定是否按该字段对查询结果进行排序，可以选择升序、降序或不排序。“显示”指定是否显示该字段，打√号为显示。“条件”指定查询条件。

本例具体设置如下，如图 5.8 所示。

- 在“出生年月”的条件中输入“>1979-1-1”，表示查询出生日期为 1979 年 1 月 1 日之后出生的学生，对于日期型常量系统会自动加上定界符(#号)，即自动成为“>#1979-1-1#”；而在“显示”单元格不打√号，即为□，表示不显示该字段，这意味着只是把该字段作为一个查询条件来使用。
- 在“课程名”的准则中输入“英语”，表示查询英语课程，对于文本型常量系统会自动加上定界符(“”号)，即自动成为“英语”；而在“显示”单元格打上√号，表示显示该字段。
- 在“成绩”的准则中输入“>=90”；在排序中选择“降序”，表示按成绩由高到低显示；在显示中打上√号。
- 在“性别”的准则中输入“女”，表示查询性别为女的学生；而在显示单元格打上√号。

注意：以上条件是根据题目要求设置的，在“条件”一行中的多个条件之间是逻辑“与”的关系；如果存在逻辑“或”关系，需将设置的条件书写在“或”行中。

(6) 切换到“数据表”视图观察一下结果是否正确，如图 5.9 所示，查到两个女同学满足我们的条件。

查询1 : 选择查询

StudentID	Sname	Sex	Cname	RegularGrade
200941635222	胡敐	女	植物学	95
200941635207	李媛媛	女	植物学	95
200941635226	刘倪	女	植物学	94
200941635224	刘王	女	植物学	94
200941635203	司怡嘉	女	植物学	94
200940938112	苏共	女	植物学	94
200941635208	贺荣小	女	植物学	92
200940938120	肖平慧	女	植物学	92
200940938103	赵娟娟	女	植物学	92
200940938128	刘芳东	女	植物学	91
200940938104	赵为亚	女	植物学	90
*				

记录: 1 共有记录数: 11

图 5.9　查询结果“数据表”视图

(7) 选择"文件"菜单中的"保存"命令,在弹出的"另存为"对话框中输入查询名,本例输入"植物学优秀女生",然后单击"确定"按钮,操作完毕。

5.2.3 在设计视图中建立查询准则

查询条件用来在查询中限制显示的记录,它实际上是一个逻辑表达式,如何构造表达式是设计满足条件的复杂查询的关键。

1. 表达式

表达式是由运算符、常量、字段或函数等若干元素组成的有意义的算式,单个的常量、字段或函数可以看成表达式的特例。Access 提供了自动生成表达式的"表达式生成器"。

(1) 运算符及特殊符号

在 Access 中,根据运算符的性质可分为算术、比较和逻辑操作符,另外还有一些在表达式中起特殊作用的符号,如字符串运算符、通配符和定界符等。表 5.2 列出了常用的运算符和特殊符号。

表 5.2 运算符与特殊符号

类 型	符号与含义
算术	+(加)、-(减)、*(乘)、/(除)
比较	>(大于)、>=(大于等于)、=(等于)、<>(不等于)、<(小于)、<=(小于等于)、between…and…(比较给定的值是否在…之间)
逻辑	not(非)、and(与)、or(或)
通配符	*通配字符串中的任意多个字符 ?通配字符串中的任意单个字符 [ ]与方括号内的任何单个字符匹配 !与不在方括号内的任何字符匹配 #与任何单个数字字符匹配
其他	like 前后(前后两字符串是否匹配)、in…(给定的值是否在…之中)、&(连接两个字符串)、" "(定界字符串常量)、#(定界日期型常量)

(2) 使用表达式设置查询条件

查询条件是通过表达式描述的,表达式中一般应该包含操作对象,字段名经常作为操作对象出现在表达式中。如表达式"成绩>80 and 成绩<90"设置成绩在 80~90 之间这个条件。其中"成绩"是表中的一个字段名。

2. 设置查询条件示例

(1) 日期值表达式的条件设置

日期值需使用(#…#)号作为定界符,设置时也可以省略,系统会自动加上。

例如,在 Teacher 表中查找所有 BirthDate 为 1970 年初到 1975 年底的教师。操作步骤如下。

- 将"Teacher"表作为数据源添加到查询设计器,并选择"Tname"和"BirthDatae"两个字段。

- 鼠标定位在"BirthDate"字段的条件单元格,表示要对"BirthDate"字段进行设置,然后单击工具栏"生成器"按钮,出现"表达式生成器"对话框,如图 5.10 所示。

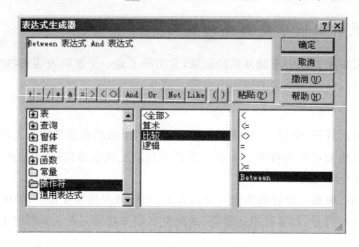

图 5.10　表达式生成器

- 选择"操作符"中的"比较"运算符,双击运算符列表中的 Between,窗口上部的文本框就会出现"Between 表达式 And 表达式"字样,表示 Between 要求后面跟随两个日期表达式。
- 分别单击表达式,然后输入起始日期和终止日期,本例分别输入:1970-1-1 和 1975-12-31。
- 单击"确定"按钮,系统自动生成 Between ♯ 1970-1-1 ♯ And ♯ 1973-12-31 ♯,如图 5.11 所示。

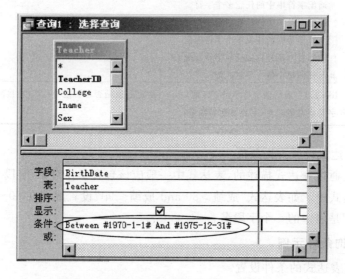

图 5.11　使用表达式生成器生成的查询条件

(2) 文本值表达式条件的设置

文本值需使用("…")号作为定界符,设置时也可以省略,系统会自动加上。

例如,查找王博士,操作步骤如下:

① 在"姓名"条件单元格输入 like"王 * ";

② 在"学位"条件单元格输入"博士",如图 5.12 所示。

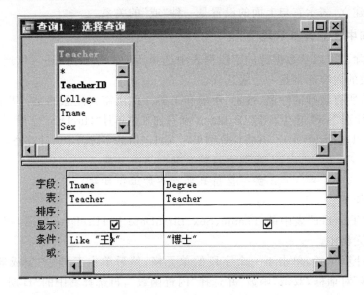

图 5.12 文本表达式条件

(3) 多个条件之间的"与"和"或"的关系

如果存在多个查询条件时,写在同一行的条件是逻辑"与"的关系,即所有的条件必须同时满足;如果某个条件写在"或"的单元格中,则表示该条件与上一行的条件之间是逻辑"或"的关系。

例如,查找 1985 年初到 1987 年底出生的法学专业的男生或 1988 年初到 1990 年底出生的法学专业的女生。

操作步骤如下。

① 如图 5.13 所示,设置 1985 年初到 1987 年底出生的法学专业的男生的条件,应该在 "class"的准则中输入 like "法学*","出生年月"的条件可按前面类似的方法建立日期表达式,在"性别"准则中输入"男",这些条件之间是"与"的关系,即必须同时满足。

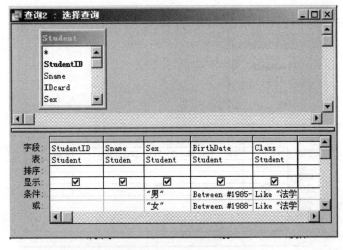

图 5.13 带有"与"和"或"关系的查询条件

② 类似的，对于设置 1988 年初到 1990 年底出生的法学专业的女生的条件，应该在"或"的一行中建立，表示它与上面的设置是一种"或"的关系。

3. 在查询中建立计算字段

在查询中除了可以从数据源的字段列表中选择所需的字段外，还可以通过计算建立新的字段，该字段的内容通常是一个表达式。

例如，列出所有教师的姓名、性别、年龄和工龄。此例需要注意的是："Teacher"表中只有姓名"Tname"、性别"Sex"、出生日期"BirthDate"和参加工作年月"HireDate"字段，并没有年龄和工龄信息，但是可以通过计算求出，并将计算结果存入自己取的字段名中。计算公式为：

年龄＝当前日期－出生日期

工龄＝当前日期－参加工作日期

操作步骤如下。

(1) 选择"Teacher"表中的 Tname、Sex、BirthDate 和 HireDate 字段，把它们放进设计网络的各个单元格中。

(2) 为了计算年龄，单击下一个字段的单元格，然后单击工具栏"生成器"按钮，打开"表达式生成器"对话框，双击"函数"并选择"内置函数"，再选择其中的"日期/时间"类别，此时该类函数就会出现在右边的列表框中，从中选择 Year 函数，然后单击"粘贴"按钮，窗口上部文本框出现"Year(<number>)"字样。单击表达式框中的<number>，然后从"日期/时间"类别函数中选择 Now 函数替换<number>，到此 Year(Now())函数返回当前日期的年份。

(3) 单击"－"按钮，将减号添加到表达式中。

(4) 仿照第(3)和第(4)步，在"－"号后建立 Year(出生日期)表达式，返回"出生日期"字段的年份，整个表达式为 Year(Now())－Year(出生日期)，这就是教师的年龄。

(5) 此时，系统对该计算字段自动命名为"表达式 1:Year(Now())－Year([出生日期])"。

(6) 将其中的"表达式 1"重新命名为"年龄"（注意要保留原来的":"号），到此创建了一个计算字段(年龄)，它是根据"年龄＝当前年份－出生年份"公式算出来的。

(7) 类似的方法可创建"工龄"字段，但计算公式不同，应按"工龄＝当前年份－雇佣年份"算出来的。图 5.14 显示了建立的计算字段和相应的计算结果。

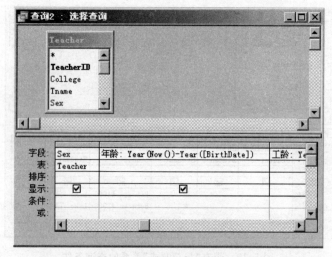

图 5.14 查询中建立计算字段

5.3 参数查询

参数查询的特点是在执行时能显示对话框来提示用户输入信息。例如,可以通过参数查询提示用户输入两个日期,然后检索在这两个日期之间的记录。参数查询与普通选择查询不同之处是查询条件不是固定地写在查询条件中,而是可以由用户任意指定查询条件,这为实现人机交互提供了很大的便利。

例如,在选课表"StudentCourse"中,通过输入课程名来查询学生选修该门课程的情况。操作步骤如下:

(1) 在设计视图中,将查询的"StudentID"、"College"和"CourseID"字段拖到查询设计网络中。

(2) 在要作为参数字段下的条件单元格中输入提示信息。本例在"CourseID"的条件单元格中输入"[请输入课程号:]"。注意:输入的提示内容一定要用方括号[…]括起来,这是创建参数查询的标志,如图 5.15 所示。

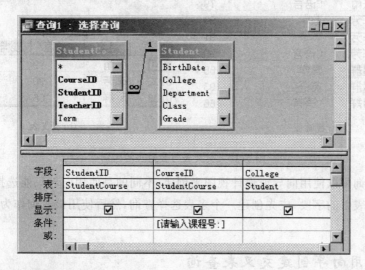

图 5.15 参数查询设置

单击工具栏上的"运行"按钮,出现"输入参数值"对话框,在提示信息下的文本框中输入要查询的课程号,例如输入"20301B1",单击"确定"按钮,系统查询并显示该课程的选课情况,如图 5.16 和图 5.17 所示。

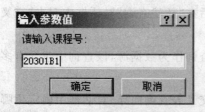

图 5.16 "输入参数值"对话框　　　　图 5.17 显示查询到的选课信息

5.4 交叉表查询

5.4.1 什么是交叉表

交叉表类似于 Excel 电子表格,它将所有的字段分成两组,按"行、列"形式分组安排数据:一组作为行标题显示在表的左部,另一组作为列标题显示在表的顶部,而行与列交叉处的单元格则显示数值。图 5.18 的(a)和(b)说明了普通表和交叉表的联系与区别。交叉表能增强数据的可视性,便于对数据进行计算,例如进行求和、求平均值、计数等。

交叉表既可以在表的基础上创建,也可以在另一个查询的基础上创建。

学号	姓名	课程名	成绩
0101	张雨	数学	86
0101	张雨	英语	77
0101	张雨	C语言	79
0102	李芳	数学	90
0102	李芳	英语	91
0102	李芳	C语言	90
0103	赵群	数学	65
0103	赵群	英语	93
0103	赵群	C语言	66

(a) 普通表

学号	姓名	C语言	数学	英语
0101	张雨	79	86	77
0102	李芳	90	90	91
0103	赵群	66	65	93

(b) 交叉表

图 5.18 交叉表与普通表的区别

交叉表查询可以使用向导或设计视图来创建,不同的是使用向导只能选择一个数据源。如果涉及多个表中的字段,应先创建一个多表选择查询,然后使用该查询作为交叉表数据的数据源。

5.4.2 使用向导创建交叉表查询

例如,基于教学系统.mdb 数据库中的 Student、Course 和 StudentCourse 三个表所创建的学生成绩查询,使用向导创建类似于图 5.18(b)所示的交叉表,在查询结果中列出所有学生各门课程的总成绩。操作步骤如下。

(1) 打开教学系统.mdb 数据库,选择"查询"对象。

(2) 单击"数据库"窗口工具栏上的"新建"按钮,然后在"新建查询"对话框中双击"交叉表查询向导",如图 5.19 所示。

(3) 选择查询数据源,本例选择已建立的学生成绩查询作为数据源,该查询中包含有多个表中的不同字段,如图 5.20 所示。

(4) 单击"下一步"按钮,在出现的图 5.21 所示的"交叉表查询向导"对话框中确定用哪些字段的值作为行标题,本例选择"学号"和"姓名"(最多只能选择 3 个字段)。

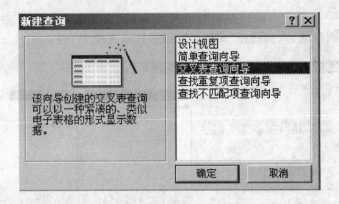

图 5.19 新建"交叉表"查询

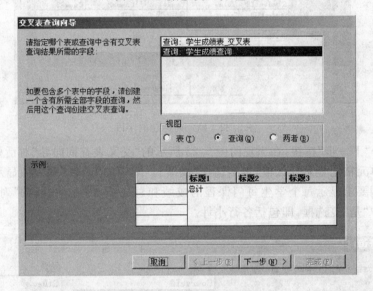

图 5.20 选择查询数据源

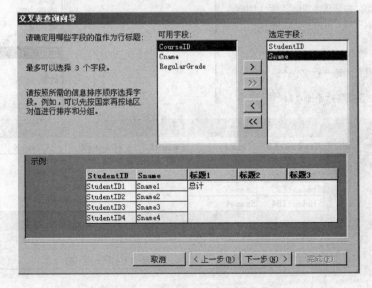

图 5.21 确定作为行标题的字段

(5)单击"下一步"按钮,在出现的图 5.22 所示的"交叉表查询向导"对话框中确定用哪个字段的值作为列标题,本例选择"课程名"(最多只能选择 1 个字段)。

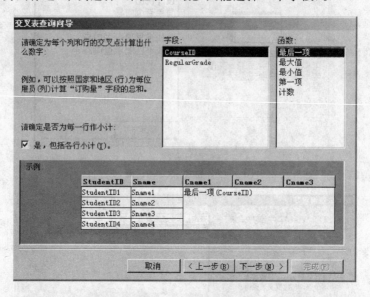

图 5.22　确定列标题的字段

(6)单击"下一步"按钮,在出现的图 5.23 所示的"交叉表查询向导"对话框中确定行和列交叉处的单元格上显示什么值,本例选择"成绩"。图中的"函数"列表框显示出可用的函数。由于本例要求显示每个学生每门课程的成绩和总成绩,因此在"函数"列表中选择"求和",并应选中"是"复选框,即包括各行小计。

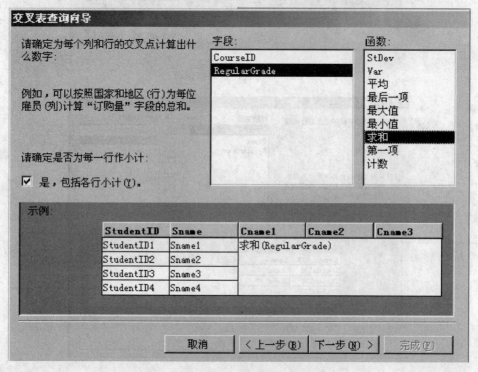

图 5.23　确定行列交叉的单元格显示的数据

(7)单击"下一步"按钮,出现"交叉表查询向导"最后一个对话框,要求为交叉表查询指定一个名字,本例命名为"学生成绩交叉表"。

5.5 操作查询

操作查询可以对查询数据源进行各种操作,如删除记录、更新记录、追加记录,甚至生成一个新表。操作查询不同于一般选择查询之处是在查询的同时,会改变原来表中的数据,因此执行操作查询时系统会给出警告信息,用户应做好备份工作。

5.5.1 生成表查询

生成表查询可以根据查询得到的结果创建一个真正的表,这个表完全独立于数据源,用户对生成的新表进行任何操作,都不会影响原来的表。

例如,以教学系统.mdb 数据库中的 Student、Course 和 StudentCourse 表为例,创建一个记载"学生成绩档案"的新表。操作步骤如下。

(1)打开教学系统.mdb 数据库,使用创建选择查询的方法,选择 Student、Course 和 StudentCourse 表作为生成表的数据源,创建一个包含"StudentID"、"Sname"、"Cname"和"TotalMark"等字段的选择查询,然后在该查询基础上生成新表。

(2)单击"查询"菜单中的"生成表查询"命令,出现"生成表"对话框,在"表名称"文本框中输入表的名称,本例输入"学生成绩档案",并选中存入"当前数据库"单选按钮,然后单击"确定"按钮。

(3)单击工具栏上的"运行"按钮,弹出如图 5.24 所示的信息,提醒用户将要创建一个新表,单击"是"按钮即可生成一个新表。

图 5.24 提示用选定的记录创建新表

(4)单击 education 数据库"表"对象,在列表框中即可看到"学生成绩档案"表,该表是独立存在的。

5.5.2 更新查询

更新查询可以一次性修改一批满足指定条件的记录,而不必逐个地去修改每条记录,在实际中具有广泛的应用。更新查询将改变原来的数据,应注意做好备份工作。

例如,以"教学系统.mdb"数据库中的"Teacher"表为例,将其中参加工作时间"Hire-

Date"早于1980年1月1日的教师工资一律增加100元。操作步骤如下。

（1）打开"教学系统.mdb"数据库，在对象窗口中选中"查询"对象，进入"设计视图"，在"显示表"对话框中选中"Teacher"作为数据源。

（2）向查询添加所需要的字段，本例选择"HireDate"和"Salary"字段，前者用于设置查询准则，后者是要进行更新的字段。

（3）选择"查询"菜单中的"更新查询"命令，出现图5.25所示的"更新查询"窗口，注意查询设计网格的变化，原来的"排序"行和"显示"行变为"更新到"行。

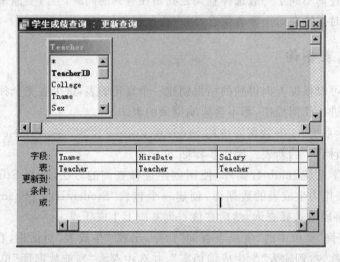

图5.25　创建更新查询的设计视图

（4）在"Salary"字段的"更新到"单元格中输入"[Salary]+100"；在"雇佣日期"的"准则"单元格中输入"＜#2003-1-1#"。

（5）单击工具栏上的"运行"按钮，系统将会弹出一个消息框，如图5.26所示，提示是否确定要更新这些记录，如果单击"是"，将进行更新并且不能撤销这种更改。

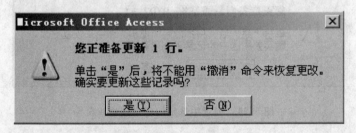

图5.26　更新前提示信息

此时打开"雇员"表，将会看到1980年1月1日前工作的教师工资都增加了100元。

注意：每执行一次这种更新查询，工资都将增加100，因此必须设置用户权限，并采用适当的控制程序拒绝多次执行更新查询。

5.5.3 追加查询

追加查询是一种从一个源表向另一个目标表追加记录的操作,特别适于从已存在数据的源表中按照指定的条件向目标表转移记录的情况。追加查询要求源表和目标表必须具有若干相同类型的字段,源表中的字段必须在目标表中能找到。

例如,假设表"在职员工"和"退休员工"分别存储在职和退休教师的记录,表模式如下:

在职教师(员工编号,姓名,性别,出生日期,职务,工资)

退休教师(员工编号,姓名,性别,出生日期,退休日期,退休金)

由于每年都有大批教师退休,这时采用追加查询特别方便,免去重新输入的麻烦。假定要求将"在职员工"表中 1950 年 12 月 31 日前出生的男员工,或 1955 年 12 月 31 日前出生的女职工记录追加到"退休员工"表中。操作步骤如下。

(1) 创建一个选择查询,该查询应包含追加记录的源表,本例为"在职教师"表。

(2) 将所需的字段拖到设计网络中,再按题目要求设置准则:在"性别"下的"准则"中输入"男",在"出生日期"下的"准则"中输入"<#1950-12-31#";在"性别"下的"或"中输入"女",在"出生日期"下的"或"中输入"<#1955-12-31#"。注意,此时创建的是选择查询。

(3) 在查询"设计视图"中,执行"查询"下拉菜单中的"追加查询"命令,将显示"追加"对话框,在"表名称"框中输入目标名称,如图 5.27 所示,本例输入"退休教师"。

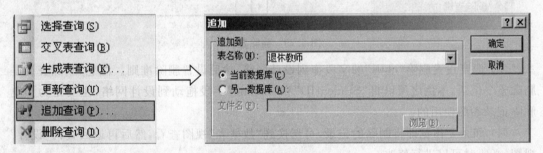

图 5.27 输入目标表名

(4) 如果该表在当前打开的数据库中,则单击"当前数据库",否则单击"其他数据库"并输入存放这个表的数据库名,必要时输入路径,然后单击"确定"按钮。

(5) 此时,查询类型改变为追加查询,如图 5.28 所示。如果两个表中具有相同名称的字段,Access 将自动在"追加到"行中输入所要追加表中字段的名称。

字段:	员工编号	姓名	性别	出生日期	职务	工资
表:	在职教师	在职教师	在职教师	在职教师	在职教师	在职教师
排序:						
追加到:	员工编号	姓名	性别	出生日期		
条件:						
或:						

图 5.28 追加查询

(6) 如果要预览即将追加到目标表的记录,可单击工具栏上的"视图"按钮切换到"数据表"视图,也可返回设计视图进行修改。

(7) 单击工具栏上的"运行"按钮,执行追加操作。

(8) 打开"退休教师"表,便可看到追加的记录。表中的"退休日期"和"退休金"两字段因为在源表中没有此数据,所以为空。

5.5.4 删除查询

删除查询可以批量删除满足条件的记录。下面以"Student"表为例,介绍创建删除查询的操作步骤。

(1) 在查询设计视图中选择"在职员工"表。

(2) 执行"查询"下拉菜单的"删除查询"命令,设计视图变为"删除查询",如图5.29所示。

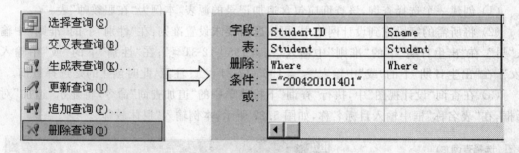

图 5.29 删除查询

(3) 把要设置删除"准则"的字段拖到设计网络,然后设置删除准则。注意,删除查询是删除整个记录,本例之所以将"StudentID"和"Sname"字段拖动到设计网络,主要是为预览删除记录参照使用的。

(4) 如果要预览即将删除的记录,可切换到"数据表"视图查看,然后再返回查询"设计"视图,必要时可以进行修改。

(5) 如果要删除记录,则单击工具栏上的"运行"按钮,执行删除操作。

5.6 SQL 查询

SQL(Structured Query Language)查询是用户使用 SQL 语句创建的查询。Access 的 SQL 查询包括"联合查询"、"传递查询"和"数据定义查询"。SQL 语言是 SQL 查询的基础,本节在此基础上介绍 Access 的联合查询、传递查询和数据定义查询。

5.6.1 SQL 简介

SQL,即结构化查询语言,是关系数据库的通用语言。SQL 的优势是查询,能查询满足各种条件的记录,还能在查询中进行各种计算和对查询结果进行分组排序等。然而,它也有数据定义和增、删、改的功能。

从以上几小节可以看出,Access 主要采用可视化的图形方式建立查询,用户在查询设计视图中创建的各种查询,Access 将它翻译为等效的 SQL 语句,并在 SQL 视图显示出来。如果熟悉 SQL 语言,可以在 SQL 视图中直接输入 SQL 语句,而设计视图也会立即反映出相应的改变。

本节的主要目的是使读者对 SQL 有个初步认识,加深对使用设计器创建各类查询的理解。同时,为我们从事数据库应用软件的开发打下基础。

5.6.2 SQL 查询命令

SQL 查询表现为由 SELECT-FROM-WHERE 形式组成的查询块,下面介绍其中的重要子句,忽略不太重要的选项。

1. 命令格式

SELECT[*][<表名>.]<字段名1>,…
FROM[<数据库>!]<表名>,…
[INNER|LEFT|RIGHT|FULL]JOIN<数据库>!<表名>[ON<联接条件>…]
[WHERE<联接条件>[AND<联接条件>]…]
[GROUP BY <分组表达式>…][HAVING<筛选条件>]
[UNION<SELECT 命令>]
[ORDER BY<字段>[ASC|DESC]…]

 注意:

- 命令中凡是方括号"[ ]"括起的内容表示是任选的,尖括号"< >"括起的内容是必选的。
- 若出现多个"|"号分隔的子句,表示可选择其中任一子句。
- 各子句之间最少需用一个空格隔开。
- 一个 SQL 语句可以占用多行,但最后一行需以分号";"结束(英文输入方式)。

2. 功能

从指定的表中检索满足条件的记录。

3. 说明

(1) 命令的基础形式是由"SELECT-FROM-WHERE"组成的查询块,其中 SELECT 和 FROM 子句是必选命令关键字,其含义是从 FROM 子句所指定的各个表中,选择 SELECT 子句中指定的字段作为查询输出。若需要指定查询条件,则通过 WHERE 子句给出。

(2) SELECT 子句后面的各项含义如下。

- "*"表示选择表中的全部字段。
- <表名>.<字段名>用于指定表中的某个字段。

在 Select 子句中可以使用 SQL 函数对字段进行计算、统计,Access 支持的主要 SQL 函数见表 5.3。

表 5.3 SQL 函数

函 数	功 能
AVG()	求一列数据的平均值
COUNT()	求一列中该字段的个数
MIN()	求一列数据中的最小值
MAX()	求一列数据中的最大值
SUM()	求一列数据值的和

(3) FROM 子句后面的各选项含义如下。
- "<数据库名>! <表名>"指定数据库中的表名,若是当前数据库可省略数据库名。
- INNER JOIN <数据库名>! <表名>称为内部联接,连接条件由 ON<联接条件>短语给出。其作用是:仅当左右两个表的联接字段值相等时,联接记录才包含在查询结果中,这是默认的联接类型。
- LEFT JOIN <数据库名>! <表名>称为左联接,其作用是除了满足联接条件的记录出现在结果表中外,如果左表中有一行对任何右表的行都不满足连接条件,那么返回一个连接行,该行的右表字段为空值。
- RIGHT JOIN <数据库名>! <表名>称为右联接,其作用是除了满足联接条件的记录出现在结果表中外,如果右表中有一行对任何左表的行都不满足连接条件,那么返回一个连接行,该行的左表字段为空值。
- FULL JOIN 称为"完全联接",其作用是除满足联接条件的记录出现在查询结果中外,左右两个表不满足联接条件的记录返回空值,即查询结果是左联结和右联结的并。

(4) WHERE 子句用于指明查询条件。

(5) GROUP BY 子句用于对查询结果进行分组计算,需通过 HAVING<筛选条件>短语指明分组条件。

(6) UNION<SELECT 命令>子句用于将两个 SELECT 语句的查询结果进行"并"运算,要求两个查询结果具有相同的字段,并且对应的字段类型和大小必须一致。该子句默认组合结果中排除重复行。

(7) ORDER BY <字段>子句用于按指定的字段排序,ASC 表示升序,DESC 表示降序,默认升序。

5.6.3 SQL 查询示例

下面通过实例说明 SQL 查询语句的用法。以教学系统.mdb 数据库中的 Student、Course 和 StudentCourse 3 个表为例介绍 SQL 查询,图 5.30 列出了这 3 个表中的当前值,读者可根据图中数据和查询语句的定义来验证查询结果。

学号	姓名	性别	出生日期	专业
0101	张丽	女	1985-12-10	计算机
0102	李芳	女	1987-1-7	计算机
0103	赵群	男	1980-8-2	计算机
0201	钱敏芝	女	1992-8-9	自动化
0202	宋书同	男	1991-10-23	自动化

(a) student表

课程号	课程名	学时数	学分
001	数学	120	10
002	英语	110	6
003	C语言	60	5

(b) course表

学号	课程号	成绩
0101	001	87
0101	002	77
0101	003	79
0102	001	91
0102	002	98
0102	003	90
0103	001	85
0103	002	93
0103	003	66
0201	001	81
0201	002	66
0201	003	75
0202	001	72
0202	002	68
0202	003	89

(c) grade表

图 5.30 查询示例中使用的表

例 5.1 列出 student 表中所有男同学的数据。

解:在 SQL 视图中输入以下 SQL 语句:

SELECT *

FROM student

WHERE 性别 = "男";

数据表视图显示结果如图 5.31 所示。

学号	姓名	性别	出生日期	专业
0103	赵群	男	1980-8-2	计算机
0202	宋书同	男	1991-10-23	自动化

图 5.31　例 5.1 数据表视图显示结果

例 5.2 查询学分大于等于 8 的课程名和学分数。

解:所查信息在 course 表中,执行以下 SQL 语句:

SELECT 课程名,学分

FROM course

WHERE 学分 >= 8;

查询结果如图 5.32 所示。

课程名	学分
数学	10
	0

图 5.32　例 5.2 查询结果

例 5.3 查询 course 表中所有课程的总学分时,要求列表显示"总学时"。

解:使用 SUM 函数求出总学时,列标题通过 AS 短语指定,执行以下 SQL 语句:

SELECT SUM(学时数) AS 总学时

FROM course;

查询结果如图 5.33 所示。

总学时
290

图 5.33　例 5.3 查询结果

例 5.4 查询年龄最大的女学生,列出她的姓名、性别、出生日期和专业。

分析:本题首先需要在女学生中求出年龄最大的人,即指向该记录,然后再显示该记录的姓名、性别、出生日期和专业。这样就形成了查询嵌套关系,即查询中包含子查询。对于存在子查询的情况,需要在 WHERE 子句中使用 IN 短语指明内层的子查询;先进行子查询,外层则从子查询结果中求得。

解:SELECT 姓名,性别,出生年月,专业

FROM student

WHERE 出生日期 IN(SELECT MIN(出生日期) FROM student WHERE 性别 = "女");

查询结果如图 5.34 所示。

姓名	性别	出生日期	专业
张丽	女	1985-12-10	计算机

图 5.34　例 5.4 查询结果

例 5.5 列出 student 表中各专业名称及该专业的学生人数。

分析:本题要求对记录按专业进行分组和计算,分组通过 GROUP BY 子句描述,计算

使用 COUNT 函数。

解：SELECT 专业,COUNT(专业)AS 人数
FROM student
GROUP BY 专业;

查询结果如图 5.35 所示。

专业	人数
计算机	3
自动化	2

图 5.35　例 5.5 查询结果

例 5.6　按专业降序显示学生姓名、性别和专业；当专业相同时再按性别升序排列。

解：SELECT 姓名,性别,专业
FROM student
ORDER BY 专业 DESC,性别;

查询结果如图 5.36 所示。

例 5.7　列出至少有一名女学生的专业和该专业女学生的人数。

分析：该查询需要先用 WHERE 子句筛选出性别为女的记录,然后使用 GROUP BY 子句按专业进行分组,HAVING 子句跟在 GROUP BY 之后,用于找出专业中女生人数等于或多于一人的记录。

姓名	性别	专业
宋书同	男	自动化
钱敏芝	女	自动化
赵群	男	计算机
李芳	女	计算机
张丽	女	计算机

图 5.36　例 5.6 查询结果

解：SELECT 专业,COUNT(性别)AS 女生人数
FROM student
WHERE 性别 ="女"
GROUP BY 专业 HAVING COUNT(性别)>=1;

查询结果如图 5.37 所示。

专业	女生人数
计算机	2
自动化	1

图 5.37　例 5.7 查询结果

例 5.8　查询 0201 号学生选修的课程,列出他的名字、选修的课程号和成绩。

分析：姓名在 student 表中,课程号和成绩在 grade 表中,因此本题属于多表查询。多表查询涉及多个表,一般是通过不同表中的公共字段实现联接,使它们能像一个表那样进行查询,从这个意义上来说多表查询又称联接查询。联接是有条件的,对于 student 表和 grade 表之间的"一对多"联系,是通过两个表中的公共字段"学号"的值相等的条件实现联接的(称为 INNER JOIN 联接)。为了区分不同表中的同名字段,引用同名字段时需用表名作为前缀来限定。例如,student 表中的学号用"student.学号"表示；grade 表中的学号用"grade.学号"表示。

本题可以采用多种解法：

解法 1：在 FROM 子句中同时列出相关的 student 和 grade 两个表,两表是一对多关系,联接条件通过 WHERE 子句来描述。

SELECT student.姓名,grade.课程号,grade.成绩
FROM student,grade
WHERE student.学号 = grade.学号 AND grade.学号 ="0201";

查询结果如图 5.38 所示。

解法 2：在 FROM 子句中指定 student 表和 grade 表的 INNER JOIN 联接类型,然后通过 ON 子句给出联接条件,下列语句的查询结果与上面的解法 1 相同。

SELECT student.姓名,grade.课程号,grade.成绩

FROM Student INNER JOIN grade ON student.学号 = grade.学号
WHERE grade.学号 = "0201";

例 5.9 列出计算机专业学生英语课程的成绩,显示姓名、课程名和成绩,要求成绩由高到低排序显示。

解:SELECT student.姓名,course.课程名,grade.成绩
FROM student,course,grade
WHERE student.学号 = grade.学号 AND course.课程号 = grade.课程号 AND course.课程名 = "英语" AND student.专业 = "计算机"
ORDER BY grade.成绩 DESC;

查询结果如图 5.39 所示。

姓名	课程号	成绩
钱敏芝	001	81
钱敏芝	002	66
钱敏芝	003	75

图 5.38 例 5.8 查询结果

姓名	课程名	成绩
李芳	英语	98
赵群	英语	93
张丽	英语	77

图 5.39 例 5.9 查询结果

注意:上述 SQL 语句出现了方括号括起来的表名或字段名,这是 Access 自动添上去的,用户在 SQL 窗口输入 SQL 语句时可以不必使用方括号。

例 5.10 在所有学生的课程成绩中,列出课程成绩最高的学生姓名、专业、课程名和成绩。

解:SELECT 姓名,专业,课程名,成绩
FROM student,grade,course
WHERE 成绩 In(SELECT MAX(grade.成绩)FROM grade)
AND student.学号 = grade.学号 AND course.课程号 = grade.课程号;

查询结果如图 5.40 所示。

姓名	专业	课程名	成绩
李芳	计算机	英语	98

图 5.40 例 5.10 查询结果

5.6.4 联合查询

Access 的 SQL 联合查询可以将多个表合并为一个表,但要求被合并的表具有相同的字段名,相应的字段具有相同的属性。例如,有 6 个销售商,他们每月都要发送相同的库存货物表,总经销商可以使用联合查询将这些表合并为一个表。

下面以"NorthWind"示例数据库中的"各城市的客户和供应商"查询为例,介绍创建联合查询的操作步骤。

(1) 按本书所述方法进入 Access 的查询设计视图。

(2) 单击"显示表"对话框内的"关闭"按钮,因为联合查询需要直接在 SQL 视图中书

写 SQL 语句。

（3）如图 5.41 所示，选择"查询"菜单中的"SQL 特定查询"选项，然后单击"联合"命令。

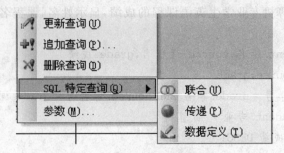

图 5.41 选择"联合"查询命令

（4）在弹出的图 5.42 所示的查询窗口中输入 SQL 语句。

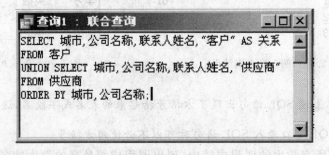

图 5.42 联合查询的 SQL 语句

（5）单击工具栏上的"运行"按钮或进入数据表视图，可以看到合并后的结果，如图 5.43 所示。

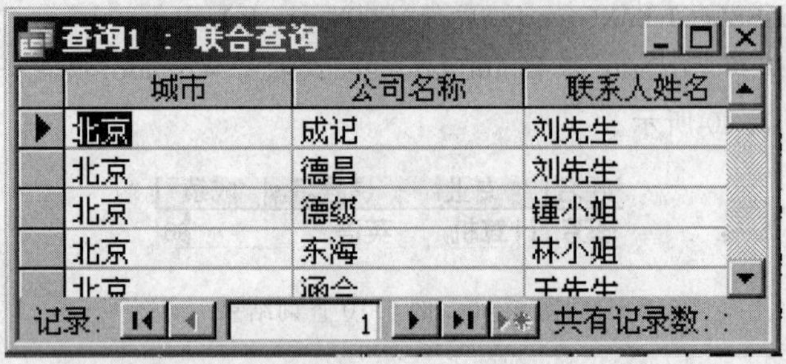

图 5.43 在数据表视图中查看联合查询合并结果

例 5.11 将"在职教师"和"退休教师"两个表合并，其字段构成包括：教师编号、姓名、性别、出生日期和月收入，要求按"月收入"降序排列。

解：SQL 联合查询窗口中输入以下 SQL 语句：

SELECT 员工编号,姓名,性别,出生日期,退休金 AS 月收入
FROM 退休员工
UNION SELECT 员工编号,姓名,性别,出生年月,工资 AS 月收入
FROM 在职员工备份

ORDER BY 月收入 DESC；

可以从数据表视图查看合并的结果。

😊 **注意**：当被合并的两张表有少量字段不同时，可以在 SELECT 子句中通过 AS 关键字重命名为相同字段。

5.6.5 传递查询

传递查询可以通过 ODBC(Open Data Base Connection)直接向数据库发送 SQL 命令，不必连接到服务器上的表，就可以直接使用它，例如，检索记录。

我们以访问 SQL Server 数据库 Northwind 中的 Products 表为例说明如何通过传递查询来直接操作数据库服务器上的表，操作步骤如下。

(1) 进入 Access 的查询设计视图。
(2) 直接关闭"显示表"对话框，不要选择任何表或查询。
(3) 选择"查询"菜单，指向"SQL 特定查询"，然后单击"传递"命令。
(4) 单击工具栏上的"属性"按钮 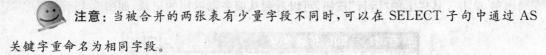，弹出"查询属性"对话框，如图 5.44 所示。

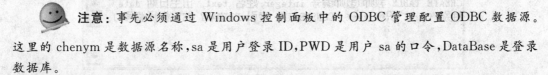

图 5.44 "查询属性"对话框

(5) 在查询属性表中，设置"ODBC 连接字符串"属性来指定要连接的服务器信息。本例输入以下连接字符串：

ODBC;DSN=chenym;UID=sa;PWD=111111;DataBase=NorthWind

😊 **注意**：事先必须通过 Windows 控制面板中的 ODBC 管理配置 ODBC 数据源。

这里的 chenym 是数据源名称，sa 是用户登录 ID，PWD 是用户 sa 的口令，DataBase 是登录数据库。

(6) 如果查询是不能返回记录的类型，就将"返回记录"属性设置为"否"，因本例要从服务器返回记录，所以设置"是"。

(7) 在"SQL 传递查询"窗口中，输入传递查询：

```sql
SELECT ProductID AS 产品号, ProductName AS 产品名, UnitPrice AS 单价
FROM Products;
```

(8) 单击工具栏上的"运行"按钮,可以看到从服务器返回的记录,如图 5.45 所示。

图 5.45　通过传递查询察看 SQL Server 数据库的数据

5.6.6　数据定义查询

数据定义查询是一种包含数据定义语言(Data Define Language,DDL)语句的 SQL 查询,实际上是对表进行操作。

Access 支持下列数据定义语句:

CREATE TABLE…	(创建表)
ALTER TABLE…	(修改表)
DROP…	(删除表)
CREATE INDEX…	(创建索引)

下面举例说明使用数据定义查询在教学系统.mdb 数据库中新建一个"教师"表,操作步骤如下。

(1) 打开教学系统数据库。

(2) 在数据库窗口中单击"对象"下的"查询",然后单击工具栏上的"新建"按钮。

(3) 在出现的"新建查询"对话框中单击"设计视图",然后单击"确定"按钮。

(4) 选择"查询"菜单并指向"SQL 特定查询",然后单击"数据定义"按钮。

(5) 如图 5.46 所示,在弹出的"数据定义查询"窗口中输入 SQL 语句。

```sql
CREATE TABLE 教师(教师编号 integer, 姓名 text, 出生日期 date,
性别 text, 职称 text, CONSTRAINT 索引 PRIMARY KEY(教师编号));
```

图 5.46　在"数据定义查询"窗口中创建表

本例输入以下 SQL 语句:

CREATE TABLE 教师(教师编号 integer,姓名 text,出生日期 date,性别 text,职称 text,CONSTRAINT 索引 PRIMARY KEY(教师编号));

说明:

① CREATE TABLE 是创建表命令,后面需跟上表名称,本例为"教师"。

② 接下来是声明表中的字段和类型。本例有 5 个字段,字段名和类型分别为:"教师编号",类型为 integer(整形);"姓名",类型为 text(文本);"出生年月",类型为 date(日期/时间);"性别",类型为 text(文本);"职称",类型为 text(文本)。

③ 通过 CONSTRAINT 索引 PRIMARY KEY(教师编号)子句,将"教师编号"设置为表的主键。

(6) 单击工具栏上的"运行"按钮,开始创建表,此后在"表"对象列表中将会看到创建的"教师"表。

5.7 本章小结

本章介绍了 Access 数据库的一个重要对象"查询"。它可以从一个或多个表中按照某种准则检索数据,同时参与某些计算,能够进行更新或删除等修改数据源的操作,还能通过查询生成一个新表。查询可以基于 Access 提供的各种创建向导完成,也可以在 SQL 视图直接输入 SQL 语句建立。查询的结果能够作为后续对象窗体、报表或数据访问页的数据源,开发出实用的数据库应用。

习 题 五

一、填空题

1. _____查询是常见的查询类型,它从一个或多个表中检索数据,在一定的限制条件下,还可以通过此查询方式来更改相关表中的记录。

2. 将信息学院 1996 年以前参加工作教师的岗位工资改为 2000,可使用的查询为_____。

3. SQL 的含义是_____语言。

4. 查询条件" A Or B"准则表达式表示的意思是_____即可进入查询结果集。

5. b[___ae]11 可以找到 bill 和 bull 但找不到 bell,方括号内应补充的字符是_____。

6. 在 Access 中,查询的数据源可以是_____和查询。

二、单项选择题

1. 以下不属于操作查询的是( )。
   A. 追加表查询   B. 交叉表查询   C. 删除表查询   D. 更新表查询

2. 在 Access 数据库对象中,体现数据库设计目的的对象是( )。
   A. 窗体   B. 表   C. 查询   D. 报表

3. 在 Access 中,主要有以下( )种查询操作方式:① 选择查询,② 参数查询,③ 交

叉表查询，④ 操作查询，⑤ SQL 查询
  A. ①②   B. ①②③   C. ①②③④   D. ①②③④⑤

4. 利用对话框提示用户输入参数的查询过程称为( )。
  A. 选择查询 B. SQL 查询 C. 参数查询 D. 操作查询

5. 查找数据时，设查找内容为"f[！aei]ll"，在下列字符串中能被找到的是( )。
  A. fill   B. fall   C. fell   D. full

6. 假设某数据库表中有一个"考生编号"字段，查找编号第 3、4 个字符为"03"的记录的准则是( )。
  A. Mid([考生编号],3,4)="03" B. Mid([考生编号],3,2)="03"
  C. Mid("考生编号",3,4)="03" D. Mid("考生编号",3,2)="03"

7. 假设某数据库表中有一个工作时间字段，查找 1998 年参加工作的教职工记录的准则是( )。
  A. Between ♯98-01-01♯ And ♯98-12-31♯
  B. Between "98-01-01" And "98-12-31"
  C. Between "98.01.01" And "98.12.31"
  D. ♯98.01.01♯ ♯And♯98.12.31♯

8. 假设某数据库表中有一个课程名字段，查找课程名称以"计算机"开头的记录的准则是( )。
  A. Like "计算机" B. Left([课程名称],3)="计算机"
  C. 计算机   D. 以上都对

9. 下列 SELECT 语句语法正确的是( )。
  A. SELECT * FROM '学生表' WHERE 性别='男'
  B. SELECT * FROM '学生表' WHERE 性别=男
  C. SELECT * FROM 学生表 WHERE 性别=男
  D. SELECT * FROM 学生表 WHERE 性别='男'

10. 将表 A 的记录添加到表 B 中，要求保持 B 表中原有的记录，可以使用的查询是( )。
  A. 选择查询 B. 生成表查询 C. 追加查询 D. 更新查询

11. 假设某数据库表中有一个工作时间字段，查找 15 天前参加工作的记录的准则是( )。
  A. =Date()-15   B. <Date()-15
  C. >Date()-15   D. <=Date()-15

12. 假设某数据库表中有一个姓名字段，查找姓名为张力或李丽的记录的准则是( )。
  A. In("张力","李丽")   B. Like "张力" And Like "李丽"
  C. "张力" And "李丽"   D. Like ("张力","李丽")

13. 在 SQL 查询中，"GROUP BY"的含义是( )。
  A. 选择行条件   B. 对查询进行排序
  C. 选择列字段   D. 对查询进行分组

14. 下列属于操作查询的是( )。① 删除查询，② 更新查询，③ 交叉表查询，④ 追加查询，⑤ 生成表查询。
  A. ①、②、③、④   B. ②、③、④、⑤

C. ①,③,④,⑤   D. ①,②,④,⑤

三、简答题

1. 什么是查询?
2. 查询的数据来源有哪些?
3. 查询分为几类?分别是什么?
4. 创建查询有几种方法?
5. 什么是参数查询?
6. 操作查询分为哪几种?
7. 特殊运算符"In"的含义是什么?
8. 简述 SQL 的定义功能。
9. SQL 查询分为哪几种类型?

第 6 章 窗体设计

窗体是 Microsoft Access 数据库中功能最强的对象之一,是人机交互的重要接口,起着联系数据库与用户的桥梁作用。我们利用窗体可以完成数据的输入、显示以及对应用程序的执行与控制等多种操作。

本章主要讲解 Access 2003 中窗体设计的基本知识。

通过本章的学习,读者需要掌握以下内容:

① 了解窗体的基础知识;
② 掌握创建窗体的基本方法;
③ 掌握常用窗体控件的使用;
④ 掌握使用自动创建窗体、使用窗体向导以及在设计视图中创建窗体的基本方法。

6.1 窗体的基础知识

6.1.1 窗体的组成与结构

在 Microsoft Accesss 2003 窗体设计视图中,窗体由上而下被分成 5 部分,窗体页眉、页面页眉、主体、页面页脚、窗体页脚,如图 6.1 所示。

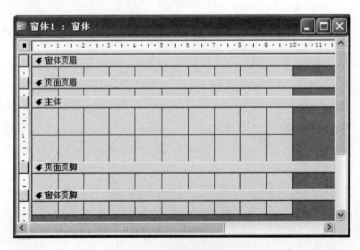

图 6.1 窗体的组成与结构

窗体页眉：位于屏幕的顶部或打印时首页的顶部，主要用来显示窗体标题、窗体使用说明、打开相关的窗体或运行其他任务的命令按钮等。

页面页眉：用于在每个打印页的顶部显示字段的标题、页码、日期时间等。

主体：是窗体的核心部分，用于显示一条或多条记录来自记录源的数据；在主体中可以将各种控件有机地组合在一起，完成各种各样的功能。

页面页脚：用于在每个打印页的底部显示字段的标题、页码、日期时间等。

窗体页脚：用于显示窗体的使用说明、命令按钮或接受输入的未绑定控件。显示在窗体视图中的底部和打印页的尾部。

6.1.2 窗体的作用

在 Access 中窗体的作用十分强大，主要体现在以下几个方面。

(1) 数据的浏览：用户可以通过各种形式的窗体，对数据库中的数据进行浏览。

(2) 数据的添加、修改和删除：用户可以通过各种形式的窗体完成对数据的添加、修改和删除操作。

(3) 控制应用程序的执行流程：用户可以通过窗体完成对应用程序执行顺序的控制。

(4) 接受用户的输入信息：主要是通过自定义对话框的形式接受用户的输入信息。

(5) 显示提示信息：为用户提供程序运行中的系统的显示信息。

(6) 打印数据库中的数据：数据打印不是窗体的主要功能，但也可以在窗体上将用户所需的数据按照一定的格式打印出来。

实际上，窗体的作用不仅仅限于上面列举的这些。用户可以在深入学习的基础上进一步的领会。

6.1.3 窗体的视图

Access 2003 提供了多种视图供用户选择使用，这些视图从不同的角度和层面显示窗体的数据源。主要有以下 5 种视图。

(1) 设计视图

设计视图是用来创建和修改窗体的窗口，显示的是各种控件的布局，并不显示数据源数据。在设计视图中创建窗体后，即可在窗体视图和数据表视图中查看。

(2) 窗体视图

窗体视图用来显示窗体的设计效果，是窗体运行时的显示格式，在窗体视图中可以输入、修改和浏览完整的每一条数据记录。

(3) 数据表视图

数据表视图以行和列的形式显示表、窗体、查询中的数据，在数据表视图中，可以编辑字段和数据。

(4) 数据透视表视图

数据透视表视图用来以表格的形式动态地显示数据统计结果。

(5) 数据透视图视图

数据透视图视图用来以图形的方式动态地显示数据统计结果。

6.2 创建窗体

在 Access 中,用户可以采用多种方式创建数据库中的窗体。Access 2003 提供了 9 种创建窗体的方法。用户可以方便地利用这 9 种方法完成窗体的创建工作,如图 6.2 所示,用户可以利用"自动窗体"快速创建简单窗体,也可以利用"窗体向导"快速创建窗体,还可以利用"设计视图"来创建复杂的具有个性与特色的窗体。

6.2.1 使用窗体向导创建窗体

使用窗体向导创建窗体,用户可以根据系统提示来选择该窗体所包含的字段数,也可以定义窗体的布局及样式。下面以学生信息管理数据库中"学生"为例进行说明。具体操作步骤如下。

(1) 打开数据库。

(2) 在"数据库"窗口选择"窗体"作为操作对象,单击"新建"按钮,打开"新建窗体"对话框,如图 6.2 所示。

(3) 在"新建窗体"对话框中,选择数据的来源,再选择"窗体向导",单击"确定"按钮打开"窗体向导"对话框,确定窗体上使用哪些字段。这里选择全部字段,如图 6.3 所示。

图 6.2 "新建窗体"对话框

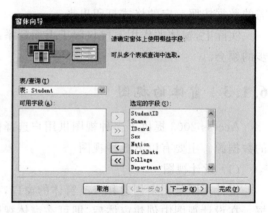
图 6.3 确定所需的字段

(4) 单击"下一步"按钮,在"窗体向导"对话框中选择创建窗体的布局,这里选择"表格"布局样式,如图 6.4 所示。

(5) 单击"下一步"按钮,在"窗体向导"对话框中选择创建窗体的样式,这里选择"宣纸"作为窗体的样式,如图 6.5 所示。

(6) 单击"下一步"按钮,在"窗体向导"对话框中确定窗体的标题,如图 6.6 所示,这里保持默认选项,单击"完成"按钮,系统将按照向导的设置打开窗体,预览效果如图 6.7 所示。

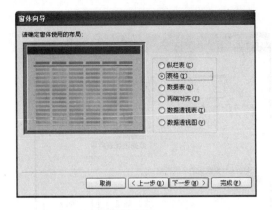
图 6.4　窗体的布局

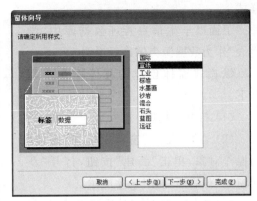
图 6.5　窗体的样式

图 6.6　指定窗体标题

图 6.7　预览效果

6.2.2　自动创建窗体

除了利用窗体向导创建窗体，Access 2003 还给我们提供了利用自动创建窗体的方式进行窗体的创建工作。不过这种方式创建的窗体格式都是由系统提供的，如需修改，需要通过窗体"设计"视图来实现。利用这种方式创建的窗体，通常有纵栏式、表格式、数据表 3 种样式。

下面以学生信息管理数据库中"学生表"作为数据源为例进行说明。

纵栏式窗体创建的具体操作步骤如下。

（1）打开数据库。

（2）在"数据库"窗口中选择"窗体"为操作对象，单击"新建"按钮，打开"新建窗体"对话框，如图6.8所示。

（3）在"新建窗体"对话框中，选择创建窗体所需的数据源，再选择"自动创建窗体：纵栏式"，系统将自动创建一个纵栏式窗体，如图6.9所示。

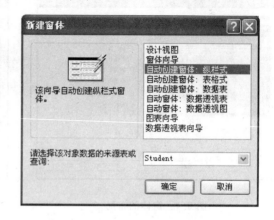

图6.8 "新建窗体"对话框

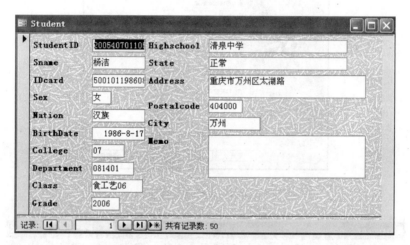

图6.9 纵栏式窗体的效果

如若选择"自动创建窗体：表格式"，效果如图6.10所示。

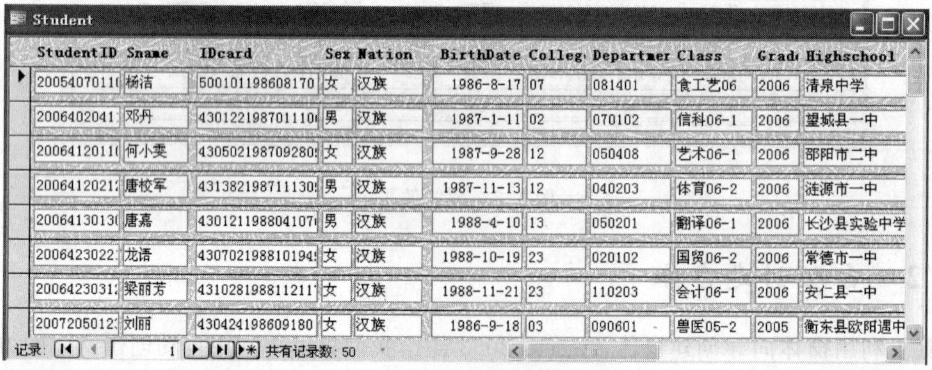

图6.10 表格式窗体的效果

如若选择“自动创建窗体:数据表”,效果如图 6.11 所示。

StudentID	Sname	IDcard	Sex	Nation	BirthDate	College	Department	Class	Grade	Highschool	State	Address
200540701105	杨洁	500101198608170141	女	汉族	1986-8-17	07	081401	食工艺06	2006	清泉中学	正常	重庆市万州区太湖路
200640204111	邓丹	430122198701110631	男	汉族	1987-1-11	02	070102	信科06-1	2006	望城县一中	正常	湖南省望城县高塘岭镇
200641201103	何小雯	43050219870928094X	女	汉族	1987-9-28	12	050408	艺术06-1	2006	邵阳市二中	正常	湖南省邵阳市双坡岭
200641202121	唐校军	431382198711130935	男	汉族	987-11-13	12	040203	体育06-2	2006	涟源市一中	正常	湖南省涟源市交警大队
200641301303	唐嘉	430121198804107634	男	汉族	1988-4-10	13	050201	翻译06-1	2006	长沙县实验中学	正常	湖南省长沙县县政府
200642302218	龙语	430702198810194941	女	汉族	988-10-19	23	020102	国贸06-2	2006	常德市一中	正常	湖南常德市烟草公司
200642303120	梁丽芳	431028198811211741	女	汉族	988-11-21	23	110203	会计06-1	2006	安仁县一中	正常	湖南省郴州安仁县桥头
200720501230	刘丽	430424198609180149	女	汉族	1986-9-18	03	090601	兽医05-2	2005	衡东县欧阳遇中学	毕业	湖南省衡东县大桥镇
200720602106	王婷	430405198604222422	女	汉族	1986-4-22	06	080801	水利05-1	2005	衡阳铁路一中	毕业	湖南省衡阳市珠晖区嘉
200720602132	李英英	430921198612130122	女	汉族	986-12-13	06	080801	水利05-1	2005	益阳市一中	毕业	湖南省益阳市南县茅草
200720701202	万微方	430413198506292456	男	汉族	1985-6-29	07	081401	食科05-3	2005	衡阳第四中学	退学	湖南衡阳华新开发区
200720803210	章程壮	430702198612180943	女	汉族	986-12-18	23	110203	会计05-2	2005	常德市六中	毕业	湖南常德市南坪一组
200720805425	葛誉	431126198711120923	女	汉族	987-11-12	08	020104	金融05-4	2005	宁远县一中	毕业	湖南省宁远县供销大厦
200720806217	王丽娟	430408198703112902	女	汉族	1987-3-11	23	020102	国贸05-2	2005	衡阳市六中	毕业	湖南衡阳市衡祁路8号
200721702312	武岳	431121198511174539	男	汉族	985-11-17	17	090401	园林05-3	2005	祁阳县二中	毕业	湖南永州祁阳进宝塘
200740101320	陈明	430122198910106965	女	汉族	989-10-10	01	030101	法学07-3	2007	宁乡一中	正常	湖南宁乡县第一高级中

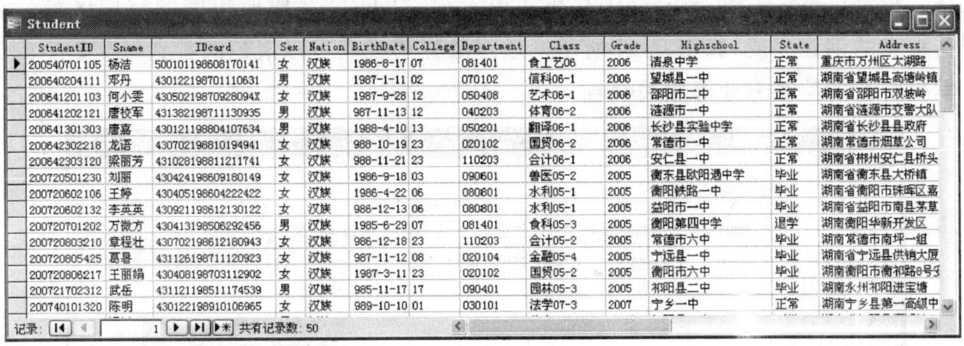

图 6.11　数据表式窗体的效果

6.2.3　自动窗体

Microsoft Access 2003 为我们提供了两种自动窗体类型:数据透视表和数据透视图。为更好的对这两种窗体讲解,我们仍以学生信息管理数据库中的“学生表”作为数据源为例进行说明。

1. 数据透视表

创建数据透视表的具体步骤如下。

(1) 打开数据库。

(2) 在“数据库”窗口中选择“窗体”为操作对象,单击“新建”按钮,打开“新建窗体”对话框。选择创建窗体所需的数据源,再选择“自动窗体:数据透视表”选项,选择“Student”表作为窗体的数据源表,如图 6.12 所示。

(3) 单击“确定”按钮,系统将打开数据透视表的设计界面以及数据源表的字段列表窗口,如图 6.13 所示。

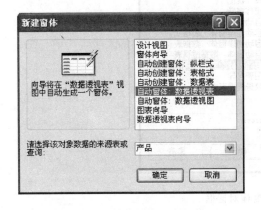

图 6.12　新建窗体对话框

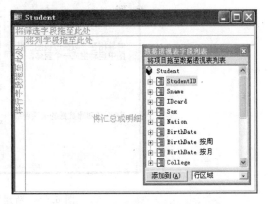

图 6.13　数据透视表设计界面

(4) 将“StudentID”字段从“数据透视表字段列表”对话框中拖曳到界面的“将行字段拖到此处”单元格中,该单元格高亮显示,释放鼠标后,系统将以“StudentID”字段的所有值作为透视表的行字段,按照同样的方法,将"College"和"Class"字段拖到"将列字段拖到此处"单元格。将"Sname"拖到"StudentID"和"College"、"Class"字段所包围的空白区域。至此数据透视表的创建完成,如图6.14所示。通过数据透视表可以清楚的看到每个学生的学号以及学生所在的院系专业等相关信息。

图6.14 数据透视表窗体

2. 数据透视图

仍以产品表作为数据源为例,来创建数据透视图,具体步骤如下。

(1)打开数据库,在"数据库"窗口中选择"窗体"为操作对象,单击"新建"按钮,打开"新建窗体"对话框,如图6.15所示。

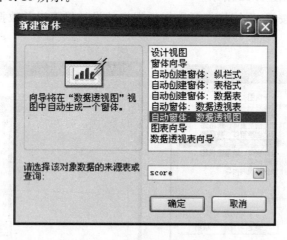

图6.15 新建窗体对话框

(2)在"新建窗体"对话框中,选择创建窗体所需的数据源,再选择"自动窗体:数据透视图"选项,选择"Score"表作为窗体的数据源表,单击"确定"按钮,系统将打开数据透视图的设计界面以及数据源表的字段列表窗口,如图6.16所示。

图 6.16　数据透视图设计界面

（3）将"课程名称"字段从"图表字段列表"对话框中拖曳到界面的"将系列字段拖到此处"单元格中，该单元格高亮显示，释放鼠标。按照同样的方法，将"成绩"字段拖到"将数据字段拖到此处"单元格，将"学号"拖到"分类字段拖到此处"单元格。至此数据透视图的创建完成。得到如图 6.17 所示的柱状图。

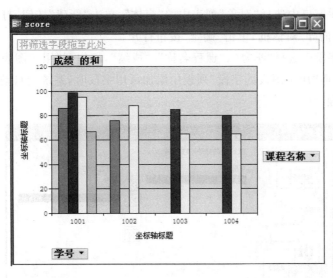

图 6.17　柱状图

（4）单击数据透视图设计界面中的"产品 ID"字段，在系统弹出的下拉式列表中以复选框的方式显示该字段所包含的任何字段。用户可以根据需要选择所需要的字段，单击"确定"按钮，系统将会自动更新，并以柱状图的形式直观地显示所选定的字段相关的数据。这里我们在课程名称列表中选择"数据结构"这门课程，预览效果如图 6.18 所示。

通过数据透视图，我们可以直观地看到学号为 1001 的同学的"数据结构"这门课程分数最高，而学号为 1004 的同学最低。

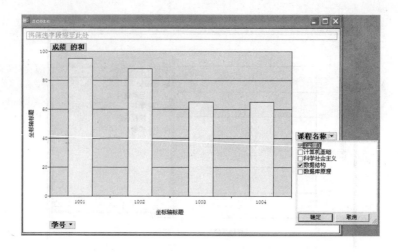

图 6.18　预览效果

6.2.4　利用图表向导创建窗体

Access 2003 中提供了利用"图表向导"来创建窗体的方法,图表的形式显示数据可以更直观,更形象。下面仍以学生信息管理数据库中的"成绩"为例来进行讲解。具体步骤如下。

(1) 打开数据库。

(2) 在数据库窗口中选择"对象"列表中的"窗体",单击"新建"按钮,打开"新建窗体"对话框。选择"图表向导"对话框,单击"确定"按钮打开。

(3) 在可用字段中选择"学号"、"课程名称"、"成绩",添加到"用于图表的字段"列表,如图 6.19 所示。在向"用于图表的字段"列表中添加可用字段时,系统会自动将第一个字段作为分类汇总的字段。

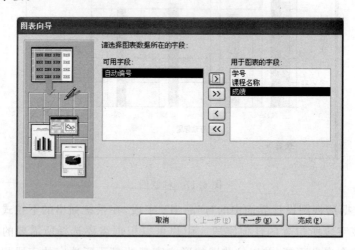

图 6.19　选择图表数据所在的字段

(4) 单击"下一步"按钮,会弹出如图 6.20 所示的"图表向导"对话框。根据系统提示用户可以选择所需的图表的类型,一旦用户选定某种类型,该类型就会凹陷显示,在窗口的右下角会显示相应图表类型的说明。这里,我们选择柱形图。

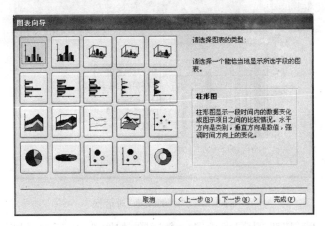

图 6.20 图表向导

(5) 单击"下一步"按钮,确定图表的行、列字段以及汇总字段等。将"学号"字段拖放到下面的单元格中,用同样的方法,将"课程名称"拖放到右边的单元格中,如图 6.21 所示。

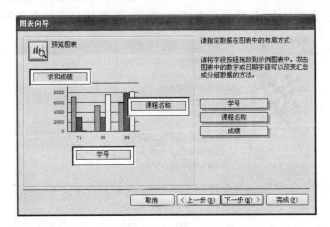

图 6.21 指定数据在图表中的布局方式

(6) 单击"求和成绩"按钮,打开"汇总"对话框,如图 6.22 所示,在下拉列表中选择"总计"选项,单击确定按钮,返回图表向导对话框。单击对话框上方的"预览图表"对话框,可以看到所生成的图表效果,如图 6.23 所示。单击关闭按钮即可返回图表向导对话框。

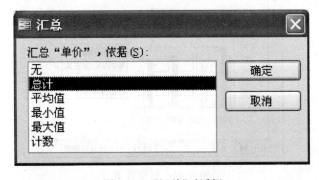

图 6.22 "汇总"对话框

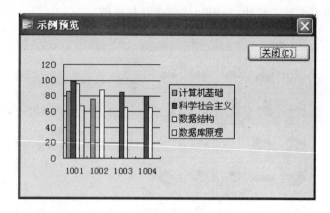

图 6.23 "示例预览"对话框

(7) 单击"下一步"按钮,为图表指定一个标题,如图 6.24 所示,设置好标题后,确定是否显示图表的图例,也可以指定完成图表向导后,再确定是打开窗体并在窗体上显示图表或修改窗体或图表的设计,还可以确定是否显示有关处理图表的帮助信息。这里按照默认选择"是"和"打开窗体并在窗体上显示图表",最后单击"完成"按钮,系统将根据我们的设定将所产生的图表显示在窗体上,预览效果如图 6.25 所示,至此利用图表向导创建窗体完成。

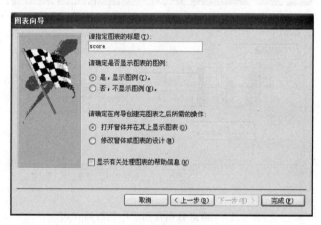

图 6.24 指定图表的标题

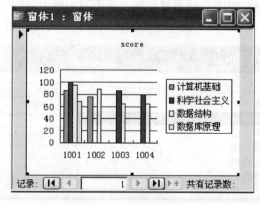

图 6.25 预览效果

6.2.5 利用数据透视表向导创建窗体

仍以学生信息管理数据库中的"成绩"为例进行讲解,具体步骤如下。

(1) 打开数据库。

(2) 在数据库窗口中选择"对象"列表中的"窗体",单击"新建"按钮,打开"新建窗体"对话框。选择"数据透视表"对话框,如图 6.26 所示,在列表框中选择"Score"表作为当前窗体的数据源,单击"确定"按钮,打开"数据透视表向导"对话框,如图 6.27 所示。

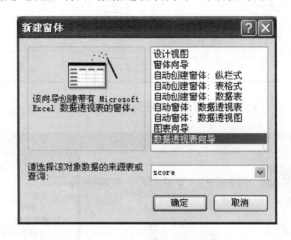

图 6.26 新建窗体对话框

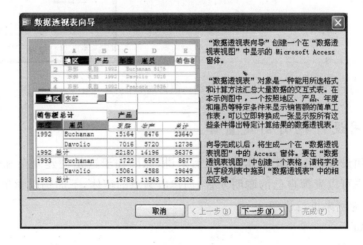

图 6.27 数据透视表向导

(3) 单击"下一步"按钮,在可用字段中选择"学号"、"课程名称"、"成绩"几个字段添加到"为进行透视而选取的字段"列表中,如图 6.28 所示。单击"完成"按钮,即可打开数据透视表视图,我们把"数据透视表字段列表"中的"学号"字段拖到"将行字段拖到此处",把"课程名称"字段拖到"将列字段拖到此处",把"成绩"字段拖到"将汇总或明细字段拖到此处",即可看到如图 6.29 所示的效果。至此创建"使用数据透视表创建窗体"完成。

Access数据库技术及应用

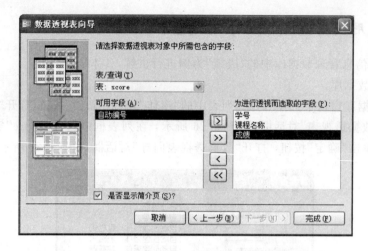

图 6.28 选择数据透视表对象中所包含的字段

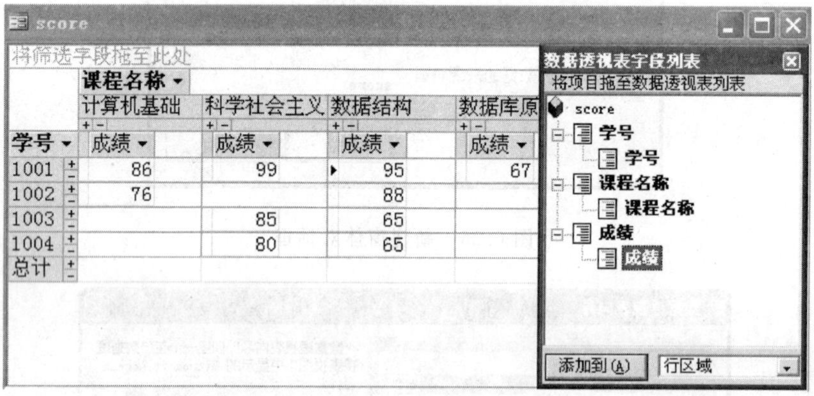

图 6.29 预览效果

6.2.6 利用设计视图创建窗体

我们把利用设计视图创建窗体放到最后来讲,原因在于这是创建复杂和个性化窗体的主要方法。用户可以发挥自己的聪明才智,创建出满意的窗体,下面仍以学生信息管理数据库中"Student"为例来进行讲解。

具体步骤如下。

(1) 打开数据库。

(2) 在数据库窗口中,单击对象列表中的"窗体",依次单击"新建"→"新建窗体"→"设计视图"。选择"Student"作为数据源,打开设计视图,如图 6.30 所示。

(3) 在表中的所有字段中选择需要的字段拖放到设计视图中,系统将以文本内容的方式显示字段的标题,以文本框的方式显示字段的名称,如图 6.31 所示。

(4) 单击工具栏中的保存按钮,在弹出的"另存为"对话框中,将窗体命名为"studentinfor",单击确定返回到数据库窗口。在工具栏中单击"视图",选择"窗体视图"即切换到预览窗体的状态,如图 6.32 所示。

第6章 窗体设计

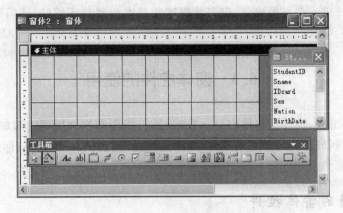

图 6.30 窗体的设计视图

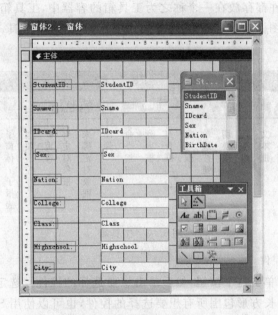

图 6.31 创建需要显示的内容

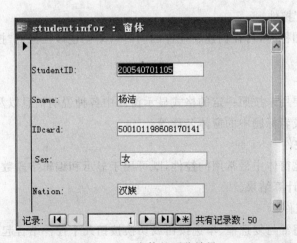

图 6.32 窗体的预览效果

117

当然，要设计出一个好的窗体，仅仅掌握这些基本步骤是不够的，还需要熟练掌握窗体控件的使用方法。

6.3 窗体控件的使用

窗体由控件组成，控件是窗体中显示数据、执行操作和修饰版面的对象。一般说来，在窗体中我们所见到的任何对象都是控件，如单选按钮、复选框、命令按钮、标签、一条直线、矩形框等都是控件。

6.3.1 常用的窗体控件

在 Access 中，控件都存放在一个称之为工具箱的容器中，工具箱窗口如图 6.33 所示。工具箱中包含有许多图标，它是各种控件的制作工具，利用这些工具，用户可以在窗体上设计各种控件。

图 6.33 工具箱

(1)"选择对象"控件

选定单个控件时，单击这个按钮，然后单击想要选择的控件。选定多个控件时，单击这个按钮，然后拖出一个长方形包围所有想要选择的控件，也可以使用 Shift 键控制多控件的选择。

(2)"控件向导"控件

单击这个控件图标时，可在创建新控件的同时启动创建该控件的"控件向导"，方便新建控件的属性设置等。

(3)"标签"控件

"标签"控件主要用来按照一定的格式显示窗体中各种说明信息以及提示信息。例如用户指令需要的文本或者标题中的窗体名称等。

(4)"文本框"控件

"文本框"控件是窗体中最常用的控件，既可用于显示和编辑字段数据，也可以接受用户的输入，还可以显示计算结果。

(5)"选项组"控件

"选项组"控件通常与复选框、单选按钮或切换按钮几个控件结合起来使用，用来显示一组可选值，用户一次只允许从选项组中做出一个选择。

(6)"切换按钮"控件

可以利用这个控件创建一个切换按钮,用户可以通过单击切换按钮来做出"是"或者"否"的选择,这个控件主要用于分配"是/否"数据类型的字段。

(7)"单选按钮"控件

可以利用这个控件创建一个单选按钮,用户可以从至少两个选择中做出一个选择。如同"切换按钮"一样,这个按钮也是用于分配"是/否"数据类型的字段。

(8)"复选框"控件

可以利用这个控件创建一个复选框,用户可以通过复选框做出多个"是/否"选择。这个控件也是用于分配"是/否"数据类型的字段。

切换按钮、单选按钮和复选框这3个控件的功能类似,主要可用来与具有"是/否"属性的数据结合,或是作为接受用户输入的非结合控件,或是与选项组配合。

(9)"组合框"控件

"组合框"控件结合了文本框和列表框的特点,利用这个控件可以创建一个组合框,用户可以选择输入文本也可以选择从列表中选择选项。

(10)"列表框"控件

"列表框"控件主要用来显示项的列表,可从这些项中选择一项。如果包含的项太多而无法一次显示出来,则可滚动列表框。

(11)"命令按钮"控件

"命令按钮"控件的作用是用来控制程序的执行过程,以及控制对窗体中数据的操作等。例如,可以创建一个命令按钮来打开另一个窗体等。

(12)"图像"控件

"图像"控件主要用来在窗体中显示静态图像、图片。

(13)"未绑定对象框"控件

这个控件从其他来源插入一个OLE对象。使用这个按钮插入的对象链接到另一个程序,并且需要更新以显示最新的修改。

(14)"绑定对象框"控件

这个控件从同一个数据库的其他来源插入一个OLE对象。使用这个按钮插入的对象链接到数据库的其他来源,并且需要更新以显示最新的修改。

(15)"分页符"控件

分页符主要用来在窗体中开始一个新的屏幕,或是在打印窗体时开始一个新页。

(16)"选项卡"控件

该控件在窗体中创建一个选项卡,使用该控件可以在一个窗体中显示多页信息,这对于处理可分为两类或多类的信息时特别有用。

(17)"子窗体/子报表"控件

这个控件的作用是在主窗体中显示与其数据源相关的子数据表中数据的窗体。使用该控件可以在现有窗体中再创建一个与主窗体相联系的子窗体,用来显示更多的信息。也可以将已经存在的窗体通过控件加入到另一个窗体中。

(18)"直线"控件

使用该控件可以在窗体或报表中绘制直线,用来突出显示相关的或重要的信息。

(19)"矩形"控件

"矩形"控件主要用来在窗体或报表中创建一个矩形,其作用与直线控件相似。

(20)"其他控件"

单击这个按钮显示其他工具箱,用户可以在其中选择所需要的控件加入到窗体中。

6.3.2 常用控件的操作

在窗体中,通常使用控件来执行操作、显示数据等。窗体中的信息都包含在控件中。本节主要讲解如何在窗体中操作控件。

1. 选择控件

选择控件是在窗体中使用控件的第一步。用户要自己创建控件,通过在"工具箱"中执行"单击"操作,选择需要的控件,然后移动光标到窗体中,按住鼠标左键拖动,即可创建所需的控件,如图 6.34 所示。

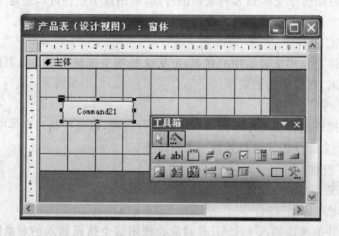

图 6.34 读者自行创建窗体

2. 删除控件

当删除某个不需要的控件时,可以通过以下 3 种方法进行。

(1) 直接右击需要删除的控件,在弹出式菜单中选择"剪切"命令,或在编辑菜单中选择"删除"命令。

(2) 右击需要删除的控件,通过按下键盘上的 Delete 键删除。

(3) 删除多个控件时,可以按住 Shift 键不放,单击需要删除的多个控件,再使用(1)或(2)中提供的方法。

3. 移动控件

如果要移动单个控件,首先选中控件,出现"黑色手形"图标,用鼠标拖动到指定位置;也可以选中控件,通过移动键盘上的方向键实现。

如果要移动多个控件,首先按住 Shift 键,通过单击选中多个控件,再通过上述方法实现移动被选定的控件。

4. 对齐控件

在设计窗体布局时,要以窗体的某一边界或网格作为基准对齐多个控件时,可以首先按住 Shift 键选中多个控件,然后选中菜单栏下的"格式",在下拉菜单项中选择"对齐"下的相关命令对齐。

5. 复制控件

实现复制控件的操作方法是:选中需要复制的一个或多个控件,打开菜单栏下的"编辑"命令,选择"复制",再确定要复制的控件的位置,重新打开"编辑"命令,再选择"粘贴",就可以将选中的控件复制到指定的位置。

6. 控件的间距调整

控件的间距调整主要是水平间距和垂直间距,通过使用菜单栏"格式"下的"水平间距"或"垂直间距"菜单中的相关命令就可以实现调整控件的间距。

6.4 实用窗体设计

下面通过两个具体的实例讲解如何设计窗体。

6.4.1 数据输入窗体设计实例

例 6.1 利用学生信息管理系统中的"Student"表,设计一个窗体,实现学生信息的添加。窗体的运行效果如图 6.35 所示。

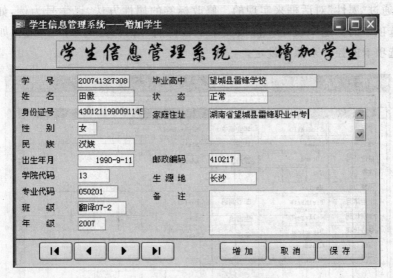

图 6.35 "增加学生"窗体

设计过程如下。

(1) 打开数据库,选择"窗体",双击"在设计视图中创建窗体",进入设计窗口。

(2) 在设计窗口中,单击窗体左上角的小方块,使其弹出黑色小方块,再使用鼠标指向黑色小方块,右击,弹出快捷菜单,选择"属性",弹出窗体"属性"对话框,如图 6.36 所示。

(3) 在"属性"对话框中,选择"数据"选项卡,如图 6.37 所示,选择记录源,在下拉列表中选择"Student"表作为数据源,将会出现"Student"表中的字段列表,如图 6.38 所示。

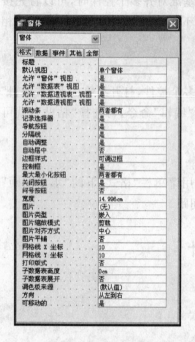

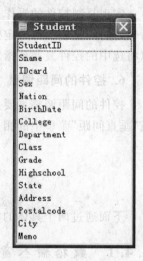

图 6.36 "属性"对话框　　　图 6.37 "数据"选项　　　图 6.38 "Student"表

(4) 把字段列表中的字段拖到窗体的主体中,如图 6.39 所示,并修改每个控件的属性。修改属性是通过"属性"对话框来实现的。修改标签的属性方法,以学号为例,如图 6.40 所示,在格式选项卡的标题中设定。修改文本框控件属性的方法,以学号为例,如图 6.41 所示,在数据选项卡的控件来源中设定。

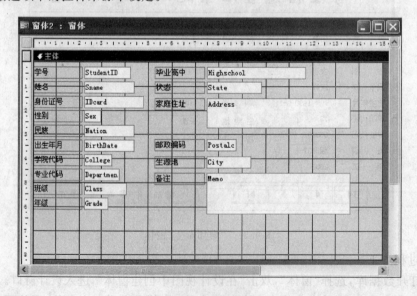

图 6.39 添加控件

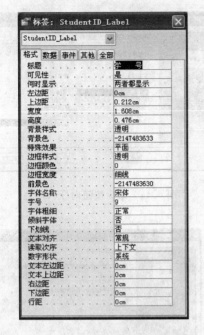

图 6.40 修改标签控件属性

图 6.41 修改文本框控件属性

（5）在窗体中右击，在弹出快捷菜单中选择"窗体页眉/页脚"，插入窗体页眉和窗体页脚，并在窗体页眉区域添加一标签控件，并按上述方法修改其属性，使其标题为"学生信息管理系统——增加学生"，如图 6.42 所示。

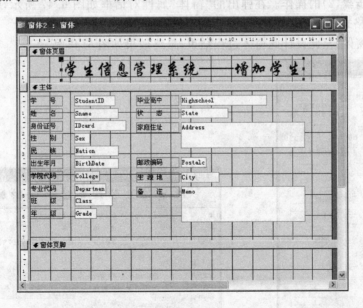

图 6.42 添加窗体页眉/页脚

（6）在窗体页眉处添加一组"命令按钮"，如图 6.43 所示。并通过"命令按钮向导"修改每个"命令按钮"控件的属性和事件代码。这里以"增加"按钮为例介绍修改控件的属性和事件代码方法，其过程如图 6.44～图 6.46 所示。

图 6.43 添加命令按钮控件

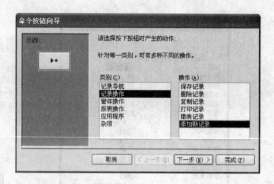

图 6.44 命令按钮向导(1)

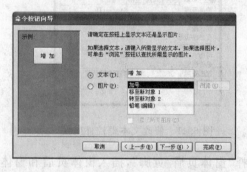

图 6.45 命令按钮向导(2)

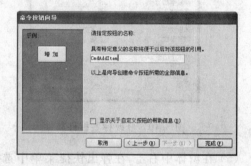

图 6.46 命令按钮向导(3)

（7）重复步骤（2）的操作。在弹出的"窗体"属性对话框如图 6.47 所示，调整窗体的属性，这里选择"格式"选项卡，设定"导航按钮"的值为"否"。

（8）保存窗体，至此设计此窗体过程结束，最终效果如图 6.48 所示。

图 6.47 修改窗体的属性

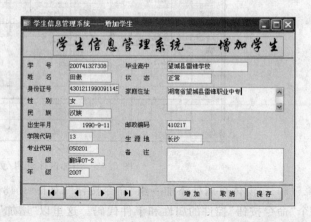

图 6.48 最终效果

6.4.2 数据浏览窗体设计实例

利用学生信息管理系统中的"College"表和"Student"表为数据源,设计一个浏览每个学院学生信息的窗体。窗体的运行效果如图 6.49 所示。

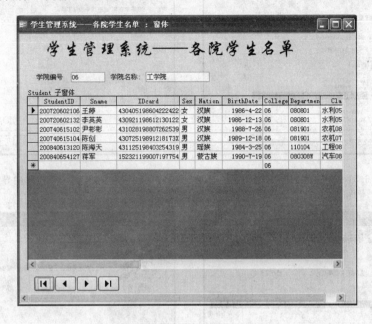

图 6.49 按学院浏览学生名单

设计过程如下。

(1) 打开数据库,选择"窗体",双击"在设计视图中创建窗体",进入设计窗口。

(2) 在设计窗口中,单击窗体左上角的小方块,使其弹出黑色小方块,再使用鼠标指向黑色小方块,右击,弹出快捷菜单,选择"属性",弹出窗体"属性"对话框。

(3) 在"属性"对话框中,选择"数据"选项卡,选择记录源,在下拉列表中选择"College"表作为数据源,将会出现"College"表中的字段列表。把字段列表中的字段拖到窗体的主体中,并修改每个控件的属性。如图 6.50 所示,这里选择"CollegeID"和"Cname"两个字段,并修改属性为"学院编号"、"学院名称"。

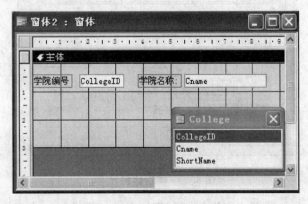

图 6.50 添加控件

（4）在窗体中添加一个"子窗体"控件，按照"子窗体向导"设定"Student"表的显示方式，具体过程如图 6.51～图 6.55 所示。

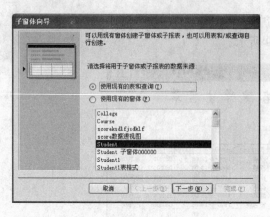

图 6.51　子窗体向导 1

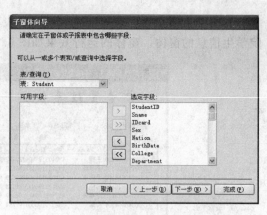

图 6.52　子窗体向导 2

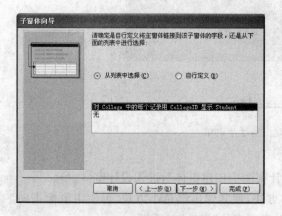

图 6.53　子窗体向导 3

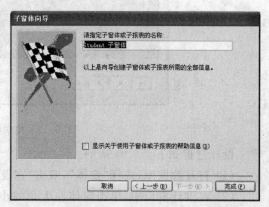

图 6.54　子窗体向导 4

图 6.55　子窗体向导 5

（5）在主窗体中右击，在弹出菜单中选择"窗体页眉/页脚"命令，在窗体页眉区域，如例 6.1

一样添加一个标签控件,并修改属性为"学生管理系统——各院学生名单",如图 6.56 所示。

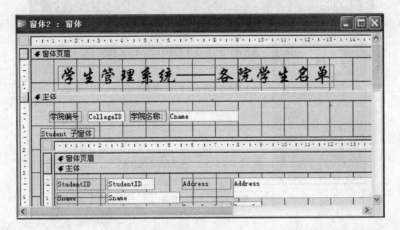

图 6.56 在窗体页眉上增加标签控件

(6)添加命令按钮,按照"命令按钮向导"修改控件的属性和执行的操作。以按钮 为例,具体过程如图 6.57~图 6.59 所示。

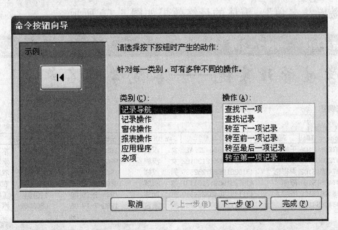

图 6.57 命令按钮向导——选择按钮产生的动作

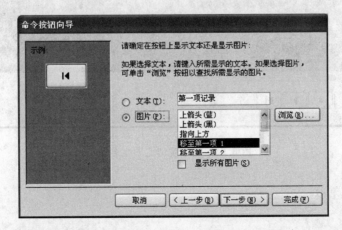

图 6.58 命令按钮向导——确定按钮上显示文本

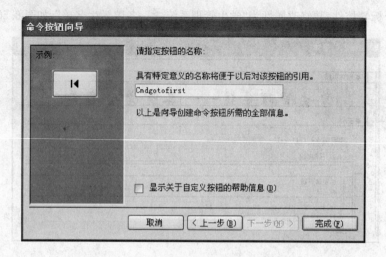

图 6.59　命令按钮向导——指定按钮的名称

(7) 在窗体"属性"对话框中调整窗体的属性。

(8) 在菜单栏单击"文件",选择"另存为",在弹出的对话框中指定窗体的名称为"学生管理系统——各院学生名单"。窗体的最终效果如图 6.60 所示。

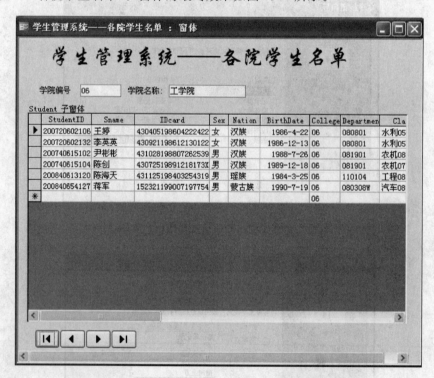

图 6.60　按学院浏览学生名单

6.5 本章小结

窗体是主要的人机交互界面,用户可以根据不同的目的设计不同的窗体,也就是说,可以使用不同的窗体完成不同的功能。在 Access 中,所有的操作都是在各种形式的窗体中完成的,因此,窗体设计的好坏直接影响到 Access 应用程序的友好性与可操作性。

本章主要介绍了窗体的基础知识,包括窗体的基本组成、作用以及窗体视图,其次介绍了创建窗体的几种常用方法,并对窗体中用到的控件进行了介绍,最后通过两个实例详细介绍了创建窗体的方法。通过本章的学习,读者应掌握常用的创建窗体的方法,并学会窗体控件的使用方法。

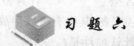

一、填空题

1. 窗体通常由窗体页眉、窗体页脚、_____、页面页脚和主体五部分组成。
2. 创建窗体可以使用_____和使用_____两种方式。
3. 窗体中的窗体称为_____,其中可以创建为_____式或数据表窗体。
4. 窗体由多个部分组成,每个部分称为一个_____,大部分的窗体只有_____。
5. 对象的_____描述了对象的状态和特性。
6. 在创建主/子窗体之前,必须设置_____之间的关系。

二、单项选择题

1. Access 的窗体由多个部分组成,每个部分称为一个(   )。
   A. 控件　　　　　B. 节　　　　　C. 页　　　　　D. 子窗体
2. 用于创建窗体或修改窗体的视图是(   )。
   A. 设计视图　　　B. 窗体视图　　C. 数据表视图　D. 透视表视图
3. 下列各项中,不是窗体组成部分的是(   )。
   A. 窗体页眉　　　B. 页面页眉　　C. 页面页脚　　D. 窗体设计器
4. 下面关于窗体的作用叙述错误的是(   )。
   A. 可以接收用户输入的数据或命令
   B. 可以直接存储数据
   C. 可以编辑、显示数据库中的数据
   D. 可以构造方便、美观的输入/输出界面
5. 下列不属于窗体类型的是(   )。
   A. 纵栏式窗体　　B. 表格式窗体　C. 数据表窗体　D. 开放式窗体
6. 下列不属于 Access 窗体视图的是(   )。
   A. 设计视图　　　B. 版面视图　　C. 数据表视图　D. 窗体视图
7. 在一个窗体中显示多条记录的内容的窗体是(   )。
   A. 数据表窗体　　B. 表格栏窗体　C. 数据透视表窗体　D. 纵栏式窗体

8. 以下关于设计视图的描述中,错误的是( )。
   A. 利用设计视图可以创建表,也可以改表结构
   B. 利用设计视图可以建立查询
   C. 利用设计视图可以建立窗体
   D. 利用设计视图可以查看表中内容
9. 要改变窗体中文本框控件的数据源,应设置的属性是( )。
   A. 记录源   B. 控件来源   C. 筛选查询   D. 默认值
10. 用来显示说明文本的控件的按钮名称是( )。
    A. 复选框   B. 文本框   C. 标签   D. 控件向导
11. 用表达式作为数据源的控件类型是( )。
    A. 结合型   B. 非结合型   C. 计算型   D. 以上都对
12. 在 Access 中已建立了"学生"表,其中有可以存放照片的字段。在使用向导为该表创建窗体时,"照片"字段所使用的默认控件是( )。
    A. 组合框   B. 图像框   C. 非绑定对象框 D. 绑定对象框
13. 若要求在文本框中输入文本时达到密码"*"号的效果,应设置的属性是( )。
    A. 默认值   B. 标题   C. 密码   D. 输入掩码
14. 下面关于列表框和组合框叙述正确的是( )。
    A. 列表框和组合框都可以显示一行或多行数据
    B. 可以在组合框中输入新值,而列表框不能
    C. 可以在列表框中输入新值,而组合框不能
    D. 在列表框和组合框中均可以输入新值
15. 在窗体的"窗体"视图中,可以进行( )。
    A. 创建或修改窗体   B. 显示、添加或修改表中的数据
    C. 创建报表   D. 以上都可以

三、简答题

1. 窗体的主要功能是什么?如何分类?
2. 有几种创建窗体的方法?
3. 简述每一种方法的建立步骤。
4. 窗体设计工具箱中有哪些主要工具控件?各有什么功能?
5. 如何将控件添加到窗体中?
6. 窗体中的窗体页眉、页脚和页面页眉、页脚有什么用途?如何设计?
7. 如何在窗体中添加一幅背景图片?
8. 如何设置和修改窗体的属性?

四、操作题

1. 使用自动窗体向导创建"纵栏式"窗体。
2. 对学生基本情况窗体进行筛选,只显示男生的数据。
3. 练习改变窗体控件位置、大小、颜色的操作。
4. 在窗体中插入图片。

5. 对学生基本情况窗体进行排序，按成绩从高到低的顺序排列。

6. 在"教学管理"数据库中有"教师情况表"，如图 6.61 所示，字段为：教师 ID、姓名、性别、学历、工作时间、政治面貌、职称、系别、联系电话。

另外还有一个"课程"表，如图 6.62 所示，字段为：课程 ID、教师 ID、课程名称、学分、选课类型。

请创建基于"教师情况表"和"课程表"的主/子窗体。

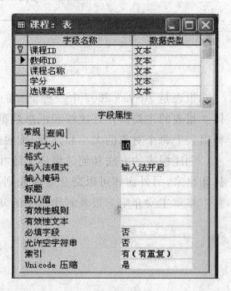

图 6.61 教师表   图 6.62 课程表

第 7 章 报表制作

报表是 Access 2003 中一种重要的数据库对象,是一种专门针对打印而设计的特殊窗体。报表的主要作用是比较和汇总数据,显示经过格式化的数据并打印出来。可以通过调整报表上每个对象的大小和外观,按照所需的方式查看和显示信息。

创建报表的方法和创建窗体大致相同,不同之处在于窗体只能在终端显示而报表可以打印出来,另外窗体可以交互而报表则不能交互。

本章主要介绍与报表制作相关的知识。

7.1 报表的基础知识

7.1.1 报表的组成

报表通常包括 7 个部分,即:报表页眉、页面页眉、组页眉、主体、组页脚、页面页脚、报表页脚。也有的书上将报表分为 5 个部分,即除去组页眉和组页脚。这里我们以 7 部分为例进行讲解。其各部分如图 7.1 所示。

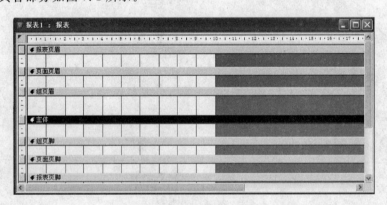

图 7.1 报表的组成

1. 报表页眉

报表页眉位于报表的顶部,主要用于显示报表的标题、图形或说明性文字,仅仅在报表的首页打印输出。通常把报表页眉设置为单独一页。

2. 页面页眉

页面页眉主要用于显示报表中的列标题,通常在报表每页头部打印输出。

3. 组页眉

组页眉位于组的明细部分的最前面,主要用于定义报表输出每一组的标题,显示分组字段等分组信息。

4. 主体

主体位于整个报表的中心区域,是报表打印数据的主要区域,主要用于显示当前表或查询中每条记录的详细信息。

5. 组页脚

组页脚位于组的明细部分的最后面,主要通过文本框或其他类型的控件显示分组统计数据。

6. 页面页脚

页面页脚位于报表每页最下方,与页面页眉相对应。可显示页码等,位于每页报表的最底部,用来显示本页数据的汇总情况。

7. 报表页脚

报表页脚是报表的尾部,主要显示整份报表的汇总信息。

7.1.2 报表的类型

Access 2003 提供的报表类型有 4 类:纵栏式报表、表格式报表、图表报表和标签报表。

1. 纵栏式报表

纵栏式是数据表中的字段名纵向排列的一种数据显示方式。纵栏式报表一般一页显示一条记录,每个字段都显示在一个独立的行上。图 7.2 所示就是学生表的纵栏式报表。

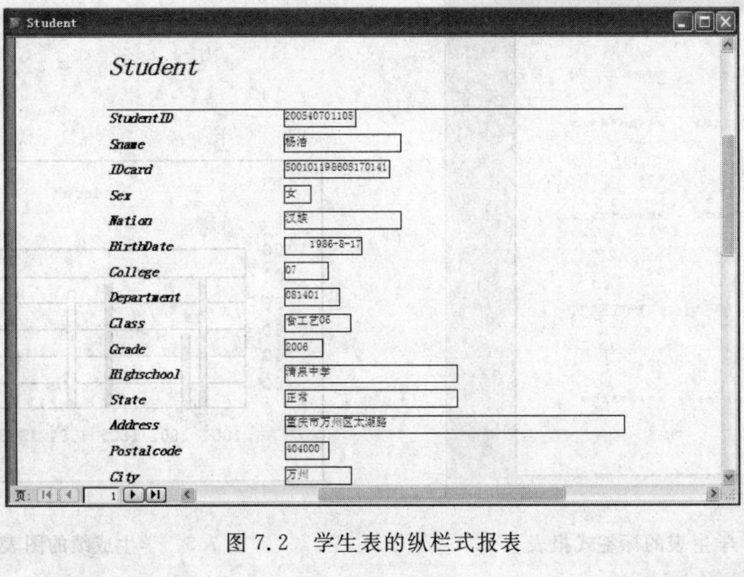

图 7.2 学生表的纵栏式报表

2. 表格式报表

表格式是字段名横向排列的数据显示方式。一般每个记录显示为一行,每个字段显示为一列,在一页中显示多条记录。图7.3所示就是学生表的表格式报表。

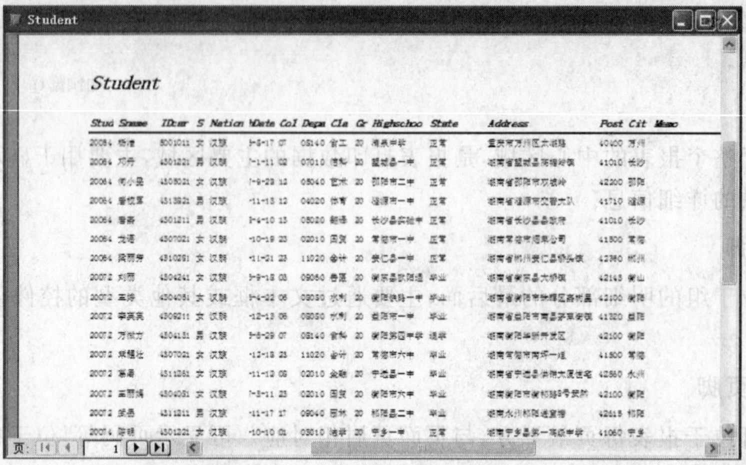

图7.3 学生表的表格式报表

3. 标签式报表

标签式是将每条记录中的数据按照标签的形式输出的数据显示方式,标签报表是报表的一种特殊形式,主要用于打印书签、名片、信封、邀请函等特殊用途,图7.4所示就是学生表的标签式报表。

4. 图表式报表

图表式报表是用图形来显示数据表中的数据或统计结果的数据显示方式,可以更直观地揭示数据之间的关系,图7.5所示为学生成绩的图表式报表。

图7.4 学生表的标签式报表

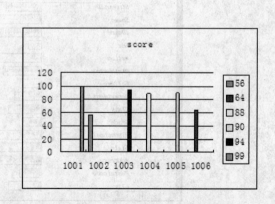

图7.5 学生成绩的图表式报表

7.1.3 报表的视图

Access 2003 的每个报表均有下列 3 种视图,即设计视图、打印预览和版面预览。设计视图可以创建报表或编辑已有报表的结构。打印预览用于查看将在报表的每一页上显示的数据。版面预览用于查看报表的版面设置。用户可以在任意视图中打开所需的报表,单击工具栏上的视图按钮可以任意更改视图。窗体工具栏中的视图列表如图 7.6 所示。

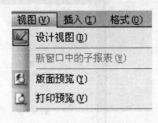

图 7.6 视图列表

7.2 创建报表

Access 2003 为用户提供了 5 种创建报表的方法,即利用自动报表、利用报表向导、利用图表向导、利用标签向导和利用设计视图创建报表。其中前 4 种用于创建简单的报表,后一种用于创建较为复杂的个性化的报表。

7.2.1 利用自动报表创建报表

利用自动报表创建报表是一种快速的创建报表的方法,这种方法可以创建一个包含表或查询所有字段的报表,通常有纵栏式和表格式两种。

下面以教师表为数据源,利用自动报表创建"教师"报表。具体操作步骤如下。

(1) 打开数据库,在数据窗口中选择报表为操作对象,单击新建按钮,打开"新建报表"对话框,如图 7.7 所示。

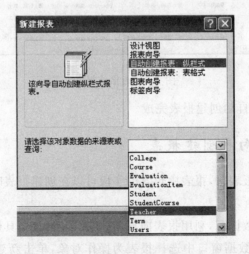

图 7.7 "新建报表"对话框

(2) 在新建对话框中,选择数据源,再选择"自动创建报表:纵栏式",系统将会自动创建一个纵栏式报表,如图 7.8 所示。如若选择"自动创建报表:表格式",系统将自动创建一个表格式报表,如图 7.9 所示。

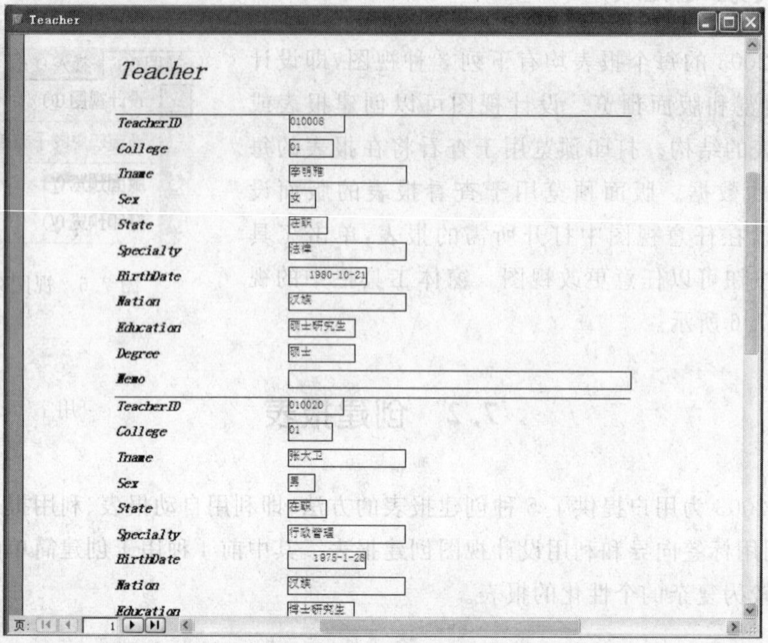

图 7.8 纵栏式报表

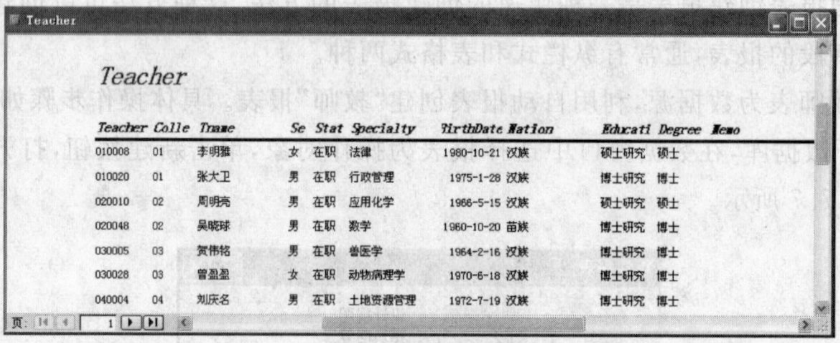

图 7.9 表格式报表

(3) 保存报表,至此自动创建报表完成。

7.2.2 利用报表向导创建报表

利用报表向导创建报表时,报表中包含的字段可以在创建报表时进行选择,此外还可以定义报表的布局及样式。

下面仍以教师表为数据源,利用报表向导创建"教师"报表。具体操作步骤如下。

(1) 打开数据库,在数据窗口中选择报表为操作对象,单击新建按钮,打开新建报表对话框,如图 7.10 所示。

(2) 在新建对话框中,选择数据源,再选择"报表向导",打开"报表向导"对话框,选择所用的字段(这里我们全选),如图 7.11 所示。

图 7.10 新建报表对话框

图 7.11 选择可用字段

（3）单击"下一步"，在"报表向导"对话框中，选择报表的分组级别，如图 7.12 所示
（4）单击"下一步"，在"报表向导"对话框中选择报表中数据的排列次序，如图 7.13 所示。

图 7.12 选择分组级别

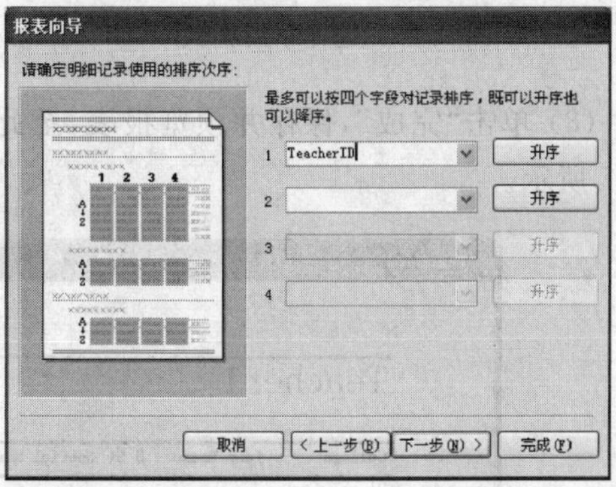

图 7.13 确定数据的排列次序

（5）单击"下一步"，在"报表向导"对话框中选择报表的布局方式，这里我们在"布局"中选择"阶梯"方式，在"方向"中选择"纵向"，如图 7.14 所示。

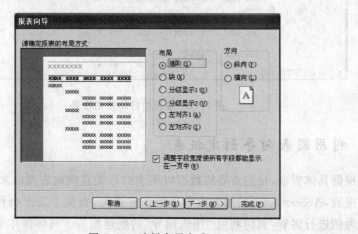
图 7.14 选择布局方式

(6)单击"下一步",在"报表向导"对话框中选择创建报表的样式,这里我们选择"大胆",如图 7.15 所示。

(7)单击"下一步",在"报表向导"对话框中为报表指定标题,这里我们指定标题名称为"Teacher1",如图 7.16 所示。

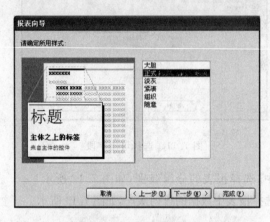
图 7.15　选择布局样式

图 7.16　指定报表的标题

(8)单击"完成",保存并预览报表,至此利用向导创建报表的过程结束,最终效果如图 7.17 所示。

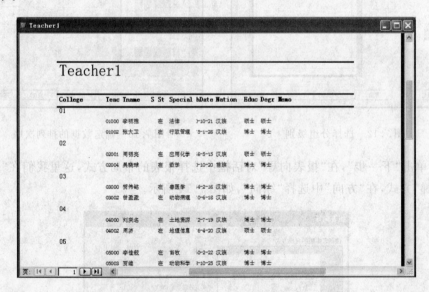
图 7.17　报表的打印预览效果

7.2.3　利用图表向导创建报表

有时根据具体需要,我们需要将数据以图表的形式直观地表现出来,这时可以利用图表向导创建报表,Access 2003 的图表向导功能非常强大,提供了二十余种图表供选择。下面以成绩表为例进行讲解,如何利用"图表向导"的创建报表。具体操作步骤如下。

(1) 打开数据库。
(2) 单击对象列表中的"报表"对象。
(3) 单击工具栏上的新建按钮,打开如图 7.18 所示,选择"图表向导"。
(4) 在数据源下拉列表中选择数据来源为"score",然后单击"确定"按钮,打开"图表向导"对话框,如图 7.19 所示。选择用于图表的字段,这里我们全选。

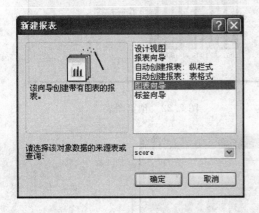

图 7.18　新建报表对话框

图 7.19　选择字段

(5) 单击"下一步"按钮,进入选择图表标类型对话框操作,如图 7.20 所示。

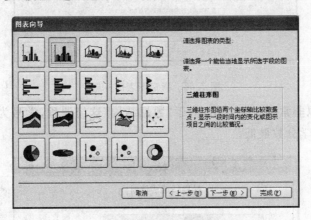

图 7.20　选择图表类型

Microsoft Access 2003 提供了二十余种图表,这里不再一一介绍,无论选择哪一个图表,在图表类型对话框右边都有其详细介绍。用户可以根据需要选择合适的图表类型。这里以"三维柱形图"为例介绍。

(6) 选择图表类型为"三维柱形图",单击"下一步"按钮,进入选择数据布局方式的对话框,如图 7.21 所示。可以通过预览图表的方式查看最终效果,如图 7.22 所示。

(7) 根据数据类型布局方式对话框右侧的提示进行所需要的操作,完成后单击"下一步"按钮,进入指定图表标题的操作,为图表标题报表指定名称后,我们指定标题为"数据结构成绩",如图 7.23 所示,为了完整的显示学号,这里我们在"请确定在向导创建完成图表之后所需的操作:"选择"修改报表或图表的设计"。单击"完成"按钮即可完成图表向导创建报表,如图 7.24 所示。

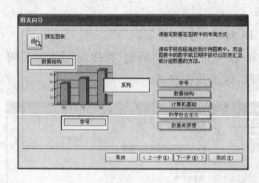

图 7.21 选择布局方式

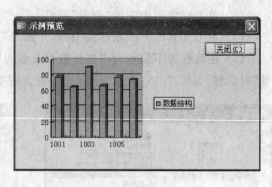

图 7.22 预览图表

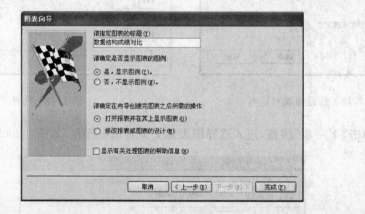

图 7.23 指定图表的标题

从图 7.24 可以非常直观地看出,对于"数据结构"这门课程,学号为 1003 同学分数最高,学号为 1002 同学分数最低。

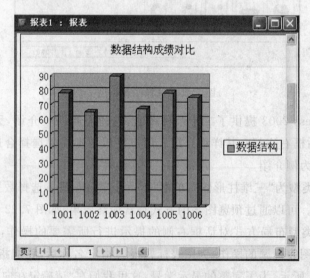

图 7.24 报表的最终效果

7.2.4 利用标签向导创建报表

利用标签向导创建的报表,可以将 Access 2003 中的数据以标签的形式表现出来。下面以学生表为数据源,讲解利用标签向导创建报表的步骤。

(1) 打开数据库。

(2) 单击对象列表中的"报表"对象。

(3) 单击工具栏上的新建按钮,打开如图 7.25 所示新建报表对话框,选择"标签向导"。

(4) 在数据源下拉列表中选择数据来源为"student",然后单击"确定"按钮,打开"标签向导"对话框,如图 7.26 所示,选择第二个列表选项,作为标签的尺寸。

(5) 单击"下一步"按钮,选择文本的字体和颜色,如图 7.27 所示。这里我们在"字体"列表中选择宋体,在"字号"列表中选择 10,在"字体粗细"列表中选择正常,其他各项保持默认值。

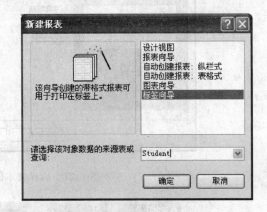

图 7.25 新建报表对话框

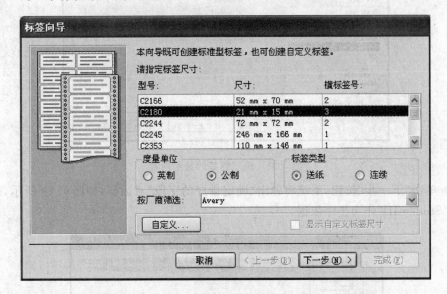

图 7.26 选择标签的尺寸

(6) 单击"下一步"按钮,系统将弹出"确定标签的显示内容"对话框,如图 7.27 所示,在"可用字段"列表中选择在标签上要显示的内容,单击按钮 >,将选中的字段添加到右边的"原型标签"中。这里我们选择"StudentID"、"Sname"和"Address"3 个字段。添加到"原型标签"中的字段会用大括号括起来,例如"StudentID"字段在"原型标签"中会显示为{StudentID}。在预览报表时,大括号和字符"StudentID"不会显示在报表中,实际上在报表中显示的是"StudentID"字段的每个值,即显示的是学号。

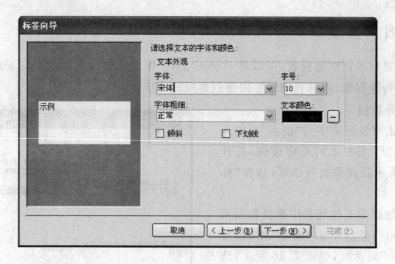

图 7.27 选择文本的字体和颜色

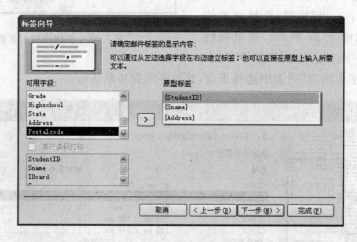

图 7.28 确定标签的显示内容

(7) 单击"下一步"按钮,系统将弹出"确定排序的字段"对话框,如图 7.29 所示,这里我们选择"StudentID"作为排序依据。

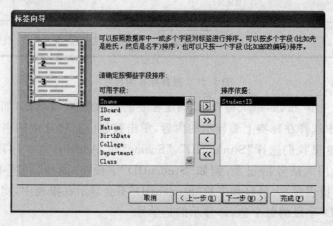

图 7.29 确定排序的字段

(8) 单击"下一步"按钮,系统将弹出"对当前创建的报表进行命名"对话框,如图 7.30 所示,这里我们把创建的报表命名为"利用标签向导创建学生报表",并选择"修改标签设计"选项,单击完成,系统将自动生成一个标签报表,最终效果如图 7.31 所示。

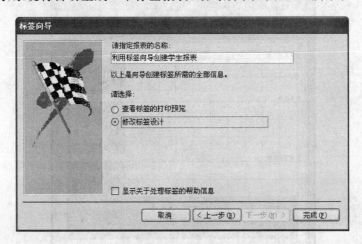

图 7.30 命名报表

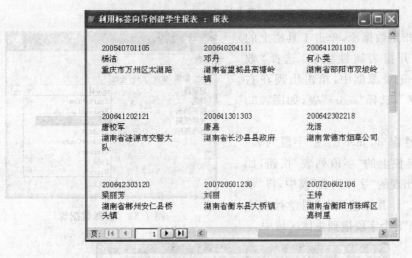

图 7.31 标签报表的预览效果

7.2.5 利用设计视图创建报表

上面介绍了 4 种创建报表的方法,但是这些方法创建出来的报表形式和内容相对来说比较单一,都是在系统的帮助下完成的,很多情况下并不能满足用户的需求。而利用"设计视图"创建报表可以按照设计者的意图,设计出个性化的以及能更好的满足用户需求的报表。

下面以成绩表为数据源,利用设计视图进行创建"计算成绩总分"的报表。具体创建步骤如下。

(1) 打开数据库,单击对象列表中的"报表",双击"在设计视图中创建报表",打开报表设计视图,如图 7.32 所示。

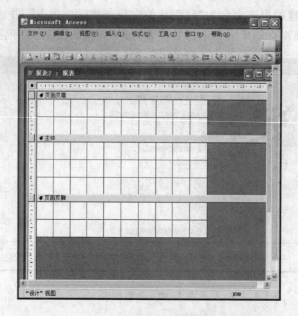

图 7.32 报表的设计窗口

(2) 为报表指定数据源,单击工具栏上的"属性"按钮,打开报表属性窗口,选择"数据",将光标置于记录源框中,单击出现在右侧的下拉箭头"▼",选择"score"表,如图 7.33 所示。

(3) 关闭属性窗口,如不出现"字段列表"窗口,则单击工具栏上的"字段列表"按钮,如图 7.34 所示,在出现的"字段列表"窗中,将"学号"、"数据结构"、"计算机基础"、"科学社会主义"、"数据库原理"5 个字段拖到主体区域中。

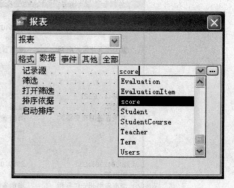

图 7.33 选择数据源

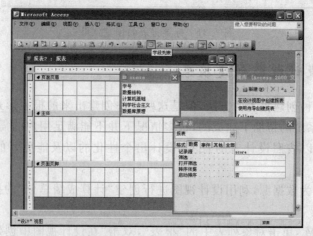

图 7.34 显示字段列表

(4)单击工具箱按钮,将工具箱显示出来。单击工具箱上的"文本"按钮 abl,在主体区域中的空白处单击,将出现一个带有标签的文本框,将标签中的内容改为"总分",如图7.35所示。

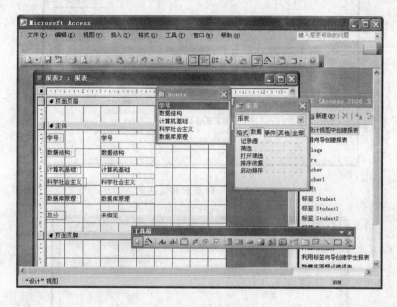

图 7.35 窗体布局

(5)在未绑定文本框上右击,在出现的弹出式菜单中选择"属性",再选择"数据"项,将光标定位于"控件来源"框中,单击右侧的"…"按钮,打开"表达式生成器",如图7.36所示。

图 7.36 表达式生成器

(6)在表达式生成器的左框中,选择正在创建的报表,通过中间框,将"数据结构"、"计算机基础"、"科学社会主义"、"数据库原理"分别选到上面的框中,构造出求总分的表达式,如图7.37所示,单击"确定",关闭表达式生成器。

(7)单击关闭按钮,保存对报表设计的更改,以"计算成绩总分"的名称保存报表。单击工具栏上"视图",可以预览报表,预览效果如图7.38所示。如果对所设计的报表不满意,可以通过对报表设计进行修改来完成。

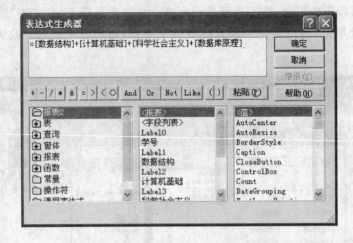

图 7.37 构造求和表达式

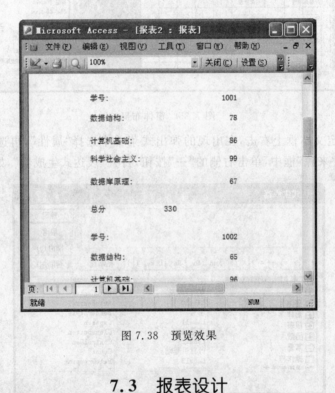

图 7.38 预览效果

7.3 报表设计

除了利用系统提供的创建报表的方法外,在很多情况下往往需要我们自己来完成报表的制作,下面介绍一下设计报表时需要掌握的一些基本工具。

7.3.1 报表设计工具

1. 工具箱

在设计报表时,工具箱起着非常重要的作用,Access 2003 给我们提供的工具箱如

图 7.39 所示,每个工具的详细介绍如下。

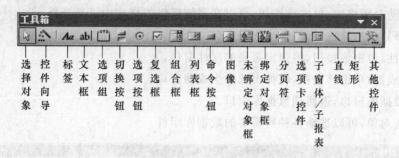

图 7.39 工具箱

(1) 选择对象,用于选定操作的对象。
(2) 控件向导,单击该按钮后,在使用其他控件时,即可在向导下完成。
(3) 标签,显示标题、说明文字。
(4) 文本框,用来在窗体、报表或数据访问页上显示输入或编辑数据,也可接受计算结果或用户输入。
(5) 选项组,显示一组限制性的选项值。
(6) 切换按钮,当表内数据具有逻辑性时,用来帮助数据的输入。
(7) 选项按钮,与切换按钮类似,属单选。
(8) 复选框,选中时,值为 1,取消时,值为 0。属多选。
(9) 组合框,包括了列表框和文本框的特性。
(10) 列表框,用来显示一个可滚动的数据列表。
(11) 命令按钮,用来执行某些活动。
(12) 图像,加入图片。
(13) 非绑定对象框,用来显示一些非绑定的 OLE 对象。
(14) 绑定对象框,用来显示一系列的图片。
(15) 分页符,用于定义多页数据表格的分页位置。
(16) 选项卡控件,创建带有选项卡的对话框。
(17) 子窗体/子报表,用于将其他表中的数据放置在当前报表中。
(18) 直线,画直线。
(19) 矩形,画矩形。
(20) 其他控件,显示 Access 2003 所有已加载的其他控件。

2. 工具栏

Access 报表设计工具栏位于其菜单栏之下,工具栏的作用是提供菜单栏中的那些常用功能选项的快捷使用方法。图 7.40 为 Access 报表设计中的常用工具栏。

(1) 视图,切换当前报表的显示状态。
(2) 打印预览,预先查看文档的打印效果。
(3) 字段列表,单击字段列表按钮可以显示出数据源表中包含的字段。
(4) 工具箱,单击工具箱按钮时,将出现或隐藏工具箱。

(5) 排序与分组,可以在报表中指定按某字段进行排序和分组。

(6) 自动套用格式,单击该按钮,可以在系统提供的格式中进行选择。

(7) 代码,单击该按钮,将弹出代码窗口。

(8) 属性,单击该按钮,将弹出报表的属性窗口。

(9) 生成器,单击该按钮,将弹出选择生成器窗口。

(10) 数据库窗口,返回到数据库窗口。

(11) 新对象,可以选择各种所需要的数据库组件。

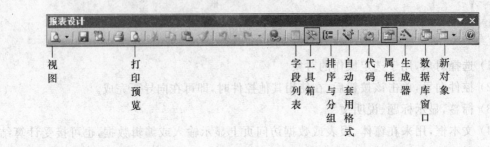

图 7.40 工具栏

7.3.2 报表的编辑

1. 修改报表的布局

(1) 调整控件的大小和位置

在报表设计过程中,如需调整控件的大小,可以按照下面的方法进行。

① 首先,通过单击选中需要调整大小的控件并移动鼠标指向控件的边界线。

② 其次,待光标形状变为双向箭头时,按住鼠标左键并拖动鼠标。

③ 最后,根据鼠标移动过程中显示的虚线框,动态地改变控件的大小。

如若改变控件的位置,我们可以按照下面的方法进行。

① 首先,通过单击选择需要移动位置的控件,控件一旦被选定,其周围会出现 8 个黑点。

② 其次,移动鼠标指向控件的左上角,此时会出现黑色的手形标志。

③ 最后,出现手形标志后,按住鼠标左键拖动控件到合适的位置即可。

(2) 调整对齐方式

在报表设计过程中,可以调整字段的对齐方式,具体操作为在"格式"菜单上,指向"对齐",然后单击下列命令之一:

① 靠左,将控件的左边缘与最左侧控件的左边缘对齐;

② 靠右,将控件的右边缘与最右侧控件的右边缘对齐;

③ 靠上,将控件的上边缘与最上端控件的上边缘对齐;

④ 靠下,将控件的下边缘与最下端控件的下边缘对齐;

⑤ 水平居中,对齐控件以使其相对于主要选定内容水平居中;

⑥ 垂直居中,对齐控件以使其相对于主要选定内容垂直居中。

（3）为控件更改字体颜色以及添加边框样式

在报表设计过程中，出于美工的角度，我们可以为控件添加边框和式样。具体操作方法如下。

① 选定需要进行操作的控件。

② 单击工具栏（如图 7.41 所示）中的"字体/字体颜色"按钮，在下拉列表中为控件内的字体选择一种颜色。

③ 单击工具栏中的"线条/边框颜色"按钮，在下拉列表中为边框选择一种颜色。

④ 单击工具栏中的"线条/边框宽度"按钮，在下拉列表中为边框选择一种宽度。

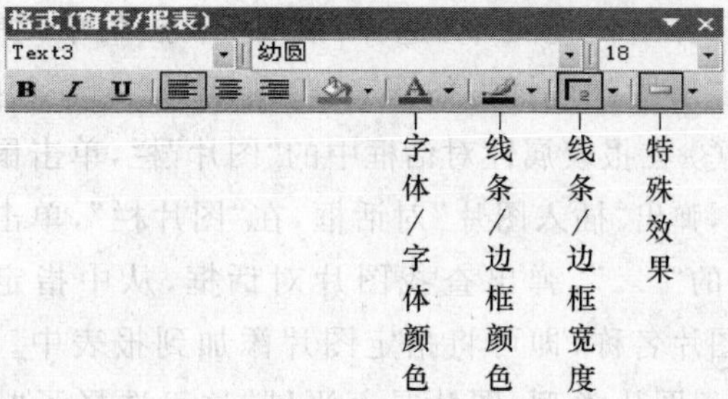

⑤ 单击工具栏中的"特殊效果"按钮，在下拉列表中为边框选择一种特殊效果。

图 7.41 工具栏

2. 在报表中添加背景图案

给报表加入背景图片，可以起到美化报表效果的作用。下面以学生成绩表为例进行介绍。首先在数据库窗口，复制一个与名为"计算成绩总分"内容一样的报表，并重命名为"添加背景图案的计算成绩总分报表"。

① 打开名为"添加背景图案的报表"的设计视图，如图 7.42 所示。

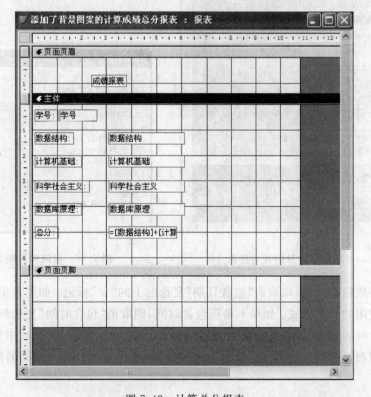

图 7.42 计算总分报表

② 添加背景图案,需对整个报表设置属性。使用鼠标左键单击报表左上角的小方块,使其弹出黑色小方块,再使用鼠标指向黑色小方块,单击右键,弹出快捷菜单,选择"属性"下拉菜单,弹出报表"属性"对话框,如图 7.43 所示。

③ 在报表属性对话框中的"图片"栏,单击鼠标左键,弹出"插入图片"对话框,在"图片栏",单击右下脚的"...",弹出查找图片对话框,从中指定位置、图片名称,即可将指定图片添加到报表中。还可设置图片类型、图片是否平铺,这里选择了"是"平铺。效果如图 7.44 所示。

3. 添加日期时间

打开设计视图,在菜单栏单击"插入",选择"日期和时间",将弹出日期和时间对话框,如图 7.45 所示。

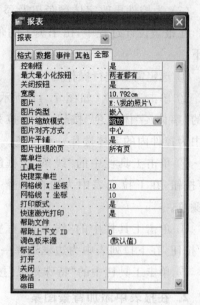

图 7.43 报表属性对话框

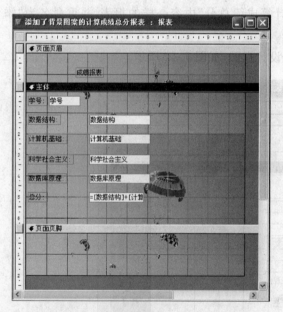

图 7.44 添加了背景图片的报表

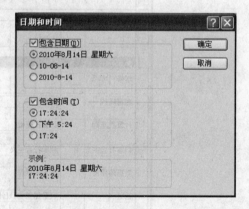

图 7.45 时间和日期对话框

如果不希望包含日期,则取消"包含日期"复选框上的"√"标记;如果希望包含日期,那么就要选择使用的日期格式。如果不希望包含时间,则取消"包含时间"复选框上"√"标记;如果希望包含时间,那么就要选择使用的时间格式。对话框的"示例"区域中显示以选定格式呈现的日期和时间信息的示例。单击"确定"按钮,则选定的日期和时间的信息被添加到报表上。

4. 添加"页码"和"分页符"

为设计的报表添加页码的方法为:打开需要添加页码的报表设计视图,选择菜单栏中的"插入",在下拉列表中选择"页码"选项,系统弹出"页码"对话框,如图 7.46 所示。

在对话框中,根据设计的需要选择相应的页码"格式"、"位置"和"对齐"方式。其中"对齐"方式有左、中、右、内、外 5 种方式。

① 左:在左页边距添加文本框。
② 中:在左、右页的中间添加文本框。
③ 右:在右页边距添加文本框。
④ 内:在左、右页边距之间添加文本框,奇数页打印在左侧,偶数页打印在右侧。
⑤ 外:在左、右页边距之间添加文本框,偶数页打印在左侧,奇数页打印在右侧。

如果需要在首页显示页面,那么需要选择"首页显示页码"复选框。

图 7.46 页码对话框

5. 在报表中绘制直线

在报表中绘制直线的方法为:首先打开报表的设计视图,然后在工具箱中选定"直线"控件,移动光标到需要创建直线的位置,按住鼠标左键拖动,最后释放,即可绘制一条直线,如图 7.47 所示。

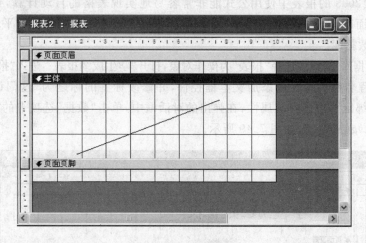

图 7.47 绘制直线

在绘制好直线后,如需调整线条的长度或方向,可以单击选中线条,同时按住 Shift 键和相应的方向键来实现。如需调整位置,则可同时按下 Ctrl 键和相应的方向键来实现。如需给线条添加样式,可以利用工具栏中的"线条/边框宽度"来实现。

6. 在报表中绘制矩形

绘制矩形的方法和绘制直线的方法差不多,具体为:打开报表的设计视图,在工具箱中选择"矩形",移动光标到需要创建矩形的位置,按住鼠标左键拖动,最后释放,即可完成矩形的创建工作,如图 7.48 所示。

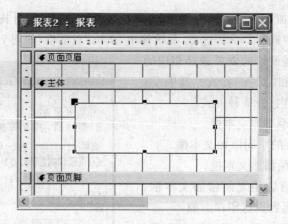

图 7.48 绘制矩形

在绘制好矩形后,如需调整矩形的大小,可以单击选中矩形,同时按住 Shift 键和相应的方向键来实现。如需调整位置,则可同时按下 Ctrl 键和相应的方向键来实现。如需给矩形添加效果,可以利用工具栏中的"特殊效果"来实现。如需改变矩形的宽度,可以利用工具栏中的"线条/边框宽度"来实现。如需改变矩形的颜色,则可通过利用工具栏中的"线条/边框颜色"来实现。

7. 在报表中添加公式

在 Access 2003 的报表中使用公式能非常容易地实现表格的自动计算,帮助我们完成很多任务。下面以"学生成绩报表"为例讲解如何添加公式来求每门课程的平均分。

(1) 打开数据库。

(2) 在"数据库"窗口中选择"报表"为操作对象,打开"学生成绩报表",进入"报表设计"窗口。

(3) 在课程名称页脚区域添加文本框控件,并修改标签的标题为"这门课程的平均分为:",选定"未绑定",单击右键属性,在弹出的对话框中,单击"数据"选项卡的"控件来源"选项设置为"=Avg(成绩)",如图 7.49 所示。

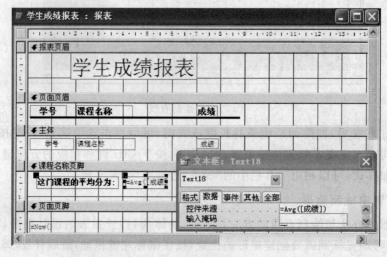

图 7.49 设计视图及属性对话框

(4) 关闭对话框。预览报表，效果如图 7.50 所示。

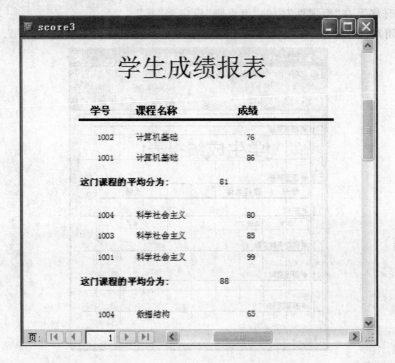

图 7.50 报表的打印预览效果

我们可以看到，系统在显示完"计算机基础"这门课程后，对选修了该门课程的同学求这门课程的平均分，接下来求"科学社会主义"这门课程的平均分。

8．在报表中使用排序和分组

排序可以清晰地反映出数据变化的规律性，分组可以将数据分类，便于完成某一类数据的统计工作，因此，排序和分组在报表设计中起着重要的作用。下面以"学生成绩报表"为例介绍在报表中使用排序和分组的操作方法，具体操作如下。

（1）打开数据库。

（2）在"数据库"窗口中选择"报表"为操作对象，打开"学生成绩报表"，进入设计视图窗口。

（3）在工具栏中单击"排序和分组"的图标按钮，打开"排序和分组"的对话框，如图 7.51 所示。

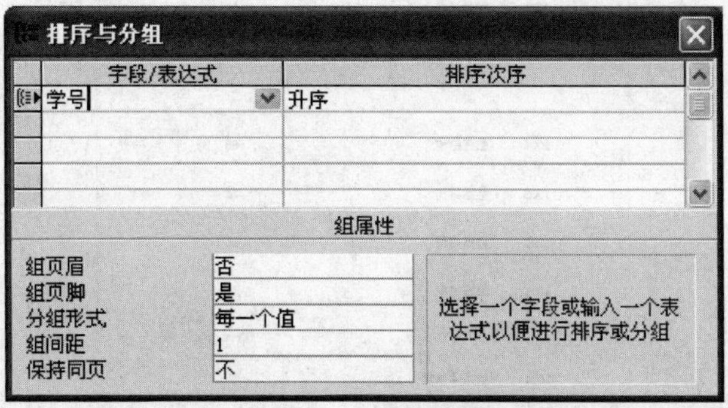

图 7.51 排序与分组对话框

(4) 单击"字段/表达式"下面的单元格,在下拉列表中选择"课程名称"字段,在"排序次序"中选择"升序",在"组属性"中的"组页脚"设定为"是"。

(5) 关闭对话框,此时在设计视图中增加了一个课程名称页脚区域,如图 7.52 所示。

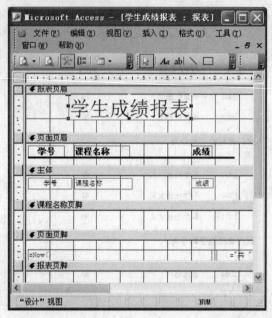

图 7.52　增加了课程名称页脚的设计视图

(6) 单击"视图"按钮,进入预览视图状态,系统将根据上面的设置自动将需要的数据记录按照课程名称进行排序和分组。系统在显示完"计算机基础"课程的记录后,自动留出空白距离,接着显示"科学社会主义"、"数据结构"、"数据库原理",如图 7.53 所示。

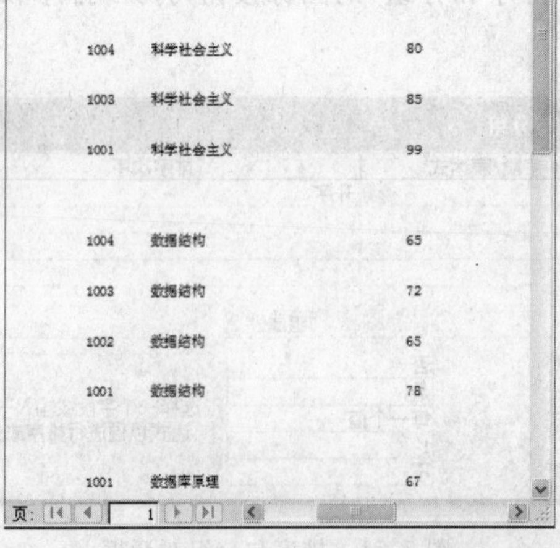

图 7.53　进行排序和分组后的打印预览视图

7.4 报表打印输出

7.4.1 报表的页面设置

在打印之前,先要进行页面的设置。首先将鼠标移动到窗口的主菜单上,单击"文件"按钮,然后在弹出的菜单中单击"页面设置"项,这时会弹出一个页面设置对话框,如图 7.54 所示。

在对话框中我们可以设定打印纸的一些属性。第一个标签"边距"中的页边距是打印纸上四周需要空出来的位置。第二个标签"页"中,打印方向就是要打印的内容是横向还是竖向打印,而打印纸就是指打印时要用到几号纸。第三个标签"列"中,可以建立多列"报表",可以在"列数"对应的文本框中输入我们将把页面分成几列,并且通过"列间距"改变列之间的距离,使用列尺寸中的宽度和高度文本框输入数字的方法来定义列的尺寸。而且可以通过列布局中的两个选项来确定在打印纸上打印出来的一组数据是按照什么样的布局方式进行放置的。完成这些设置后,就可以开始打印预览了。

图 7.54 页面设置

7.4.2 报表的预览

报表是专门为打印而设计的,当设计完一个报表后,单击数据库窗口中的"打印预览"按钮,就可以预览所创建的报表。如果感到预览窗口太大或太小,可以通过工具栏上的按钮来调整显示的比例到满意的效果为止。打印预览功能按钮如图 7.55 所示。

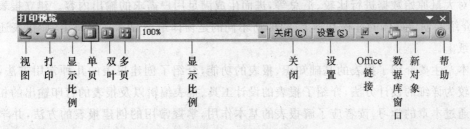

图 7.55 打印预览功能

表 7.1　打印预览按钮功能表

按钮名称	用途	按钮名称	用途
视图	切换报表的状态	关闭	关闭打印预览窗口
打印	单击时弹出"打印"对话框,并打印当前报表	设置	单击时弹出"页面设置"对话框
显示比例	改变报表预览时的显示比例大小	Office 链接	链接到 Word 或 Excel
单页	在同一窗口中显示一页	数据库窗口	切换到数据库窗口
双页	在同一窗口中显示两页	新对象	建立其他新的数据库对象
多页	在同一窗口中显示多页	帮助	启动帮助系统
显示比例	显示出当前报表的显示比例		

7.4.3　报表的打印

打印报表的步骤如下。

(1) 在任何一种视图中打开报表。
(2) 选择"文件"菜单中"页面设置"命令。
(3) 单击下列选项卡,设置所需要的选项。
(4) 选择"文件"菜单中单击"打印"命令。
(5) 在"打印"对话框中进行以下设置:
① 在"打印机"选项下,指定打印机;
② 在"打印范围"选项下,指定打印所有页或者确定打印页的范围;
③ 在"份数"选项下,指定复制的份数和是否需要对其进行分页。
(6) 设置完成后,单击"确定"按钮,即可打印。

7.5　本章小结

　　报表是一种以打印格式显示数据的有效方法,其数据来源一般都绑定到数据库中的一个或多个表和查询中。报表不仅提供和窗体类似的编辑数据的方法,而且还提供打印功能,并可对大量原始数据进行比较、汇总等,进而生成满足用户需求的输出内容。建立报表和第 6 章介绍的创建窗体的过程基本上一样,所不同的是窗体最终显示在屏幕上,而报表还能打印到纸上。

　　本章主要介绍了报表的基础知识、报表的功能,介绍了创建报表的几种常用方法,并给出了较为详细的设计方法,介绍了报表的设计工具、报表编辑以及报表的打印输出的相关知识。通过本章的学习,读者应了解报表的基本作用,掌握常用的创建报表的方法,并学会如何预览和打印报表。

习题七

一、单项选择题

1. 以下叙述中正确的是（　　）。
   A. 报表只能输入数据　　　　　　B. 报表只能输出数据
   C. 报表可以输入和输出数据　　　D. 报表不能输入和输出数据
2. 要实现报表的分组统计，正确的操作区域是（　　）。
   A. 报表页眉或报表页脚区域　　　B. 页面页眉或页面页脚区域
   C. 组页眉或组页脚区域　　　　　D. 主体区域
3. 关于设置报表数据源，下列叙述中正确的是（　　）。
   A. 可以是任意对象　　　　　　　B. 只能是表对象
   C. 只能是查询对象　　　　　　　D. 只能是表对象或查询对象
4. 要设置只在报表最后一页主体内容之后输出规定的内容，正确的设置是（　　）。
   A. 报表页眉　　B. 报表页脚　　C. 页面页眉　　D. 页面页脚
5. 在报表设计中，以下可以做绑定控件显示字段数据的是（　　）。
   A. 文本框　　　B. 标签　　　　C. 命令按钮　　D. 图像
6. 通过（　　）格式，可以一次性更改报表中所有文本的字体、字号及线条粗细等外观属性。
   A. 自动套用　　B. 自定义　　　C. 自创建　　　D. 图表
7. 在报表中，要计算"数学"字段的最高分，应将控件的"控件来源"属性设置为（　　）。
   A. ＝Max：（[数学]）　　　　　　B. Max（数学）
   C. ＝Max[数学]　　　　　　　　 D. ＝Max（数学）
8. 要实现报表按某字段分组统计输出，需要设置（　　）。
   A. 报表页脚　　　　　　　　　　B. 该字段组页脚
   C. 主体　　　　　　　　　　　　D. 页面页脚
9. 要显示格式为"页码/总页数"的页码，应当设置文本框的控件来源属性是（　　）。
   A. [Page]/[Pages]　　　　　　　B. ＝[Page]/[Pages]
   C. [Page]&"/"&[Pages]　　　　　D. ＝[Page]&"/"&[Pages]
10. 如果设置报表上某个文本框的控件来源属性为"＝3*4+2"，则打开报表视图时，该文本框显示信息是（　　）。
    A. 未绑定　　　B. 出错　　　　C. 3*4+　　　　D. 14
11. 要设置在报表每一页的顶部都输出的信息，需要设置（　　）。
    A. 报表页眉　　B. 报表页脚　　C. 页面页眉　　D. 页面页脚
12. 创建报表时，可以设置（　　）对记录进行排序。
    A. 字段　　　　B. 表达式　　　C. 字段表达式　D. 关键字
13. 报表不能完成的工作是（　　）。

A. 分组数据　　　B. 汇总数据　　　C. 格式化数据　　　D. 输入数据

14. 报表与窗体的主要区别在于（　　）。

A. 窗体和报表中都可以输入数据

B. 窗体可以输入数据，而报表中不能输入数据

C. 窗体和报表中都不可以输入数据

D. 窗体中不可以输入数据，而报表中能输入数据

15. 可以更直观地表示出数据之间的关系的报表是（　　）。

A. 纵栏式报表　　B. 表格式报表　　C. 图表报表　　　D. 标签报表

16. 如果想制作标签，利用（　　）向导进行较为迅速。

A. 图表　　　　　B. 标签　　　　　C. 报表　　　　　D. 纵栏式报表

17. 以下说法正确的是（　　）。

A. 页面页眉中的内容只能在报表的开始处打印

B. 如果想在每一页上都打印出标题，可以将标题移动到页面页眉中

C. 在设计报表时，页眉和页脚分别添加

D. 使用报表可以打印各种发票、订单、信封

18. 报表有3种视图：设计视图、打印视图和（　　）。

A. 版面视图　　　B. 页面视图　　　C. 页脚视图　　　D. 主体视图

19. 在 Access 2003 中，根据报表的形式可以大致分为纵栏式报表、（　　）和标签报表三类。

A. 子报表　　　　B. 分页式报表　　C. 表格式报表　　D. 设计报表

20. 打印对话框分成3部分：（　　）、打印范围和份数。

A. 页面设置　　　B. 打印机　　　　C. 版权　　　　　D. 副本

二、判断题

1. 使用报表，可以控制报表上所有内容的大小和外观，可以按照所需要的方式显示要查看的信息。（　　）

2. 报表既可以在屏幕上输出，也可以传送到打印设备。（　　）

3. 报表中的所有内容是从基础表、查询或 SQL 语句中获得的。（　　）

4. 在报表中可以对数据进行操作，例如，对数据输入、修改、删除等，但是在窗体中不可以对数据进行输入等操作。（　　）

5. 报表和窗体不一样，窗体可以生成子窗体，但报表不能生成子报表。（　　）

6. 报表最多只能包含5个节。（　　）

7. 表格式报表是在每页中从上到下按字段打印一条或多条记录的一种报表，其中每个字段占一行。（　　）

8. 在报表的"打印预览"视图中，一个窗口最多可以查看3页报表。（　　）

三、简答题

1. 什么是报表，报表有什么作用？

2. 报表由哪几个部分组成，每部分主要放置什么内容，一般处于什么位置？

3. 报表的类型有哪些?
4. 创建报表的方法有哪些?
5. 如何使用"设计"视图创建一个报表?

四、操作题

在"教学管理"数据库中,有个"学生成绩"表,如图 7.56 所示。根据此表设计如表 7.2 所示的"成绩统计表"报表。

图 7.56 学生成绩表

表 7.2 成绩统计表

学生 ID	数学	英语	计算机	平均
1	80	90	89	××
2	78	87	87	××
平均	××	××	××	××

第 8 章 宏的应用

Access 中的宏是指一些操作命令的集合，其中每个操作完成如打开和关闭窗体、显示和隐藏工具栏等一些简单重复的功能。在数据库打开后，宏可以自动完成一系列操作。使用宏非常方便，不需要记住各种语法，也不需要编程，只需利用几个简单宏操作就可以对数据库完成一系列的操作，宏实现的中间过程完全是自动的，从而极大地提高工作效率。本章介绍宏的相关内容，包括宏的概念、创建宏和运行宏等。

8.1 宏的基本概念

8.1.1 宏和宏组概述

宏是 Access 数据库对象之一，它和表、窗体、查询、报表等其他数据库对象一样，拥有单独的名称。宏的定义就是用来自动完成特定任务的操作和操作集，即宏是一个或多个操作的集合，其中每一个操作实现特定的功能。例如，打开某个窗体或打印某个报表的操作都可以称为一个宏。宏的主要功能如下。

(1) 可以替代用户执行重复的任务，节约用户时间。
(2) 可以使数据库中的各个对象联系得更加紧密。
(3) 可以显示警告信息窗口。
(4) 可以为窗体制作菜单，为菜单指定某些操作。
(5) 可以把筛选程序加到记录中，提高记录的查找速度。
(6) 可以实现数据在应用程序之间的传送。
(7) 宏组是多个宏的集合，如果要在一个位置上将几个相关的宏构成一个组，而又不希望单独运行，则可以将它们组织起来构成一个宏组，宏组中的每一个宏单独运行，互相没有关联。

8.1.2 宏设计视图

要想创建宏，首先要打开宏的设计窗口，其操作步骤如下。
(1) 在当前数据库窗口，选择宏对象。
(2) 单击工具栏的"新建"按钮。

完成上述操作后,出现如图 8.1 所示的宏设计窗口,其分为上下两部分,与 Access 表的设计视图结构一样,在窗口的上半部分显示"操作"和"注释"两列,窗口下半部分为"操作参数"。

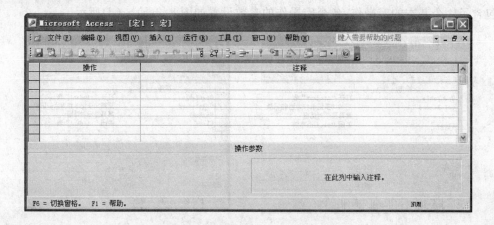

图 8.1　宏的设计视图

在宏的设计窗口中,"操作"指定宏要执行的操作,可以给每一个宏指定一个或多个宏操作;"注释"用来帮助说明每一个操作的功能,以便使宏易于理解;"操作参数"用来设置操作的参数,以控制操作的执行方式。当上半部分指定完成的操作不同时,"操作参数"列表框设置的操作参数也不相同。

8.2　宏的创建

在 Access 2003 数据库中,宏的创建要用到宏视图,在该视图中创建宏有两种不同的方法,第一种方法是单击"操作"列,然后在宏操作名下拉列表中选择所需要的宏操作名,该方法适用于所有的宏操作;第二种方法是通过拖曳数据库对象的方法来添加与之对应的宏操作。本书只介绍第一种方法。

8.2.1　创建宏的过程

(1) 在"数据库"窗口中,单击"对象"下的"宏"按钮。
(2) 单击"数据库"窗口工具栏的"新建"按钮。
(3) 单击"操作"字段的第一个单元格,然后再单击箭头以显示操作列表。
(4) 选择要使用的操作。
(5) 输入操作的说明。说明不是必选的,但可以使宏更易于理解和维护。
(6) 在操作参数部分根据需要设置相应的参数。
(7) 如果要在一个宏内添加更多的操作,和上述步骤一样。Access 将按照操作列表的顺序执行操作。

8.2.2 宏的创建实例

例 8.1 创建如图 8.2 所示的宏。假设要创建的宏名为"记录定位宏",在这个宏中先后包含了 4 个基本的宏操作,各个宏操作的参数设置如图 8.2(a)~(d)所示。

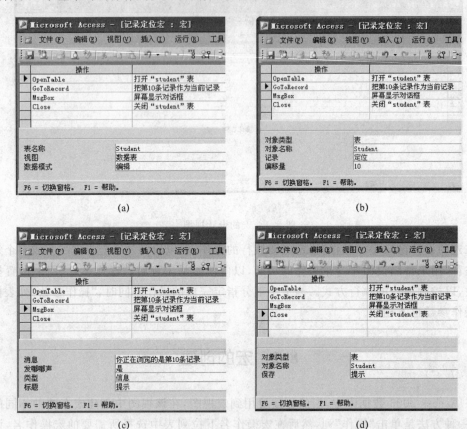

图 8.2 例 8.1 要求创建的宏的内容

本例的运行结果如图 8.3 所示,设计时所用的各个宏操作参数如表 8.1 所示。

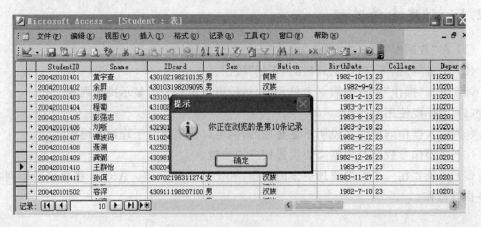

图 8.3 例 8.1 宏的运行结果

表 8.1　例 8.1 中宏操作的参数设置

宏操作	所对应的操作参数
OpenTable	学生、数据表、编辑
GotoRecord	表、student、定位、3
Msgbox	您正在浏览的是第 3 条数据、是、信息、提示
Close	表、student、提示

本例创建宏的具体步骤如下。

（1）打开"学生选课系统"数据库文件。

（2）在数据库窗口中选择"宏"选项为操作对象，然后单击"新建"按钮，如图 8.4 所示。

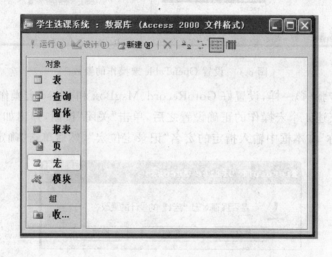

图 8.4　单击"宏"对象中的"新建"按钮

（3）在宏视图中，单击第一个空白行中的"操作"列，在随后出现的宏操作下拉列表中选择 OpenTable 选项，如图 8.5 所示。

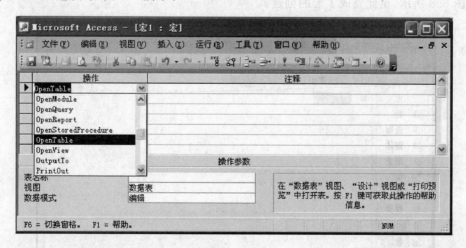

图 8.5　从宏操作名下拉列表中选择 OpenTable 选项

(4) 在 OpenTable 宏操作中的"注释"列中输入"打开学生表",然后单击该窗口下半部分(即参数设置区)中的"表名称"下拉列表框,在下拉列表中选择"学生"表,其他参数保持默认值,如图 8.6 所示。

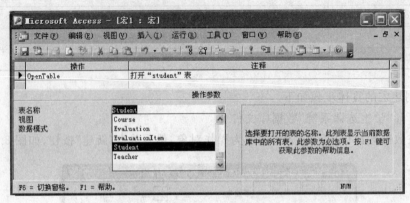

图 8.6 设置 OpenTable 宏操作的参数

(5) 然后和步骤(4)一样,设置好 GotoRecord、MsgBox 和 Close 宏操作的相关参数。

(6) 完成了上述 4 个宏操作的正确设置之后,单击"关闭"按钮,弹出如图 8.7 所示保存对话框,在"宏名称"文本框中输入指定的宏名"记录定位宏",然后单击"确定"按钮。

图 8.7 确定是否保存对宏的修改

(8) 此时返回到数据库窗口,可以看到在"宏"对象中出现了"记录定位宏"这个新建的宏,如图 8.8 所示,至此完成了宏的创建。

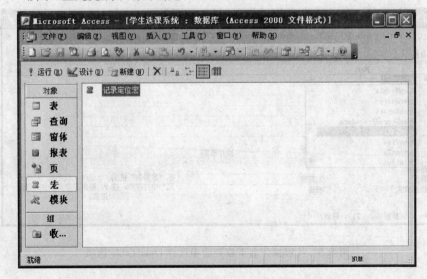

图 8.8 "记录定位宏"宏创建完成

本例中的宏创建完成之后,若想查看它的执行结果,只需要在数据库窗口中选择"宏"对象,然后双击"记录定位宏"图标,运行结果如图 8.2 所示。

8.2.3 宏组的创建

宏组是宏的集合,其中包含若干个宏。为了在宏组中区分各个不同的宏,需要为每一个宏指定一个宏名。通常情况下,如果存在着许多宏,最好将相关的宏分到不同的宏组,这样将有助于数据库的管理。我们可以把宏组理解为文件夹,而把宏组的每一个宏理解为文件夹中的每一个文件。使用宏组既可以增加控制,又可以减少编制宏的工作量。用户也可以通过引用宏组中的"宏名"(宏组名.宏名)执行宏组中的一部分宏。在执行宏组中的宏时,Access 系统将按顺序执行"宏名"列中的宏所设置的操作以及紧跟在后面的"宏名"列为空的操作。

在宏组中,为了方便调用,每个宏需要有一个名称。宏的设计窗口中,宏名的默认状态是关闭的,在创建宏组过程中需要先将宏名列打开,然后将每个宏的名字加入到它的第一项操作左边的宏名列中,第一个宏名代表一个宏。宏组的创建步骤如下。

(1) 在"数据库"窗口中,单击"对象"下的"宏"按钮。
(2) 单击"数据库"窗口工具栏的"新建"按钮。
(3) 单击状态栏中的"宏名"按钮,在宏设计窗口中出现"宏名"列。
(4) 在"宏名"栏内,输入宏组中的第一个宏名字。
(5) 添加需要宏执行的操作。在一个宏中可以包含一个或者多个操作。

如果需要在宏组内包含其他的宏,重复步骤(4)~(5)即可。

例 8.2 创建一个名为"宏组示范"的宏组(如图 8.9 所示),要求在这个宏组中设计包含 2 个宏,分别是"记录定位"宏和"系统封面窗体"宏,各个操作参数如表 8.2 所示。

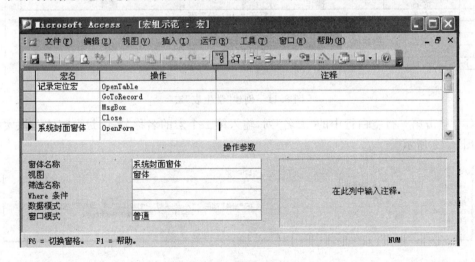

图 8.9 例 8.2 所创建的宏组

表 8.2　例 8.2 中"宏组示范"宏组的参数设置

宏名	操作	所对应的操作参数
记录定位	OpenTable	学生、数据表、编辑
	GotoRecord	表、student、定位、3
	Msgbox	您正在浏览的是第 3 条数据、是、信息、提示
	Close	表、student、提示
系统封面窗体	OpenForm	系统封面窗体、窗体、(空)、(空)、(空)和普通

具体操作步骤如下。

(1) 打开"学生选课系统"数据库文件。

(2) 在数据库窗口选择"宏"对象,然后单击"新建"按钮。

(3) 单击"宏设计"工具栏上的"宏名"按钮,或者单击"视图"→"宏名"命令,在宏设计视图中设置显示"宏名"列,如图 8.10 所示。

图 8.10　视图中出现"宏名"列

(4) 单击第一行空白中的"宏名",输入第一个宏的名称"记录定位表",按照上述宏创建过程创建,创建完成后如图 8.11 所示。

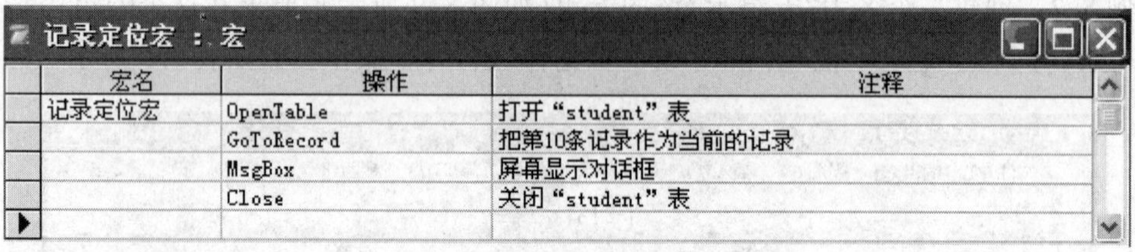

图 8.11　创建"学生表"宏

(5) 单击第 5 行空白行中的"宏名"列,输入第二个宏的名称"系统封面窗体",该宏的参数如图 8.12 所示。

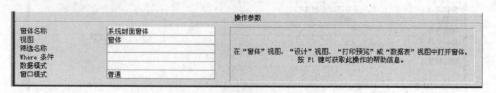

图 8.12　创建"系统封面窗体"宏

(6) 单击"宏设计"工具栏上的"保存"按钮,保存为"宏组示范"宏组名,至此"宏组示范"宏组就创建完毕。

单个宏的创建与执行在前面的内容中已经介绍过了,那么宏组在创建完成之后,又是如何使用的呢?下面来看一个例子。

例 8.3 创建一个名为"宏组的使用示范"的窗体(如图 8.13 所示),该窗体包括两个命令按钮,并通过这两个命令按钮分别调用由例 8.2 所创建的宏组"宏组示范"。

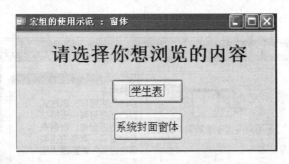

图 8.13 例 8.3 创建的窗体

在创建完成的"宏组的使用示范"窗体中,单击"记录定位"按钮,打开如图 8.14 所示窗口,单击"系统封面窗体"按钮打开如图 8.15 所示的窗口。

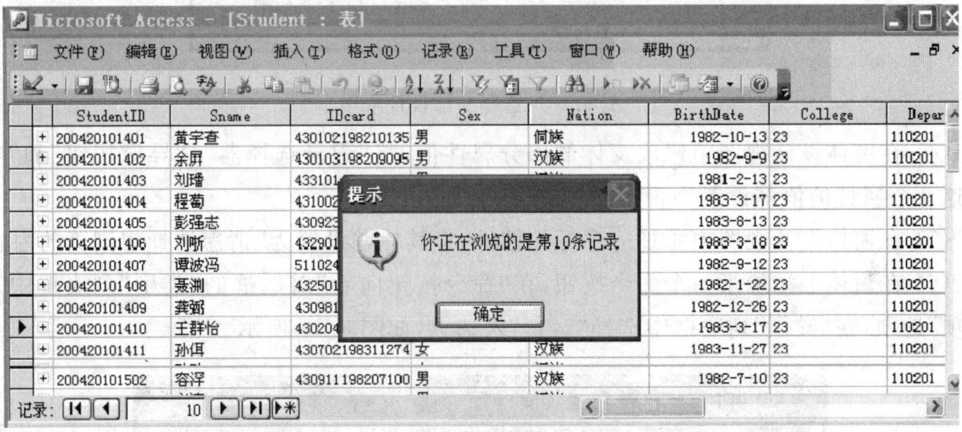

图 8.14 单击"学生表"按钮后出现的窗口

图 8.15 单击"系统封面窗体"按钮后出现的窗口

具体操作步骤如下。

(1) 打开"学生选课系统"数据库文件。

(2) 在数据库窗口中选择"窗体"对象,单击"新建"按钮。

(3) 在"新建窗体"对话框中选择"设计视图"选项,直接单击"确定"按钮,如图 8.16 所示。

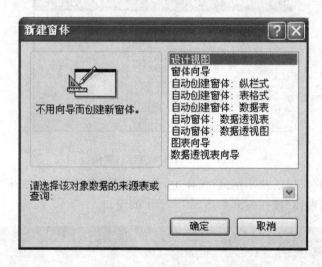

图 8.16　选择窗体设计视图

(4) 在窗体设计视图中修改窗体的部分属性值,将"记录选择器"、"导航按钮"和"分隔线"这 3 个属性的值都设置为否。

(5) 在窗体设计视图中添加一个标签控件,将其标题设置为"请您选择想浏览的内容"。

(6) 在窗体上添加第一个命令按钮,在"命令按钮向导"对话框的"类别"列表框中选择"杂项"选项,在"操作"列表框中选择"运行"宏选页,如图 8.17 所示。

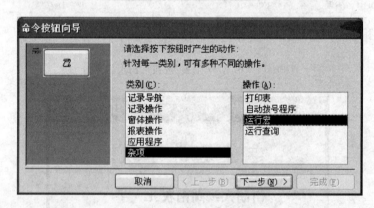

图 8.17　添加第一个命令按钮之向导一

(6) 单击"下一步"按钮,在"请确定命令按钮运行的宏"列表框中选择"宏组示范.记录定位宏"选项,如图 8.18 所示。

(7) 单击"下一步"按钮,选中"文本"单选按钮,输入第一个按钮上的文字"学生表",如图 8.19 所示,最后单击"完成"按钮,至此第一个按钮设置完毕。

图 8.18 添加第一个命令按钮之向导二

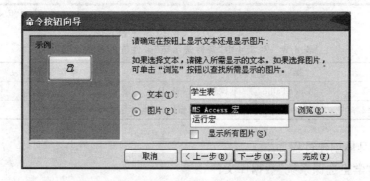

图 8.19 添加第一个命令按钮之向导三

(8) 重复上述步骤,完成第二个命令按钮的设置。
(9) 完成设计的窗体如图 8.20 所示,最后将窗体命名为"宏组的使用示范"加以保存。

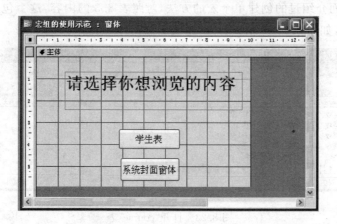

图 8.20 例 8.3 的窗体设计视图

8.2.4 创建条件宏

在有些情况下,可能希望当一些特定条件为真时才能在宏中执行一个或多个操作。例如,通过宏与用户进行交互,询问用户是否需要执行下一步操作,这时,就可以使用条件来控制宏的执行流程,也就是要创新条件宏。

例 8.4 创建一个图 8.21 所示的名为"条件宏示范"的条件宏,相关操作参数的设置如表 8.3 所示。

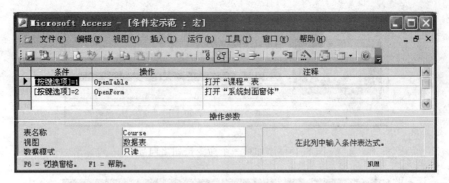

图 8.21 例 8.4 创建的条件宏

表 8.3 例 8.4 中"条件宏示范"条件宏的参数设置

条 件	操 作	所对应的操作参数
[按键选项]=1	OpenTable	课程、数据表、只读
[按键选项]=2	OpenForm	系统封面窗体、窗体、(空)、(空)、(空)和普通

条件宏的具体创建过程如下。

(1) 打开"学生选课系统"数据库文件。

(2) 在数据库窗口中选择"宏"对象,然后单击"新建"按钮。

(3) 单击"宏条件"工具栏上的"条件"按钮,或者单击"视图"→"条件"命令,此时宏窗口中显示"条件"列,如图 8.24 所示。

(4) 按照前面介绍过的创建单个宏的方法,对照表 8.3 的内容,这个包含了两个条件选项的宏输入完成,如图 8.22 所示。打开"系统封面窗体"如图 8.23 所示。

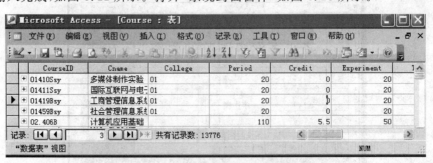

图 8.22 打开"course"表

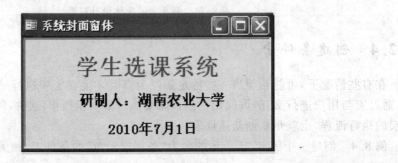

图 8.23 打开"系统封面窗体"

第8章 宏的应用

对于一段连续重复出现的条件,在具体操作时不必每次都输入相同的条件,例如,可以在第一次出现重复条件的宏的"条件"列中输入一次条件,在后续的"条件"列中使用省略号"……"来代替,如图8.24所示。

图8.24 窗口中出现"条件"列

(5) 将刚创建的条件宏以名称"条件宏示范"保存,单击"确定"按钮,保存后的结果如图8.25所示,至此"条件宏示范"宏创建完毕。

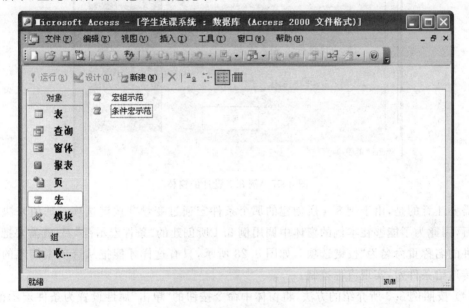

图8.25 例8.4的创建的结果

例8.5 设计一个名为"条件宏的使用示范"的窗体,要求在窗体中添加一个选项组控件,能够通过该控件来调用例8.4的"条件宏示范"宏。窗体执行界面如图8.26所示。

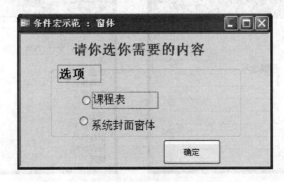

图8.26 例8.5创建的窗体

具体操作步骤如下。

(1) 打开"学生选课系统"数据库文件。

(2) 在数据库窗口中选择"窗体"对象,然后单击"新建"按钮。

(3) 根据要求设计一个如图 8.27 所示的窗体,包含一个标签控件"请你选你需要的内容"、一个选项组控件"目录"和一个命令按钮"确定"。

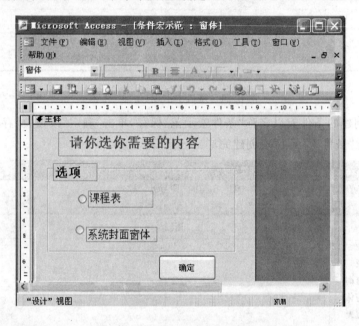

图 8.27　例 8.5 设计的窗体

需要注意的是,由于例 8.4 所创建的那个条件宏通过变量"[按键选项]"的值来决定宏的执行,因此为了能够在本例的窗体中调用例 8.4 所创建的"条件宏示范"宏,就需要把选项组控件的名称重命名为"按键选项",如图 8.28 所示,只有这样才能把从选项组读入的按键信息传递给条件宏,实现流程控制。

(4) 按照例 8.3 所介绍的方法,将窗体中命令按钮的"单击"属性设置为条件宏示范,如图 8.29 所示。

(5) 最后将已设计好的窗体命名为"条件宏的使用示范",并加以保存。

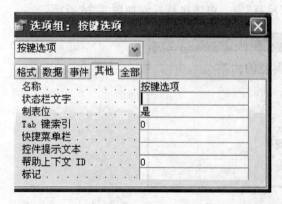

图 8.28　选项组重命名

图 8.29　将"单击"属性设置为条件宏示范

8.3 宏的编辑和修改

创建了一个宏,并不意味着工作已完成,实际上,所创建的宏可能还存在某些问题,需要进一步修改。

8.3.1 添加操作

当完成了一个宏的创建后,经常会根据实际需要再向宏中添加一些操作。按照添加新的操作与其他操作的关系,将操作添加到"操作"列的不同行中。如果新添加的操作与其他操作没有直接关系,可以在宏设计窗口的"操作"列中单击下面的空白行,如果宏中有多个操作,且新添加的操作位于两个操作行之间,其操作是单击插入行下面的操作行的行选定按钮,然后在工具栏上单击"插入行"按钮,系统将在当前操作行前插入一个空白行,可以在其中添加宏操作。

8.3.2 删除操作

如果觉得宏中的某个操作是多余的,可以删除它。

在宏的"设计"视图中选定要删除的操作,可使用如下 3 种方式删除:单击工具栏的"剪切"按钮;右击鼠标,在弹出的快捷菜单中选择"删除行"命令;在数据库"设计"视图工具栏上单击"删除行"按钮。

在宏中删除一个操作时,Access 将同时删除与该操作相对应的所有操作参数。

8.3.3 更换操作、修改操作参数以及修改执行条件

(1) 更换已经选定的操作。在宏设计窗口中选取需要更改操作的行,单击该行"操作"列右端的向下箭头,打开宏操作选择列表,从中选取新的操作即可。

(2) 修改操作参数。选定需要修改其操作参数的操作行,即可在该操作对应的"操作参数"区中修改其操作参数。

(3) 修改操作执行条件。在需要修改执行条件的操作行上的"条件"列内,可以直接修改条件逻辑表达式;或右击鼠标,在弹出的快捷菜单中选择"生成器"命令,在打开的"表达式生成器"对话框中修改操作执行条件。

(4) 改变操作顺序。可采用剪切、复制与拖曳的方法重排宏操作的顺序。在宏"设计"视图中单击需要重排位置的行选定按钮,然后在该行选定按钮上按住鼠标左键不放,将其拖曳到应该放置的位置处放开鼠标左键,即可将一个操作从原来的顺序位置处调整到新位置上。

8.4 宏的运行

在执行宏时,Access 数据库系统将从宏的起始点启动,并执行宏中所有操作直到到达另一个宏(如果宏是在宏组中的话)或者到达宏的结束点。如果要直接执行宏,请进行下列操作之一。

（1）如果要从宏窗体中执行宏，请单击工具栏上的"执行"按钮。

（2）如果要从数据库窗体中执行宏，请选择"宏"选项卡，然后双击相应的宏名。

（3）如果要从窗体"设计"视图或报表"设计"视图中执行宏，在菜单栏中选择"工具"→"宏"→"执行宏"命令。

（4）如果要在 Access 数据库系统的其他地方执行宏，在菜单栏中选择"工具"→"执行宏"命令，然后选定"宏名"下拉列表中相应的宏。

在通常情况下直接执行宏只是进行宏测试。在确保宏的设计无误之后，可以将宏附加到窗体、报表或控件中，以对事件做出响应，或创建一个执行宏的自定义菜单命令。如果要执行宏组中的宏，请进行下列操作之一。

（1）将宏指定为窗体或报表的事件属性设置，或指定为 RunMacro（运行宏）操作的 MacroName（宏名）参数。使用 macrogroupname.macroname 来引用宏。

（2）在菜单栏中选择"工具"表中的宏。当宏名出现在列表中时，选择"宏"→"执行宏"命令，然后选定"宏名"下拉宏名列表中将包含宏组中的所有宏。

（3）在 VBA 程序中执行宏组中的宏的方法是，使用 DOCmd 对象的 RullMacro 方法，并采用前面所示的引用宏的方法。

8.5 常用的宏操作

Access 总共支持 52 种基本宏操作，表 8.1 中列出了一些常用的宏操作。

表 8.4 常用的宏操作

宏操作	说 明
Beep	可以通过个人计算机的扬声器发出"嘟嘟"声
Close	关闭指定的 Microsoft Access 窗口
FindNext	查找下一个记录，该记录符合由前一个 FindRecord 操作或"在字段中查找"对话框所指定的准则，选择"编辑"菜单中的"查找"命令可以打开该对话框。使用 FindNext 操作可以反复查找记录
FindRecord	查找符合 FindRecord 参数指定的准则的第一个数据实例
GoToControl	把焦点移到打开的窗体、窗体数据表、表数据表、查询数据表中当前记录的特定字段或控件上
GoToRecord	使指定的记录成为打开的表、窗体或查询结果集中的当前记录
Maximize	放大活动窗口，使其充满 Microsoft Access 窗口
Minimize	将活动窗口缩小为 Microsoft Access 窗口底部的小标题栏
MsgBox	显示包含警告信息或其他信息的消息框
OpenForm	打开一个窗体，并通过选择窗体的数据输入与窗口模式，来限制窗体所显示的记录
OpenReport	在设计视图或打印预览中打开报表或立即打印报表，也可以限制需要在报表中打印的记录
OpenQuery	打开一个查询
PrintOut	打印打开数据库中的活动对象，也可以打印数据表、报表、窗体和模块
Quit	退出 Microsoft Access
RepaintObject	完成指定数据库对象的屏幕更新
Restore	将处于最大化或最小化的窗口恢复为原来的大小
RunMacro	运行宏组中的宏
SetValue	对 Microsoft Access 窗体、窗体数据表或报表上的字段、控件或属性的值进行设置
StopMacro	停止当前运行的宏

8.6 本章小结

Access 中的宏是指一些操作命令的集合,其中每个操作完成如打开和关闭窗体、显示和隐藏工具栏等一些简单重复的功能。在数据库打开后,宏可以自动完成一系列操作。使用宏非常方便,不需要记住各种语法,也不需要编程,只需利用几个简单宏操作就可以对数据库完成一系列的操作,宏实现的中间过程完全是自动的,从而极大地提高了工作效率。

本章主要介绍了宏的相关内容,包括宏的概念、创建宏和运行宏等。

习 题 八

一、单项选择题

1. 要限制宏命令的操作范围,可以在创建宏时定义( )。
 A. 宏操作对象   B. 宏条件表达式
 C. 窗体或报表控件属性   D. 宏操作目标
2. 在宏的表达式中要引用窗体 Form1 上控件 Txt1 的值,可以使用的引用式是( )。
 A. Txt1   B. Form1! Txt1
 C. Forms! Form1 ! Txt1   D. Forms! Txt1
3. 下列不属于打开或关闭数据表对象的命令是( )。
 A. OpenForm   B. OpenReport
 C. Close   D. RunSQL
4. 由多个操作构成的宏,执行时是按( )依次执行的。
 A. 排序次序   B. 从后往前   C. 输入顺序关   D. 打开顺序
5. VBA 的自动运行宏,必须命名为( )。
 A. AutoExe   B. AutoExec   C. AutoExec.bat   D. Auto
6. 下列命令中,属于通知或警告用户的命令是( )。
 A. Requery   B. Restore   C. RunApp   D. Msgbox
7. 以下( )事件发生在控件接收焦点时。
 A. Enter   B. Exit   C. GotFocus   D. LostFocus
8. 在一个宏的操作序列中,如果既包含带条件的操作,又包含无条件的操作。则带条件的操作是否执行取决于条件式的真假,而没有指定条件的操作则会( )。
 A. 有条件执行 B. 不执行   C. 无条件执行   D. 出错
9. 在运行宏的过程中,宏不能修改( )。
 A. 窗体   B. 宏本身   C. 表   D. 数据库
10. 宏组是由( )组成的。
 A. 若干宏操作 B. 子宏   C. 若干宏   D. 都不正确
11. 在条件宏设计时,对于连续重复的条件,可以代替的符号是( )。
 A. …   B. ;   C. ,   D. =
12. 定义( )有利于对数据库中宏对象的管理。
 A. 宏组   B. 数组   C. 宏   D. 窗体

二、简答题

1. 如何在宏中设置操作参数的提示？
2. 如何在窗体上创建运行宏的命令按钮？
3. 如何使用宏检查数据有效性？
4. 如何用宏设置属性？

三、设计题

1. 设计一个窗体，显示用户输入学号的学生的所有成绩记录，要求学生成绩记录用另一个窗体显示。
2. 设计一个窗体，显示用户输入学号或课程编号的学生的所有成绩记录，要求学生成绩记录在同一个窗体中显示。

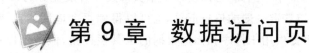

第 9 章 数据访问页

随着 Internet 的飞速发展,网页已经成为越来越重要的信息发布手段,Access 数据库从 2000 版本开始增加了数据访问页功能,用于创建 Access 2003 数据库的 Web 应用程序。Access 支持将数据库中的数据通过 Web 页发布,Web 页使 Access 与 Internet 紧密地结合起来,通过 Web 页,可以方便快捷地将所有文件作为 Web 发布程序存储到指定的文件夹,或者复制到 Web 服务器上,在网络上发布信息。

Access 主要体现在它所提供的 3 种 Web 页方式:静态 Web 页方式(HTML)、动态 Web 页方式(ASP)和数据访问页方式(Data Accessing Pages,DAP)。本章主要介绍数据访问页的基本概念、数据访问页的创建以及对数据访问页的编辑操作等内容。通过本章学习,读者应该掌握以下内容:

- 在 Access 2003 中如何使用数据访问页设计向导;
- 如何自动创建数据访问页;
- 使用设计视图创建数据访问页及控件对象的使用。

9.1 数据访问页概述

数据访问页是数据库对象之一,用于查看和处理来自 Internet 或 Intranet 的数据。从文件的角度来说,数据访问页是独立于数据库文件而单独保存的 HTML 文件。借助于数据访问页,用户可以通过网络用浏览器查看数据库数据,也可以在赋予权限的前提下,直接编辑或修改数据库数据。

9.1.1 数据访问页的类型

Access 数据库中的页又称为数据访问页,它是特殊类型的网页,可以在 Access 的页设计视图中创建。该页是一个独立的文件,保存在 Access 程序外。但是,当创建该文件时,Access 会在页创建方法及列表框中自动为该文件添加一个快捷方式。

设计数据访问页与设计窗体和报表类似,需要使用字段列表、工具箱、控件等。但是在交互方式上,数据访问页与窗体和报表具有某些显著的差异,这种差异取决于数据访问页的用途。常用的数据访问页有如下 3 种:交互式报表数据访问页、数据输入访问页、数据分析访问页。

1. 交互式报表数据访问页

这种数据访问页经常用于合并和分组保存在数据库中的信息，然后发布数据的总结。用户可以通过展开分组或折叠分组来显示分组级别的详细信息或信息汇总，并可以对数据进行交互式地筛选和排序。例如，可以设计一个页面发布开展业务的每个地区的销售业绩，使用展开指示器，可以获取一般的信息汇总，也可以得到每个地区各自销售额的特定细节。虽然这种数据访问页提供用于排序和筛选数据的工具栏按钮，但是用户只能对数据库中的数据进行浏览，而不能修改数据。

2. 数据输入访问页

数据输入访问页可用于浏览数据库中的数据，还可以对数据库中的数据进行添加、删除等编辑操作。由于数据访问页在创建完以后可以单独地存储到数据库的外部，所以用户可以方便地利用 IE 浏览器对数据访问页中的数据进行编辑。

3. 数据分析访问页

一方面，数据分析访问页可能包含一个数据透视表列表，与 Microsoft Access 数据透视表窗体或 Microsoft Excel 数据透视表报表类似，允许重新组织数据以不同方式分析数据，这种访问页可能包含一个图表，可以用于分析趋势、发现模式，以及比较数据库中的数据。另一方面，数据分析访问页可能包含一个电子表格，可以在其中输入和编辑数据，并且像在 Microsoft Excel 中一样使用公式进行计算。

9.1.2 数据访问页的存储与调用方式

了解数据访问的含义及类型后，还需要对数据访问页做进一步的探讨。本节将简单介绍数据访问页的存储方式和调用方式。

1. 数据访问页的存储方式

数据访问页不同于其他 Access 对象，它并不是保存在 Access 数据库(*.mdb)文件中，而是以一个单独的.html 格式的磁盘文件形式存储，仅在 Access 数据库的页对象中保留一个快捷方式。

2. 数据访问页的调用方式

对于已经设计完成的数据访问页对象，可以用两种方式调用。无论采用哪一种调用方式，都会启动 Microsoft Internet Explorer(要求 IE 5.0 以上的版本)打开这个数据访问页对象。而且，DAP 不支持任何其他类型的浏览器。

(1) 在 Access 数据库中打开数据访问页

在 Access 数据库中打开数据访问页显然不是为了应用，而是为了测试。只需要单击数据库窗口左侧的"页"对象按钮，将数据库窗口切换到页对象列表界面，选中需要打开的数据访问页对象，然后单击工具栏中的"打开"按钮，系统将打开这个被选中的数据访问页对象。也可以直接双击打开数据访问页对象。

(2) 在 IE 中打开数据访问页

数据访问页的功能是为 Internet 用户提供访问 Access 数据库的界面，因此在正常使用情况下，应该通过 Internet 浏览器来打开数据访问页，为了真正提供 Internet 应用，必须要求网络上至少存在一台 Web 服务器，并且将 Access 数据访问页以 URL 路径指明定位。

9.1.3 数据访问页的组成

数据访问页的窗口结构包括数据访问页页眉、页面页眉、主体、页面页脚和数据访问页页脚等部分。下面介绍数据访问页中不同节的出现位置及其使用范围。

(1) 数据访问页页眉

数据访问页页眉是整个数据访问页的开始部分，通常也称为首页，出现在数据访问页的最上方。数据访问页页眉通常只在数据访问页第一页的头部打印一次，利用它可以显示徽标、数据访问页标题、数据访问页的打印日期或时间等。

(2) 页面页眉

页面页眉位于数据访问页页眉之下，出现在数据访问页的每一页顶部，页面页眉主要显示列名称，如字段名，也可以显示表中所列的数据单位。

(3) 主体

数据访问页的主体节包含了数据访问页中数据的主体部分，可以使用工具箱放置各种控件到数据访问页的主体段，或将数据访问页当中的字段直接拖到主体段中显示数据内容。对数据访问页中所列数据的每条记录而言，主体节重复出现。

(4) 页面页脚

页面页脚存放的数据出现在数据访问页中每一页的底部，主要用来显示页号、制作人员、打印日期以及其他和数据访问页相关的信息。

(5) 数据访问页页脚

数据访问页的页脚只在整个数据访问页结尾出现一次。数据访问页属性中包含显示所有数据访问页页脚和隐藏页眉页脚的选项。

如果创建的是分组数据访问页，数据访问页的结构中会出现组页眉和组页脚。组页眉用来在记录组的开头放置信息，组页脚用来在记录组的结尾放置信息。在一个数据访问页中，Access 最多允许对 10 个字段或表达式进行分组。

9.2 创建与保存数据页

创建数据访问页与创建窗体和报表一样，除了自动创建、使用数据页向导创建、使用设计视图创建这 3 种方法外，还可将其他对象转换为数据访问页。本节将介绍这 4 种创建数据访问页的方法。

9.2.1 自动创建数据访问页

通过"自动创建数据页向导"可以快速创建基于表或查询的纵栏式数据访问页，使用这种方法，数据访问页由 Access 系统自动规定格式，不需要做任何设置。

自动创建数据访问页的具体操作步骤如下：

(1) 在打开的"教学管理"数据库的"页"选项卡中,单击工具栏中的"新建"按钮,打开如图 9.1 所示的"新建数据访问页"对话框。

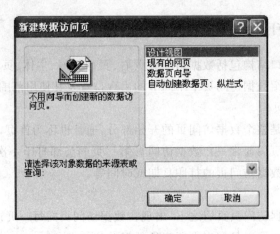

图 9.1 新建数据访问页

(2) 在"新建数据访问页"对话框中选择"自动创建数据页:纵栏式"选项。纵栏式数据访问页的格式与纵栏式窗体/报表相同,每行显示一个字段,每个字段前都有一个标签。

(3) 选择数据访问页的数据源。在"请选择该对象数据的来源表或查询"下拉列表中,选择数据访问页所基于的表或查询。在这里我们选择"Student"表。

(4) 单击"确定"按钮,Access 将自动创建数据访问页,如图 9.2 所示。

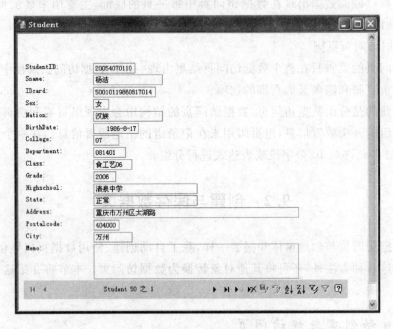

图 9.2 纵栏式数据访问页

(5) 关闭数据访问页,系统会提示是否保存该数据访问页。

(6) 保存数据访问页。单击"是"按钮,系统打开"另存为数据访问页"对话框,如图 9.3 所示,从中选择保存类型和输入文件名,然后单击"保存"按钮,保存创建的数据访问页。

第9章 数据访问页

图9.3 保存数据访问页

使用"自动创建数据页:纵栏式"创建的数据访问页,格式单一、功能简单,如果需要增加功能及美化格式,可以使用设计视图进行改进。

9.2.2 使用设计向导创建数据访问页

与自动创建数据访问页相比,使用向导创建数据访问页时,该向导会询问有关记录、字段、布局和格式等详细问题,并根据用户的回答创建数据访问页。具体操作步骤如下。

(1)在打开的"教学管理"数据库的"页"选项卡中,双击"使用向导创建数据访问页"图标,如图9.4所示。

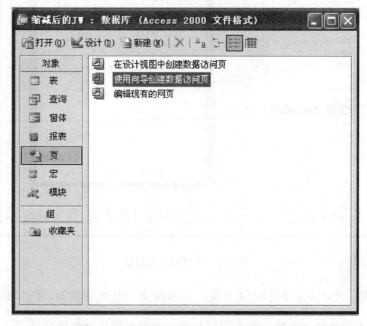

图9.4 选择"数据页向导"选项创建数据访问页

181

(2) 选择要在数据访问页中显示的表和字段,如图 9.5 所示。单击"下一步",继续下面的操作。

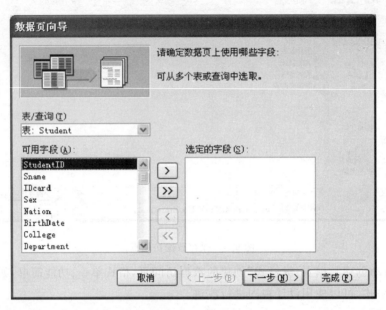

图 9.5　选择字段

(3) 选择要在 Web 页中作为分组的字段和设置分组优先级。在左边的分组字段列表框中,可以单击选中将用于分组的字段,然后单击">"按钮,将其添加到右边分组字段表中。

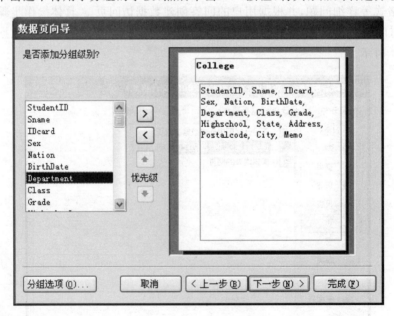

图 9.6　对字段进行分组

注意:可以添加多个分组字段。当选择多个分组字段后,可以通过单击"↑"或"↓"按钮来设置分组的优先级。单击"<"按钮可以撤销用于分组的字段。

单击对话框中的"分组选项"按钮,可以打开如图 9.7 所示的分组间隔对话框。在该对话框的分组间隔下拉列表框中可以为不同的组级字段选择不同的分组间隔。不同类型的分组字段对应的分组间隔列表会不相同。

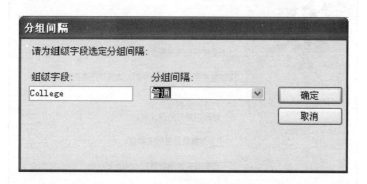

图 9.7　分组字段的分组间隔设置

选择完成后单击"下一步",继续下面的操作。

(4) 选择排序页中记录的依据字段。在如图 9.8 所示的下拉列表框中选择基于哪个字段进行排序,排序默认的方式为升序。设置排序选项后,单击"下一步",继续下面的操作。

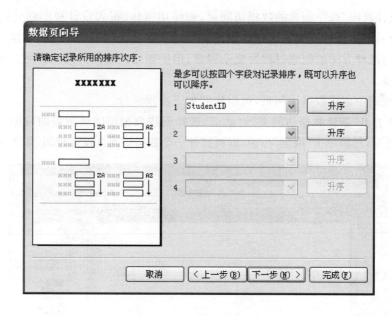

图 9.8　对字段进行排序

(5) 输入数据访问页的标题,如图 9.9 所示,并决定是要在 Access 中打开数据访问页还是要修改数据页的设计。

(6) 向导中默认的是修改数据页的设计单选按钮,我们选择"打开数据页"按钮,即在创建数据访问页后即打开页面视图。

Access数据库技术及应用

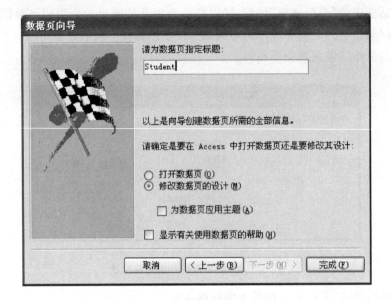

图9.9 指定标题

9.2.3 使用设计视图创建数据访问页

选择"设计视图"选项创建的数据访问页,和使用窗体、报表设计视图创建的窗体、报表一样,可以为满足用户的更大需求完成数据访问的最佳设计。用设计视图创建数据访问页,比前面介绍的两种方法的创建过程要复杂得多,但所创建的数据访问页页面美观得多,功能也要丰富得多。

在设计视图中创建数据访问页,可以按照如下步骤进行。

(1)首先打开"新建数据访问页"对话框,选择创建数据访问页所需的数据源,然后选择"设计视图"选项,然后单击"确定"按钮,即可打开一个数据访问页设计视图,如图9.10所示。

图9.10 数据访问页设计视图

184

设计视图中的"将字段从字段列表拖放到该页面上"格式区,是用于设计与数据库中对象(表或查询)关联的控件。

(2) 在"单击此处并键入标题文字"位置处单击鼠标左键,并为数据访问页输入标题文本。在此输入标题文本为"学生信息表",如图9.11所示。

图 9.11 选择字段列表

(3) 选择数据访问页所需的字段。

单击工具栏中的字段列表按钮,打开当前数据库中的字段列表。

- 添加字段:在字段列表中列出了当前数据库中的所有表、查询以及页。列表以树型结构的方式组织数据库对象,单击结点前面的"+",可以展开结点。树中最小的分支是表或查询中的字段。单击选中某个表、查询或某个字段,然后单击字段列表工具栏中的添加到页按钮,将选中的对象添加到页中,也可以通过双击或拖放的方式来添加对象。拖放是最常用的方式,因为这样便于控制添加的对象在页中的位置。

- 添加整个表:展开字段列表中的表结点,选中表名进行拖放,可自动将表中的所有字段添加到页中。

在页面上添加"StudentID"、"Sname"、"Sex"、"BirthDate"4个字段,如图9.12所示。

(4) 选择在页中显示表中数据使用的版式。可以选择使用单个控件分别显示表中各个字段,或选择使用数据透视表列表来显示所有记录。

(5) 单击工具栏上的"保存"按钮,将数据访问页保存在默认的磁盘、路径下,并将"文件名"设置为"学生信息"。执行"视图"→"页面视图"命令项,将数据访问页的视图方式切换到"页面视图",可以浏览所创建的数据访问页,如图9.13所示。

图 9.12　添加所需字段到数据访问页中

图 9.13　浏览数据访问页

9.2.4　利用已有的网页创建数据访问页

Access 还可将现有的网页转换为数据访问页。操作步骤如下。

（1）在"教学管理"数据库窗口，单击"对象"下的"页"。

（2）单击数据库窗口工具栏上的"新建"工具按钮，在"新建数据访问页"对话框中，单击"现有的网页"，如图 9.14 所示，单击"确定"按钮。

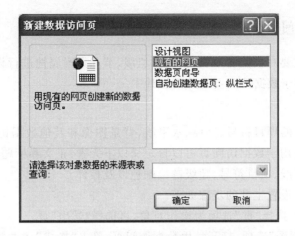

图 9.14 利用已有的网页新建数据访问页

(3) 在"定位网页"对话框中,查找要打开的网页或 HTML 文件,如图 9.15 所示。

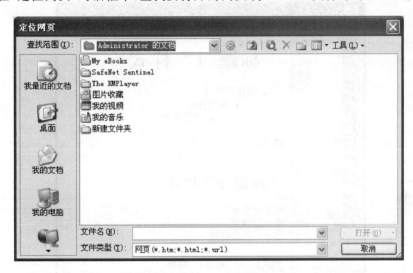

图 9.15 定位网页对话框

也可用"定位网页"对话框中的"搜索 Web"查找网页,用 Microsoft Internet Explorer 中"文件"菜单上的"另存为"命令保存页的副本。

(4) 单击"打开"按钮。Microsoft Access 会在选定数据库窗口中创建 HTML 文件的快捷方式,并在设计视图中显示页,在设计视图中可以对页进行修改。

9.3 数据访问页的设计

利用数据访问页设计视图,可以从无到有地设计数据访问页及其组成部分的属性。通过使用数据访问页工具箱、格式工具栏等,可以使数据访问页的设计体现个性特征,实现特定的功能;还可以对利用向导或自动创建的数据访问页,在设计视图中作进一步的设计,以使其功能更完善,界面更美观。

9.3.1 数据访问页的外观设置

在外观设计中主要对数据访问页的页面、组级、节和元素属性进行设置。也可以将 Access 提供的主题运用于数据访问页的外观设计中。

1. 设置主题

主题是一套统一的项目符号、字体、水平线、背景图像和其他数据访问页元素的设计和配色方案。将主题应用于数据访问页可以自定义以下元素：正文和标题样式、背景颜色或图形、表边框颜色、水平线、项目符号、超级链接颜色以及控件。

对已有的数据页设置主题的步骤如下。

(1) 打开数据库，选择"页"选项为操作对象，再选择"学生"页。

(2) 选择"设计视图"选项，打开学生数据访问页，单击"格式"→"主题"命令，系统弹出"主题"对话框，如图 9.16 所示。

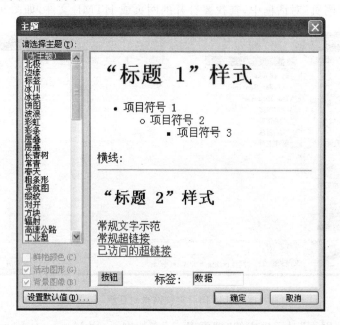

图 9.16 "主题"对话框

(3) 在"请选择主题"列表框中选择所需的主题，在右侧的预览框中可以看到当前所选择主题的效果。

(4) 在主题列表框的下方选中相关的复选框，可以确定主题是否使用鲜艳颜色、活动图形及背景图像等。

(5) 单击"确定"按钮，所选择的主题就会应用于当前的数据访问页。如图 9.17 所示即为学生数据访问页中应用"彩虹"主题之后的效果。

如果在"请选择主题"列表框中选择了"无主题"选项，则可以从现有的数据访问页中删除主题。

第9章 数据访问页

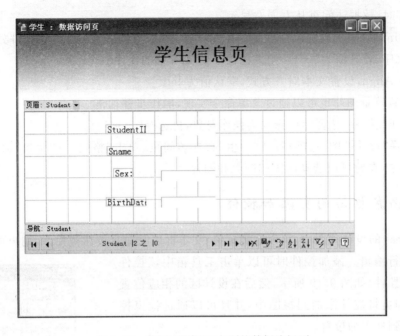

图 9.17 使用了"彩虹"主题的数据访问页

2. 设置属性

在数据页空白处右击鼠标,快捷菜单中有 3 个属性:页面属性、组级属性和节属性,在这里选择"页面属性",打开图 9.18。

图 9.18 页面属性设置

常用属性有以下几种。

- BackgroundColor:背景色,使用 16 进制数表示颜色。
- DataEntry:用于设置数据显示形式,其值为逻辑值。若其属性值为"TRUE"时,当打开"页"视图或在 Internet Explorer 中打开数据访问页的时候,会显示一个空白记录,否则显示与页连接的数据库的第一个记录。
- Dir:用于设置页显示的方向,当其值为"rtl"时,数据访问页从右到左显示;当其值为

189

"ltl"时,数据访问页从左向右显示。
- TabIndex:用于设置该控件是否在 Tab 次序中,当其值为"1"时,该控件处在 Tab 键的次序,若其值为"-1",则该控件不在 Tab 键的次序。
- TextAlign:设置文本对齐方式,默认值为 left。

其中设置背景图片也可以通过菜单命令实现,操作步骤如下。

(1) 打开数据库,选择"页"选项为操作对象,再选择"学生"页。

(2) 选择"设计视图"选项,打开"学生"数据访问页,单击"格式"→"背景"命令,系统弹出"背景"菜单,在此可以选择所需的颜色和图片。

9.3.2 为数据访问页添加控件

在 Access 的设计视图中,可以添加标签、文本框以及命令按钮等控件,用户可以利用空间对数据进行编辑。添加控件时可以单击工具箱中该控件的图标选中控件,如图 9.19 所示,然后在设计区的相应位置单击鼠标,即可将控件添加到视图中,并且可以通过拖曳控件将其移动到适当的位置。

图 9.19 数据访问页控件工具箱

常用的控件主要有以下 7 种。

1. 标签控件

在数据访问页上使用标签控件的目的是用其来显示说明文本,如标题、字段内容说明等。标签并不显示字段或表达式数值,它是一种未绑定型控件,记录移动时,它们的值都不会改变。

在数据访问页中,"标签"控件的使用及格式属性设置,与窗体中一致。

2. 文本框控件

在数据访问页上可以使用文本框控件来显示记录源中的数据。这种文本框类型称为绑定文本框,因为它与某个字段中的数据相绑定。

文本框也可以是未绑定的。未绑定型文本框可以显示和接受用户输入的数据或表达式计算结果。未绑定文本框中的数据并没有保存在任何位置。

在数据访问页中,"文本框"控件的使用及格式属性设置,与窗体中一致。

3. 命令按钮控件

在生成的数据访问页中,虽然记录导航工具栏可以为用户提供方便的数据浏览、编辑、删除等操作工具,但若不需要进行这些操作时,记录导航栏上的工具按钮就没有用途,此时可以删除导航工具栏,添加需要的命令按钮。

在数据访问页中,"命令按钮"控件的使用及格式属性设置,与窗体中一致。

例如,删除"学生表"数据访问页中的记录导航栏,使用"命令按钮向导"添加一个"查看下一条记录"命令按钮,并添加一个"标签"标识,标签内容为"点击进入下一条",如图 9.20 所示。

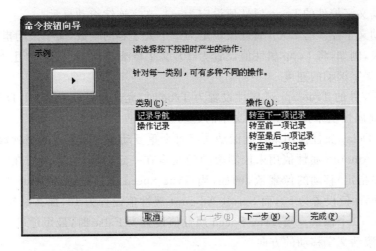

图 9.20　命令按钮向导：选定按下按钮时产生的动作

4. 滚动文字（Marquee）控件

在数据访问页中使用滚动文字控件，常称为字幕，可以显示移动或滚动的文字，例如一个大字标题或一个重要声明。通过将滚动文字控件与数据库中的一个字段绑定，可以显示该字段中的文字。通过设置移动方向、速度和移动类型等属性，可以自定义滚动文字。

若要查看滚动文字控件中的文字如何移动，可以在页面视图中查看该控件。以下是在页面中设计滚动文字的一些操作方法。

（1）设置绑定型滚动文字控件

单击控件工具箱中的"滚动文字"按钮，放入数据访问页的合适位置上。然后，单击工具栏中的"字段列表"按钮，来显示字段列表工具栏。从字段列表中，将选中的字段拖到数据访问页中的滚动文字控件上，其定位方法是，将图标的左上角放置到滚动文字控件左上角所需的位置。

（2）设置未绑定型滚动文字控件

单击控件工具箱中的"滚动文字"按钮，然后在数据访问页中准备放置滚动文字的位置单击鼠标，Access 2003 将创建默认尺寸的滚动文字控件。如果需要创建特定大小的滚动文字控件，则应在数据访问页上拖放控件，直到获取所需的尺寸大小为止。在滚动文字控件中输入相关文本及格式，就形成了该滚动文字控件显示的信息。

（3）更改滚动文字的运动

滚动文字的默认运动方式为从左到右运动。如果需要设定与之不同的运动方式，可通过设置滚动文字控件的 Behavior 属性来实现。

- 将滚动文字控件的 Behavior 属性值设定为 Scroll，文字在控件中连续滚动；
- 将滚动文字控件的 Behavior 属性值设定为 Slide，文字从开始处滑动到控件的另一边，然后保持在屏幕上；
- 将滚动文字控件的 Behavior 属性值设定为 Alternate，文字从开始处到控件的另一边来回滚动，并且总是保持在屏幕上。

（4）更改滚动文字重复的次数

通过设置滚动文字控件的 Loop 属性来实现。

- 将滚动文字控件的 Loop 属性值设定为 −1，文字连续滚动显示；
- 将滚动文字控件的 Loop 属性值设定为一个大于零的整数，文字滚动指定的次数，然后消失，例如，将 Loop 属性值设置为 10，文字将滚动 10 次，然后停止不动。

(5) 更改文字滚动的速度

滚动文字控件的 True Speed 属性设置为 True 时，允许通过设置 Scroll Delay 属性值和 Scroll Amount 属性值来控制控件中文字的运动速度。

- Scroll Delay 属性值用来控制滚动文字每个重复动作之间延迟的毫秒数；
- Scroll Amount 属性值用来控制滚动的文本在一定时间内（该时间在"滚动延迟"属性框中指定）移动的像素数，例如，当 True Speed 属性设置为 True 时，如果 Scroll Delay 属性值设置为 50，而 Scroll Amount 属性值设置为 10，那么滚动文字每 50 ms 就前进 10 个像素。当 True Speed 属性值设置为 False 时，最短延迟是 50 ms。

(6) 更改滚动文字移动的方向

滚动文字控件的 Direction 属性值用来控制滚动文字控件中文字的运动方向。Direction 属性的默认值为 Left，即滚动文字在控件中从左到右移动。

- Direction 属性值设置为 Right，滚动文字在控件中从右到左移动；
- Direction 属性值设置为 Down，滚动文字在控件中从下到上移动；
- Direction 属性值设置为 Up，滚动文字在控件中从上到下移动。

5. 图像控件

单击"工具箱"中的"图像"控件，在数据访问页中，在需要插入图片的位置单击，拖曳鼠标指针直至所需的大小，然后松开鼠标左键，在弹出的对话框中选择要插入的图像，再单击"确定"按钮即可。

6. 超级链接控件

在数据访问页中，超级链接也是以控件的形式出现。要插入一个超级链接，可以单击控件工具箱中的"超级链接"按钮，然后像插入其他控件那样在数据访问页中拖曳鼠标画出一个矩形，然后松开鼠标左键，系统将弹出"插入超链接"对话框，在该对话框中，可以选择链接到一个原有的 Web 页文件，或者链接到本数据库中的某个数据访问页，还可以链接到一个新建的页或链接到一个电子邮件地址。选择需要链接的目标，并在对话框上部的"要显示的文字"文本框中输入超级链接的显示内容，然后单击"确定"按钮。

7. Office 组件

在数据访问页中添加 Office 组件，可以简化数据分析的操作，让数据间的互动关系以可视的方式显示出来。Office 组件包括 Office 电子表格控件、Office 图表控件和 Office 数据透视表控件等。

9.3.3 发布数据访问页

数据访问页创建完成后，接下来应当将它发布出去。

数据访问页是连接到 OLE DB 数据源的，此数据源可能是 Microsoft Access 数据库，也可能是 Microsoft SQL Server 数据库。为了使访问页正常工作，页的用户必须可以使用数据库。

(1) 通过保存到 Web 文件夹发布数据访问页文件

第一次创建页时,将它保存到 Web 文件夹下的 Web 文件夹。如果创建了一个不在 Web 文件夹下 Web 文件夹中的页,则可以通过使用 Access 中文件菜单中的另存为命令移动相应的 HTML 文件及相关的文件和文件夹。通过使用另存为命令可以创建一个新数据访问页,并指定一个 Web 文件夹下的 Web 文件夹。

当将 Web 页保存到 Web 文件夹时,Microsoft Access 自动保存相关的文件,例如,图形、样式表、链接文件和包含这些文件的文件夹。

在页设计视图中编辑已有 Web 页或创建数据访问页时,可以在打开对话框的文件名框中只使用 Web 文件夹快捷方式或输入统一资源定位符(URL)。

(2) 将数据访问页发布到任何 Web 服务器上

在 Windows 资源管理器中,将对应页的 HTML 文件及其他相关文件和文件夹复制到 Web 服务器根目录下的文件夹中。个人 Web 服务器默认的根目录是\Webshare\Wwwroot,Microsoft Internet Information Server 默认的根目录是\Inetpub\Wwwroot。将相关文件,例如,图形、样式表、链接文件和包含这些文件的文件夹复制到该文件夹,或确保相关文件能通过 Web 服务器找到。

9.4 数据访问页配置实例

9.4.1 配置学院表数据访问页

以"学院表"为数据源,利用"数据页向导"创建一个主题为"向日葵"的数据访问页,要求加入数据访问页的标题"学院情况"并且加入"欢迎浏览!"的滚动字幕,并显示数据访问页,保存网页文件名为"学院表.htm"。

操作步骤如下。

(1) 打开"学生成绩管理系统"数据库。

(2) 在 Access 数据库中选择"页"对象,单击"新建"按钮,在新建数据访问页对话框中选择"数据页向导",在"请选择该对象数据的来源表或查询:"下拉列表中选择"院系表"作为数据来源,如图 9.21 所示。单击"确定"按钮,出现如图 9.22 所示对话框。

(3) 在对话框中选定可用字段,单击"下一步"按钮,出现数据页向导对话框,如

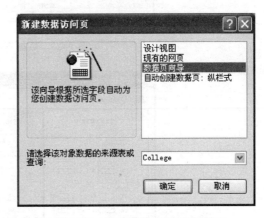

图 9.21 新建数据访问页对话框

图 9.23 所示,添加分组级别,在此不做分组操作,直接单击"下一步",进入如图 9.24 所示界面。

(4) 在如图 9.24 所示数据页向导对话框中选择排序字段为"院系代码",单击"下一步"按钮,出现如图 9.25 所示"数据页向导"对话框。

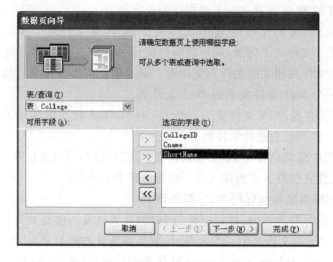

图 9.22　数据页向导对话框 1

图 9.23　数据页向导对话框 2

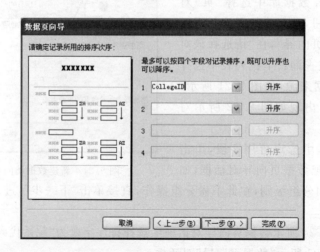

图 9.24　数据页向导对话框 3

图 9.25 数据页向导对话框 4

(5) 确定数据访问页标题为"学院表",选定"为数据页应用主题"复选框,并单击"修改数据页的设计"单选按钮,并单击"完成"按钮,进入如图 9.26 所示界面。

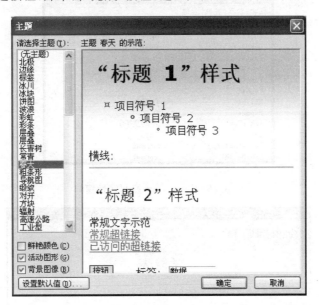

图 9.26 主题对话框

(6) 选择数据页主题为"春天",单击"确定"按钮,出现如图 9.27 所示"Page1:数据访问页"窗口。

(7) 在如图 9.27 所示窗口中加入标题文字"学院表",加入移动文字控件,并在移动文字控件的 InnerText 属性窗口中输入标题文字"欢迎浏览!",如图 9.28 所示,并设置适当字体和字号。

(8) 保存并显示数据访问页,运行界面如图 9.29 所示。

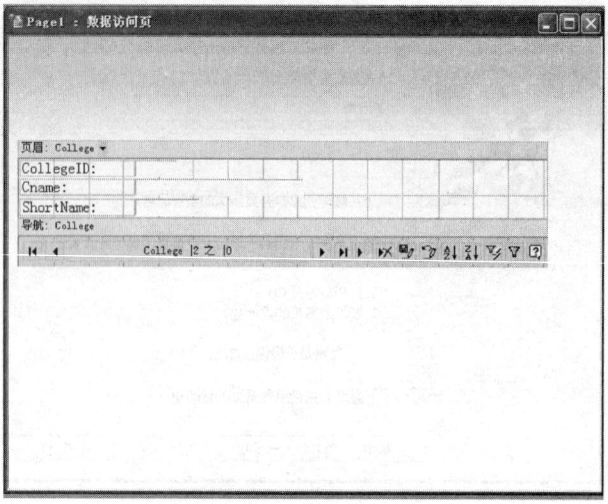

图 9.27　数据访问页设计视图

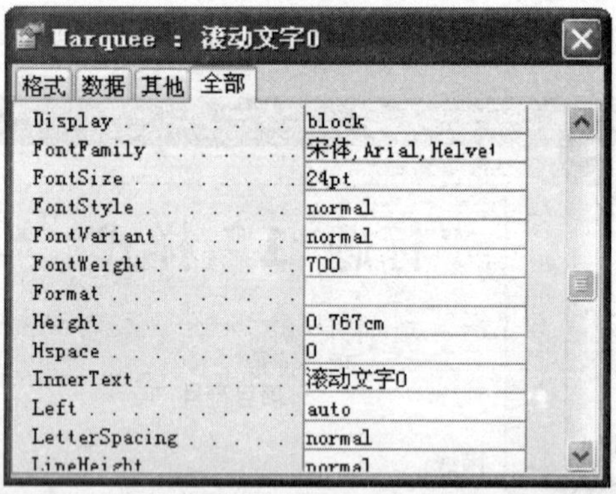

图 9.28　InnerText 控制属性窗口

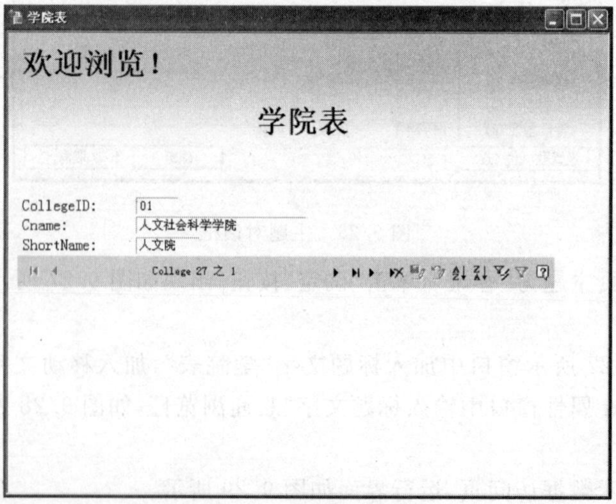

图 9.29　数据访问页视图

9.4.2 创建学院表链接页

以"学院表"为数据源,利用"设计视图"创建一个背景图片为"Sunset.jpg"的数据访问页,访问页的视图界面如图 9.30 所示,具体设置要求:
① 加入数据访问页的标题为"各学院情况";
② 加入学校图标,并将此图标链接到学校网页;
③ 加入标题为各学院名称的标签,并且分别链接到各学院的网页;
④ 加入"欢迎浏览学院网页!"的滚动字幕;
⑤ 加入学校专题图片;
⑥ 保存数据访问页,并命名文件名为"学院表链接页 1.htm"。

图 9.30 学院表访问页的视图界面

操作步骤如下。

(1) 打开"学生成绩管理系统"数据库。

(2) 在 Access 数据库中选择"页"对象,单击"新建"按钮,打开"新建数据访问页"对话框,如图 9.31 所示。

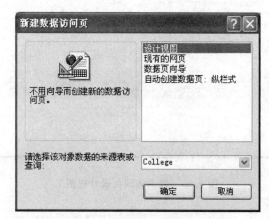

图 9.31 新建数据访问页对话框

（3）选择"设计视图"，在"请选择该对象数据的来源表或查询："下拉列表中选择"College"作为数据来源，单击"确定"按钮，出现如图9.32所示对话框。

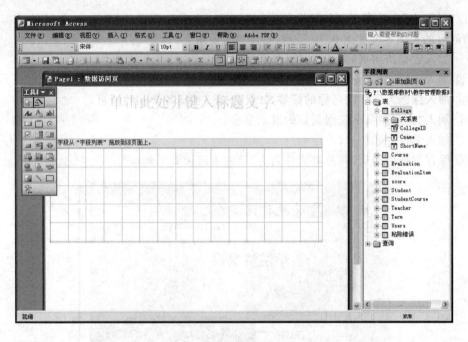

图9.32　数据访问页设计视图1

（4）在如图9.32所示窗口右侧的"字段列表"框中单击"College"前面的按钮，展开"院系表"，双击其中CollegeID、Cname、ShortName字段，或拖动它们，将这3个字段放入页面上并进行整理，设置其字体、字号等，并加入标题"各学院情况"，界面如图9.33所示。

图9.33　数据访问页设计视图2

(5) 在窗口中加入流动字幕控件,写入文字"欢迎浏览学院访问页!",设置字体为"华文行楷",字号为 24 号,并设置图像控件,加入图像,数据访问页设计界面如图 9.34 所示。

图 9.34　数据访问页设计视图 3

(6) 在图 9.33 所示窗口中加入若干超链接控件,写入学院名称,如"信息学院"、"外语学院"、"理学院"、"经济学院"和"国际学院"等。打开"编辑超链接"对话框,在"要显示的文字"文本框中输入文字"信息学院",在地址下拉列表中输入链接地址,例如,http://61.187.55.45/jsjxy/index.html。数据访问页设计界面如图 9.35 所示,其他学院链接方法略。

图 9.35　数据访问页设计视图 4

(7) 设置"图像超链接"控件,加入学校图标,并将此图标链接到学校网页,链接方法与"信息学院"链接方法类似,数据访问页设计界面如图 9.36 所示。

(8) 在数据访问页"设计视图"窗口,单击"格式"菜单,选择"背景"→"图片"选项,选择文件名为"Sunset.jpg"的图片作为背景图片。数据访问页视图界面如图 9.30 所示。

图 9.36　数据访问页设计视图 5

9.5　本章小结

创建数据访问页的主要目的是使数据库访问者可以在网络中利用 Web 浏览器直接对数据库进行访问,查询相关信息。对数据库开发者来讲,可以利用这种方式将自己数据库中的内容及时发布到网络上。本章介绍了在 Access 系统中如何设计适合在网上使用的数据页的有关知识。

本章内容要点:

① 数据访问页的概念与结构;

② 数据访问页的位置的特殊处理,例如,其与 Access 的其他对象生成的不同点,即生成一些相关文件,以及数据库位置变化后如何完成数据链接的操作;

③ 数据页的创建方法、修饰编辑过程。

　习 题 九

一、单项选择题

1. 打开数据库的"页"对象列表,单击"对象",单击"设计"按钮。这是下列选项中哪一个的操作提要(　　)。

　　A. 打开数据访问页对象　　　　　　B. 打开数据访问页的设计视图
　　C. 在 Web 浏览器中访问页文件　　　D. 快速创建数据访问页

2. 关于启动数据向导这一操作,下列说法不正确的是(　　)。

　　A. 在"数据库"窗口中的对象选项下选择"页",并单击该窗口工具栏中的"新建"按钮
　　B. 在打开的"新建数据访问页"对话框中选择"数据页向导"
　　C. 选择创建数据访问页所需的来源表或查询
　　D. 单击"确定"按钮,将会打开"数据页向导"对话框

3. 仅仅让页面上表中的数据都简单地以纵栏表的方式出现,不对它们进行数据分组等操作,可以使用下列哪种方式来创建数据访问页(　　)。

A. 自动创建数据访问页

B. 使用向导创建数据访问页

C. 在"数据访问页"的设计视图中自行创建

D. 无法实现

4. Access 数据库中的数据发布可以通过(　　)在 Internet 上实现。

　　A. 查询　　　　　　B. 窗体　　　　　　C. 表　　　　　　D. 数据访问页

5. 关于标题的叙述错误的一项是(　　)。

A. 用于显示文本框以及其他控件的标题

B. 位于组页眉的上面

C. 位于组页眉的下面

D. 在标题中不能放置绑定控件

6. 数据访问页文件的类型是(　　),它是一种独立于 Access 数据库的文件。

　　A. TXT 文件　　　B. HTML 文件　　　C. MDB 文件　　　D. DOC 文件

7. 一般情况下,在需要创建含有单个记录源中所有的字段的数据访问页时应该选择哪一种创建方式(　　)。

　　A. 自动创建数据访问页　　　　　　B. 用向导创建数据访问页

　　C. 用设计视图创建数据访问页　　　D. 用现有的 Web 页创建数据访问页

8. 向数据访问页中插入会含有超级链接图像的控件名称是(　　)。

　　A. 影片　　　　B. 图像超级链接　　C. 图像　　　　D. 滚动文字

9. 对向导创建数据访问页中的选择字段这一操作过程,下列描述错误的一项是(　　)。

A. 单击"表/查询"项右边的"弹出下拉列表"按钮

B. 选择创建数据访问页所需的来源表或查询

C. 在打开的"新建数据访问页"对话框中选择"数据页向导"

D. 在"可用字段"项内选择所需字段

10. 当在 Access 中保存 Web 页时,Access 在"数据库"窗口中创建一个 Access 到 HTML 文件的(　　)。

　　A. 指针　　　　　B. 字段　　　　　　C. 快捷方式　　　　D. 地址

二、简答题

1. 简述什么是数据访问页。

2. 简述数据访问页与窗体有哪些不同之处。

3. 简述数据访问页中常用的控件有哪些。

4. 简述数据访问页中常用控件的作用是什么。

三、综合题

1. 自己设计一个"学生"表,利用"学生"表创建数据访问页。

2. 利用数据访问页设计器创建一个数据访问页。

3. 利用数据访问页设计器创建包含多个滚动标签控件的数据访问页。

第 10 章 模块与VBA

在 Access 系统中，借助宏对象可以完成一些事件的响应处理，例如，打开一个窗体、打开一个报表、输出一个消息框，但是它的功能有限。它只能处理一些简单的操作，对实现较复杂的操作，例如循环、判断、与其他高级语言的接口以及对数据库中的数据项的直接操作（如直接操作数据表、表间的操作）等，还需要编制一些程序配合以上所介绍的如表、查询、窗体、报表与宏的应用共同来实现。

在 Access 系统中，编程的应用在"模块"对象下实现。在 Access 系统中使用编程技术，比起学习其他高级语言编程还是要容易得多。同时，Access 编程又具有非常强大的能力，完全可以满足更深层次的专业软件开发需求，Access 内嵌的程序开发语言 VBA（Visual Basic for Application）可以加强数据库的数据处理能力，开发出效率更高、功能更强、操作界面友好的应用系统。

本章主要介绍 Access 数据库的 VBA 代码操作及代码容器（类模块）与标准模块的设计与应用。通过本章的学习，读者应该掌握以下内容：
- 模块的基础知识；
- VBA 的基础知识；
- 在 VBA 中各种变量的定义及用法；
- 程序设计中的流程控制方法。

10.1 模块与 VBA 概述

10.1.1 模块定义与分类

1. 模块定义

模块是将 Visual Basic for Applications 声明和过程作为一个单元进行保存的集合。它有两个基本类型：类模块和标准模块。模块中的代码以过程的形式加以组织，每个过程都可以是一个 Function（函数）过程或者 Sub（子）过程。

2. 模块的种类

（1）类模块

窗体模块和报表模块都是类模块，而且它们各自与某一窗体或报表相关联。窗体和报表模块通常都含有事件过程,该过程用于响应窗体或报表中的事件。可以使用事件过程来控制窗体或报表的行为,以及它们对用户操作的响应,例如用鼠标单击某个命令按钮。

(2) 标准模块

标准模块包含的是通用过程和常用过程,这些通用过程不与任何对象相关联,常用过程可以在数据库中的任何位置运行。

(3) 将宏转换为模块

在 Access 系统中,可以根据需要,将宏转换为模块。关于模块的创建与设计将在后面的"程序设计"一节中介绍。

10.1.2 关于 VBA

VBA 是一种高级可视化编程语言,为 Microsoft 开发,是 Office 套装内置编程语言,其语法规则与 Visual Basic 互相兼容。在 Access 系统设计某一任务时,若基本"对象"操作不能满足要求时,则可使用系统提供的 VBA 编程功能来实现。诚然,初学用户实现小的系统设计,应尽量使用 Access 的各种"对象",对于编程,需由浅入深,逐步掌握。对于以下的情况可以使用 VBA 进行设计。

(1) 输入数据校验

Access 包含许多内置的函数,但对于复杂的数据计算,如输入条码校验,用 Access 内置函数无法完成,必须用 VBA 设计用户的自定义函数完成条码校验。

(2) 错误检测处理

用户使用数据库遇到意外事件时,Access 将显示一条内部的错误提示信息,但此信息对于用户而言可能是莫名奇妙的,特别是当用户不熟悉 Access 时。而使用 VBA 则可在出现错误时检测错误,并显示特定的操作,从而使所设计的系统操作界面更友好,使系统更加稳健。

(3) 动态创建对象、操作对象

在大多数情况下,设计数据库应用系统,事先在对象的设计视图中创建全部对象,在系统运行过程中只使用对象来完成对数据的操作,无需在系统运行过程中动态地创建对象。而在某些情况下,特别是在通用性好的程序中,可能需要在代码中动态地创建对象,对对象属性进行定义。使用 VBA 可以动态地创建、操作数据库中的所有对象,包括数据库本身。

(4) 执行系统级别的操作

虽然在宏中执行 RunApp 操作可以在 Access 中运行另外一个基于 Window 或 MS-DOS 的应用程序,但是使用宏具有很大的局限性。而使用 VBA 则可以执行复杂的操作。例如,与另外一个基于 Windows 的应用程序(如 Excel)进行通信,调用动态链接库(Dynamic Link Library,DLL)中的函数,检查其他的 Windows 文件是否存在,调用 ActiveX 控件。

(5) 在程序之间传递参数

在创建宏时,可以在宏窗口的下半部分设置宏操作的参数值,但在运行宏时不能改变它们。而使用 VBA 则可以在程序运行时将参数传递给其他程序,这在宏中是难以做到的,因而使得运行 VBA 时具有更大的灵活性。

(6) 需要一次处理一条记录时

宏只能对整个记录进行操作,使用 VBA 可对单条记录执行操作。

10.2 VBA 编程基础

由于 VBA 是由 Basic 语言发展过来的,所以其语法规则以 Basic 为基础,下面将对 VBA 中的数据类型、常量、变量、表达式、数组、函数等内容作详细介绍。

10.2.1 数据类型

VBA 的数据类型和定义方式均继承了 Basic 语言的特点。Access 数据表中的字段使用的数据(除 OLE 对象和备注字段数据类型外)在 VBA 中都有对应的类型。除了系统提供的基本数据类型外,VBA 还支持用户自定义数据类型。自定义数据类型实质上是由基本数据类型构造而成的一种数据类型,我们可以根据需要来定义一个或多个自定义数据类型。表 10.1 是 VBA 中不同数据类型的存储空间以及范围的比较。

1. 标准数据类型

类型表示变量的特性,用来决定可保存何种数据。在数据库中创建"表"对象时,已经使用过了字段类型。VBA 也提供了丰富的数据类型,能够使用的数据类型包括 Byte、Boolean、Integer、Long、Currency、Decimal、Single、Double、Date、String、Object、Variant(默认)和用户定义类型等,具体如表 10.1 所示。

表 10.1 VBA 中的数据类型列表

数据类型	存储长度	取值范围
Byte(字节型)	1 字节	0~255
Boolean(布尔型)	2 字节	True 或 False
Integer(整型)	2 字节	−32 768~32 767
Long(长整型)	4 字节	−2 147 483 648~2 147 483 647
Single(单精度浮点型)	4 字节	正数:1.401298E−45~3.402823E38 负数:−3.402823E38~−1.401298E−45
Double(双精度浮点型)	8 字节	正数:4.940 656 458 412 47E−324~1.797 693 134 862 32E308 负数:−1.797 693 134 862 32E308~−4.940 656 458 412 47E−324
Currency(货币型)	8 字节	−922 337 203 685 477.5808~922 337 203 685 477.580 7
Decimal(小数型)	14 字节	无小数点时为 +/−79 228 162 514 264 337 593 543 950 335,有小数点时,有 28 位数,为 +/−7.922 816 251 426 433 759 354 395 033 5,最小的非零值为 +/−0.000 000 000 000 000 000 000 000 000 1
Date(日期型)	8 字节	日期范围:100 年 1 月 1 日~9999 年 12 月 31 日 时间范围:0:00:00~23:59:59
Object(对象型)	4 字节	任何 Object 引用
String(变长)	10 字节	十字符串长 0 到大约 20 亿
String(定长)	字符串长	1~65 400
Variant(数字)		是一种特殊的数据类型,除了定长 String 数据及用户定义类型外,可以包含任何种类的数据。Variant 也可以包含 Empty、Error、Nothing 及 Null 等特殊值

(1) 字节类型(Byte)

Byte 类型的数据范围为 0~255 之间的整数,它不能表示负数,在存储二进制数据时用 Byte 类型很有用。例如,知道一个汉字是一个字符,在计算机内部用两个字节的二进制整数来保存,若需要原封不动地取出这两个字节的值,使用 Byte 类型就很方便了。

(2) 整数类型(Integer)和长整数类型(Long)

这两种类型的数据由于存储长度不同,因此所表示的整数范围也不同(如表 10.1 所示),需要说明的是,Integer 类型和 Long 类型除了可以用日常的十进制整数表示之外,在 VBA 中还可以用八进制和十六进制来表示。

八进制整数的基本数字是 0~7,分别表示八进制中的 0~7,表示一个八进制整数是在该数值的最前面加上前缀 &O、&0 或者 &。十六进制整数的基本数字是 0~9 及 A~F,分别代表十六进制中的 0~15,表示一个十六进制整数是在该数值的最前面加上前缀 &H。

例如,一个十进制整数 25,它对应的八进制整数表示为 &O31(或者 &31、&031),对应的十六进制整数表示为 &H19。

(3) 布尔类型(Boolean)

Boolean 类型亦称逻辑类型,它的数据只有 True 和 False 两种,分别对应着真和假。例如:

Dim flag As Boolean   ´声明 Boolean 类型的变量 flag
flag = True   ´给变量 flag 赋值为 True

当把其他的数值类型转换为 Boolean 值时,0 会转成 False,而非 0 的值则变成 True;当转换 Boolean 值为其他的数据类型时,False 会成为 0,而 True 会成为 1。

(4) 货币类型(Currency)

Currency 类型的数据表示格式为:一个定点数,整数部分有 15 位数字,小数部分有 4 位数字,适用于货币计算与定点计算这种数据精度要求特别高的场合。例如,225@、225.65@均表示货币型数据。

(5) 日期/时间类型(Date)

日期型用来表示日期,日期型有如下两种表示方法。

① 一种是在字面上可被认为日期和时间的字符,表示格式为 mm/dd/yyyy 或 mm-dd-yyyy,日期数据须用符号"#"括起来。例如,#April 1,2011#、#5-1-2011#、#2011-5-1 10:30:00 PM#。

② 另一种以数字序列表示,当其他的数值类型要转换为 Date 型时,小数点左边的数字代表日期,而小数点右边的数字代表时间,0 为午夜,0.5 为中午 12 点,负数代表的是 1899 年 12 月 31 日之前的日期和时间。

在 VBA 中,当前日期及时间可以通过 Now、Date 和 Time 这 3 个函数来获得。

(6) 字符串类型(String)

字符串是一个字符序列,由 ASCII 字符组成。分为变长字符串、定长字符串。长度为 0 的字符串称为空字符串。例如,一个人的姓名(中文或者英文)、电话号码(全部数字)、车牌(中文、英文和数字混合的)等,这些数据在 VBA 中都属于 String 类型。

String 类型的类型声明符为美元号($),表示字符串时必须用一对双引号(")把里面的字符括起来,双引号中所包括字符的个数称为该字符串的长度,它不包括最外面的那一对双引号。例如：

```
Dim Name As String * 8        ′声明定长 String(包括八个字符)类型变量 Name
Name = "张三"                 ′给变量 txtName 赋值为"张三"
Dim Depart As String          ′声明不定长 String 类型变量 Depart
txtDepart = "信息科学技术学院"  ′给变量 txtName 赋值为"信息科学技术学院"
```

由于大小写英文字母的 ASCII 值不同，因此大小写不一致的英文字符串是有区别的，例如，字符串"Computer"与"computer"就是两个不同的字符串，这两个字符串的长度同为 8。另外，字符串中出现的汉字与英文字符一样计算，一个汉字也算一个字符，例如，"VBA 程序设计"这个字符串的长度是 7。特别地，长度为 0 的字符串称为空串，即该串中没有包含任意一个字符，记为""，注意区分空串与空格字符串的区别。

(7) 变体类型(Variant)

Variant 数据类型是所有没被显式声明（用如 Dim、Private、Public 或 Static 等语句）为其他类型变量的数据类型。Variant 数据类型并没有类型声明字符。

Variant 是一种特殊的数据类型，除了定长 String 数据及用户定义类型外，可以包含任何种类的数据。为了更具有适应性，可以用 Variant 数据类型来替换任何数据类型。例如，Variant 变量的值是整数，它可以用字符串来表示数字或是用它实际的值来表示，这将由上下文来决定，例如：

```
Dim MyVar As Variant          ′声明 Variant 类型变量 MyVar
Dim intVar As Integer         ′声明 Integer 类型变量 intVar
intVar = 3                    ′给变量 intVar 赋初值 3
MyVar = 2                     ′给变量 MyVar 赋初值 2
Print intVar + MyVar          ′打印两个变量的和，结果为 5，此处把 MyVar 当成 Integer 变量
```

(8) 对象类型(Object)

对象型是用来表示图形、OLE 对象或其他应用程序中的对象，Object 变量存储为 32 位（4 个字节）的地址形式，其为对象的引用。利用 Set 语句，声明为 Object 变量可以赋值为任何对象的引用。例如：

```
Dim objDb As Object
Set objDb = OpenDatabase("c:\Access 数据库\教学管理数据库.mdb")
```

2. 用户自定义类型

用户可以根据自己的需要将不同类型的变量组合起来，创建自定义类型。使用自定义类型主要是为了保存一些特定的数据（如一条记录数据）。当需要用一个变量来记录多个类型不一样的信息时，自定义类型就十分有用。

用户自定义类型的语法格式如下：

```
[private|public] Type 数据类型名
    变量名 1   As 数据类型
    变量名 2   As 数据类型
    …
End Type
```

补充说明：

① Type 语句只能在模块级使用。使用 Type 语句声明了一个用户自定义类型后,就可以在该声明范围内的任何位置声明该类型的变量。可以使用 Dim、Private、Public、ReDim 或 Static 来声明用户自定义类型的变量。

② 在标准模块中,用户自定义类型按默认设置是公用的。可以使用 Private 关键字来改变其可见性。而在类模块中,用户自定义类型只能是私有的,且使用 Public 关键字也不能改变其可见性。

③ 在 Type...End Type 块中不允许使用行号和行标签。

下面来看一个例子。

```
Type Student
    Name As String * 8        '姓名字段
    Score (1 To 4) As Integer '定义一维 Integer 类型数组 Score,表示两门功课的成绩
    College As String         '所在院系
End Type
```

这里定义了一个由 Name(学号)、Scores(成绩)和 College(所在院系)3 个数据项组成的用户自定义类型,类型名为 Student。

如果要用到用户自定义数据类型中的数据,应该先显式地用关键字 Dim 来声明该类型的变量,然后用到变量时,在变量名与各数据项名之间用小数点来分隔。例如:

```
Dim stu As Student         '声明 Student 类型的变量 stu
stu.Name = "张三"           '给变量 stu 中的 Name 数据项赋值
stu.Score (1) = 85         '给变量 stu 中的 Score 数组元素 Score(1)赋值
stu.Score (2) = 90
stu.College = "信息学院"
```

可以用关键字 With 来简化上述程序中变量名重复的部分。例如:

```
Dim stu As Student
With stu
    .Name = "张三"
    .Score (1) = 85
    .Score (2) = 90
    .College = "理学院"
End With
```

10.2.2 常量

在 VBA 中,尽管有各种不同类型的数据,但归根结底可分为最基本的两种,那就是常量与变量,每种数据类型都声明了属于该类型的常量与变量。

例如这样一些数据:圆周率的常用值为 3.14、自然对数的底 e 为 2.718 28,在数学中都是把它们看成常数来处理的,同样的,在 VBA 中,在程序运行过程中始终保持不变的量称其为常量,常量亦称常数。VBA 中有 4 种常量,分别是普通常量、符号常量、固有常量和系统常量。

1. 普通常量

各种数据类型中都声明了本类型所属的常量，一方面可以是直接给出的，另一方面也可以在这个常数值之后加上类型声明符来显式地声明常量的类型。

① Byte 类型、Integer 类型和 Long 类型：这 3 种类型的常量除了可以采用与日常习惯一致的十进制整数表示外，也可以采用八进制整数或者十六进制整数表示。

例如，100、100&、12、32000、23、&O27、&H17 都是合法的常量，其中前 5 种采用的是十进制表示法，&O27 采用的是八进制表示，&H17 采用的是十六进制表示。100 和 100& 是两种不同类型的常量，其中 100 可以看成是 Byte 类型或者 Integer 类型的常量，但 100& 则是长整数类型，因为它后面跟着类型声明符&；100 和 100&虽然数值相同，但所占用的存储空间不同；对于 Byte 类型而言，100 只占 1 个字节；对于 Integer 类型来说，100 要占 2 个字节；而属于 Long 类型的 100&，它却占用了 4 个字节。

② Single 类型和 Double 类型：这两种类型的常量是可以与日常习惯一致的十进制表示法，例如，3.141 592 6、0.45 和 1.23 都是 Single 类型的，如果是纯小数，则整数部分的零可以省略不写，例如 0.5 可以写成.5，而 0.45# 则为 Double 类型的常量。

除了上述定点小数的表示之外，还可以采用指数表示法，例如，3.141 59E0、0.031 415 9E2 和 314.159E-2 则为 Single 类型的常量，其中 E 表示 10 的多少次方；而 1.35D-2 则表示 Double 类型的常量，其中 D 一方面表示 10 的多少次方，另一方面表示它是 Double 类型的常量。

③ String 类型：字符串常量要用一对英文状态下的双引号括起来，双引号是字符串的定界符，例如，"12315" 和 "现代教育技术" 都是合法的 String 类型常量。

④ Date 类型：Date 类型的定界符为一对英文状态下的双#号。例如，#2010-10-29 18:48:00#、#10/29/2010#、#18:48:00#、#October 29,2010# 都是合法的 Date 类型常量。

2. 符号常量

符号常量在 VBA 的编程中使用得比较多，通常是在程序的开头采用符号常量来声明一个常数，声明的语法如下：

Const 符号常量名 [As 类型名] = 常数值

符号常量在程序运行过程中只能作读取操作，而不允许修改或为其重新赋值，也不允许有与固有常量同名的符号常量。例如：

Const PI = 3.141 592 6
Const SystemName = "Access 2003"
Const BuildDate = #2010-10-15#
Const Age As Integer = 30 ´定义常量 conAge 为 Integer 类型，其值为 30

3. 固有常量

在 Access 中还声明了许多固有常量，并可以使用 VBA 常量和 ActiveX Data Objects (ADO) 常量，还可以在其他引用对象库中使用常量，所有的固有常量任何时候都可在宏或 VBA 代码中使用。

固有常量是以两个前缀字母指明了定义该常量的对象库。来自 Access 库的常量以 "ac" 开头,来自 ADO 库的常量以"ad"开头,来自 Visual Basic 库的常量则以"vb"开头,如 acForm、adAddNew、vbCurrency。

4. 系统定义常量

系统定义的常量有 3 个:True、False、Null,系统定义常量可以在计算机的所有应用中使用。

10.2.3 变量

变量是指在程序运行过程中值会发生变化的数据,例如,气温的高低、年龄的增长等。

1. 变量的命名

变量名的命名与数据库中"表"对象里字段名的命名方法类似,合法的变量名必须符合以下规则。

① 变量名只能由字母、数字、汉字和下划线组成,不能含有空格和除了下划线字符"—"以外的其他任何标点符号,长度不能超过 255。

② 必须以字母开头,不区分变量名的大小写,例如,若以 Bxy 命名一个变量,则 BXY、BxY、bxy 等都被认为是同一个变量。

③ 不能和 VBA 保留字重名,如:不能以 IF 命名一个变量。

2. 变量的声明

为了提高 VBA 系统效率,使用变量前要先声明再使用。一般来说,在程序中声明变量要使用关键字 Dim,格式如下:

Dim 变量名 1[As 类型名 2],变量名 2[As 类型名 2],……

例如:

Dim StudID As String, StudScore As Integer

Dim StudFlag As Boolean

上面定义了 String 类型的变量名 StudID、Integer 类型的变量名 StudScore、Boolean 类型的变量名 StudFlag。

变量名除了使用 Dim 来声明之外,还有一种简便的方法,那就是在变量名的后面紧跟类型声明符,使用了哪种类型的声明符,就表明了该变量是什么类型的。例如:

age% = 18   ´带 % 的表示该变量是 Integer 类型的

grade! = 9.875   ´带 ! 的表示该变量是 Single 类型的

3. 使用 Option Explicit 声明变量

在 VBA 中允许在对变量未作任何声明的情况下就使用一个变量,这种方式称为隐式声明,默认的设置就是隐式声明,这与前面介绍的通过 Dim 或者使用类型声明符来声明变量完全不同。在 VBA 中凡未经声明的变量都是 Variant 类型的,因此若需要指明变量是哪种具体数据类型时就需要额外处理(如类型转换等),否则存在出错的隐患。

因此,建议在使用变量时还是遵守"先声明再使用"的原则(即显式声明),方法就是将 Option Explicit 语句设置在模块中所有的过程之前。例如:

Option Explicit   ´设置变量的显式声明

```
Dim MyVar As Integer          '声明变量 MyVar 是 Integer 类型的变量
MyVar = 10                    '对变量 MyVar 赋值,能正确执行
YourVar = 20                  '变量 YourVar 由于未经声明,使用时会报错
```

4. 变量的默认值

除了 Object 类型外,其他数据类型的变量都有默认值。变量一经声明,则所有的数值类型(包括 Byte、Integer、Long、Single 和 Double)的变量的初始值都为 0,Boolean 类型的初始值为 False,String 类型的初始值为空串(即长度为 0 的字符串,记为""),Date 类型的初始值为 0 时 0 分 0 秒,即使没有对上述变量赋值,它们的初始值仍能直接使用。

10.2.4 数组

单个变量只能保存一个值,而数组所表示的是一组具有相同数据类型的值,与数学中所说的数列有些相似。使用数组之前必须先声明,格式如下:

Dim 数组名[下标下界 to]下标上界限[,[下标下界 to]下标上界限] As 数据类型

(1) 下标下界确定方式

在定义数组时,每个下标都有上界和下界,其中下标下界可以省略,下界省略时则默认下标下界为 0,也可以通过在模块的通用声明部分使用 Option Base 语句,来改变下界的默认值,例如,Option Base 1 指定数组的默认下标下界为 1。

(2) 数组的维数

根据数组的下标个数不同可分为一维数组、二维数组和多维数组等,一般只用到一维数组和二维数组。例如:

```
Dim studScore (1 To 3) As Integer
'定义一个 Integer 类型的一维数组 studScore,下标范围为 1~3,共三个数组元素
'分别表示为 studScore(1)、studScore(2)和 studScore(3)
studScore (1) = 85  '给数组元素 studScore(1)赋值 85
studScore (2) = 90
studScore (3) = 95
```

上述定义的是一维数组,即数组中只有一个下标在变化,VBA 中的数组还支持多维数组,最多可以定义 60 维数组,但数组越大所占用的存储空间也会越大。例如:

```
Dim array1 ( 1 To 3, 1 To 4) As Integer
```

定义了一个二维数组,第一下标(也称行下标)变化范围为 1~3,第二下标(也称列下标)变化范围为 1~4,整个二维数组共有元素 3×4=12 个。

```
Dim array2 ( 1 To 3, 5, 2 To 6 ) As Single
```

定义了一个三维数组 array2,第一下标变化范围为 1~3,第二下标变化范围为 0~5,第三下标变化范围为 2~6,整个三维数组共有元素 3×6×5=90 个。

(3) 数组的类型

按数组元素个数是否可变分为:静态数组和动态数组。前者总保持同样的大小,而后者在程序中可根据需要动态地改变数组的大小。

① 静态数组是指数组一旦被定义,其数组元素的个数就不能改变了。例如:

```
Dim Array(10) As Integer
```
这条语句定义了一个有 11 个整型数组元素的数组,数组元素从 Array(0)～Arry(10),每个数组元素为整型变量,这里只指定数组元素下标上界来定义数组,数组元素的个数不能够改变。

② 动态数组是指数组元素的个数是不定的,在程序运行中可以改变数组元素的个数。很多情况下,不能明确知道数组中应该有多少元素时,可使用动态数组。

动态数组的定义方法是:先使用 Dim 来声明数组,但不指定数组元素的个数,而在以后使用时再用 ReDim 来指定数组元素个数,称为数组重定义。在对数组重定义时,可以使用 ReDim 后加保留字 Preserve 来保留以前的值,否则使用 ReDim 后,数组元素的值会被重新初始化为默认值。例如:

```
Dim Array ( ) As Integer     ´声明动态数组
ReDim Arry(5)                ´数组重定义,分配 5 个元素
For i = 1 To 5               ´使用循环给数组元素赋值
    Array(i) = i
Next i
Rem 数组重定义,调整数组的大小,并抹去其中元素的值
ReDim Array (10)             ´重新设置为 10 个元素,IntArray (1)至 IntArray(5)的
                              值不保留
For i = 1 To 10              ´使用循环给数组元素重新赋值
    Array (i) = i
Next i
Rem 数组重定义,调整数组的大小,使用保留字 preserve 来保留以前的值
ReDim preserve Array(15)     ´重设置为 15 个元素,IntArray(1)至 IntArray(10)的值保留
For I = 11 To 15             ´使用循环给未赋值数组元素赋值
    Array (I) = I
Next I
```

ReDim 语句只能出现在过程中,可以改变数组的大小和上下界,但不能改变数组的维数。执行不带 Preserve 关键字的 Redim 语句时,数组中存储的数据会全部丢失,VBA 将重新设置其中元素的值为系统默认值。对于 Variant 变量类型的数组,设为 Empty;对于 Numeric 类型的数组,设置为 0;对于 String 类型的数组则设为空字符串;对象数组则设为 Nothing。使用 Preserve 关键字,可以改变数组中最后一维的边界,但不能改变这一维中的数据。

10.2.5 函数

在 VBA 中,系统提供了一个比较完善的函数库,函数库中有一些常用的且被定义好的函数供用户使用。系统提供的函数称为标准函数,这些函数用户可以直接使用而不必再声明。常用标准函数的一般形式为:

函数名(参数 1,参数 2,……)

其中,函数名必不可少,在函数之后的小括号中包含了运行该函数所需要的参数。根据某个

函数所含参数个数的多少,可以把函数分为无参函数和有参函数。无参函数即没有参数的函数,而有参函数的参数个数则可多可少,可以是一个或者多个;函数的参数可以是常量、变量或者表达式,要求各个参数之间用逗号分隔。

VBA 提供了大量的标准函数,按函数功能划分,可分为:数学函数、字符串函数、日期时间函数、转换函数和格式输出函数等。

1. 数学函数

数学函数即用于完成数学计算方面的函数,表 10.2 列出了一些常用的数学函数。

表 10.2 常用的数学函数

函　　数	返回值	示　　例
Abs(number)	number 的绝对值	Abs(−30),结果:30
Sqr(number)	number 的平方根	Sqr(25),结果:5
Exp(number)	e 的 number 次方的值	Exp(1),结果:2.71828182845905
Log(number)	Number 的自然对数	Log(Exp(1)),结果:1
Int(number)	不大于 number 的最大整数	Int(−2.8),结果:−3
Sin(number)	Number 角(单位弧度)的双精度正弦值	Sin(3.14),结果:0.0051592965291648683
Round(expression [,numdecimalplaces])	Expression 四舍五入,保留 numdecimalplaces 位小数	Round(6.6549,3),结果:6.655
Rnd[(number)]	大于或等于 0,但小于 1 的单精度随机数	如 Rnd(),结果可能为:0.4356402

补充说明:

① 对于三角函数而言,这里的参数以弧度值为单位,而不是以度为单位,因此在已知度数求某个三角函数值的时候,需要首先将度数转换为弧度然后再计算。

② Sqr(N)函数用于求算术平方根,运行时函数的参数不能为负数。

③ 对于取整函数 Int(x)和 Fix(x),当参数 x 的值大于等于 0 时,这两个函数的值完全相同,都是对参数 x 进行截尾取整;如果参数 x 的值为负数,则二者含义不同,Int(x)返回的是小于等于 x 的最大整数,而 Fix(x)返回的是大于等于 x 的最小整数,使用时应注意二者的区别。

④ Sgn(x)函数用于求 x 的符号值,即:$x>0$ 返回 1,$x=0$ 返回 0,$x<0$ 则返回 1。

⑤ Rnd(x)函数用于产生一个随机位于区间(0,1)内的纯小数,这里的参数 x 称为随机数种子,它的值决定了 Rnd 生成随机数的方式。

假设 A 和 B 是两个正整数,同时 $A<=B$,要产生[A,B]之间的随机整数,可以使用以下公式:Int(Rnd ∗ (B−A+1)) + A。

例如,产生位于[100,300]之间的随机整数的公式为:Int(Rnd ∗ 201)+100。

⑥ 在使用随机数生成函数 Rnd 之前,需要对随机数发生器进行初始化,以便产生不同的随机数,在 VBA 中使用 Randomize 语句来初始化,该函数的使用格式为:

Randomize[数值表达式]

例如:

Randomize Timer　　　'通过 Timer 函数返回的秒数来充当随机数种子

2. 字符串函数

字符串函数即用于字符串处理方面的函数,表 10.3 列出了一些常用的字符串函数。

表 10.3 常用的字符串函数

函 数	返回值	示 例
Left(string,length)	string 左起 length 个字符的子串	Left("Access 2003",6),结果:"Access"
Right(string,length)	string 右起 length 个字符的子串	Right("Access 2003",4),结果:"2003"
Mid(string,start[,length])	string 中从 string 开始的 length 个字符的字串,省略 length,表示取到串末	Mid("Access 2003",2,4),结果:"ccess"
InStr([start,] string1, string2)	从 start 开始查找,返回字符串 string2 在 string1 中的最先出现的位置	InStr(8,"高等教育出版社和机械工业出版社","出版社"),结果:13
Replace(expression, find, replace[,start[,count]])	返回一个字符串,在 expression 字符串中查找 find 子字符串,找到后用 replace 字符串替换。start 指定搜索的开始位置,默认为 1;count 指定依次替换的次数	Replace("滨海学院和江洲学院","学院","大学"),结果:"滨海大学和江洲大学"
Len(string)	字符串所含字符个数	Len("Access 2003"),结果:11
Trim(string)	删除 string 字符串前和后的空格	Trim(" Access "),结果:"Access"
Space(number)	number 个空格	Space(5),结果:" "
UCase(string)	string 中小写字母均转换为大写	UCase("Access"),结果:"ACCESS"
LCase(string)	string 中大写字母均转换为小写	LCase("AcCeSS"),结果:"access"
Val(string)	string 字符串转换为数字	Val("2.715"),结果:2.715
Str(number)	number 转换为字符串,非负数以空格开头,负数以负号开头	Str(35.72),结果:" 35.72"
Chr(charcode)	返回 ASCII 码为 harcode 的字符	Chr(68),结果:"D"
Asc(string)	string 中首字符的 ASCII 码	Asc("Data"),结果:68

3. 日期/时间函数

日期/时间函数是专门用来处理日期和时间的,表 10.4 列出了这方面的标准函数。

表 10.4 常用的日期/时间函数

函 数	返回值	示 例
Time()	以 HH:MM:SS 格式返回系统当前时间	"时间为:" & Time(),结果:时间为:10:25:30
Date()	返回系统的当前日期	Date()+Time(),结果:08-5-14 10:25:30
Now()	返回系统当前的日期和时间	Now(),结果:08-5-14 10:25:30
Year(date)	从日期或字符串 date 返回年份整数	Year(date()),结果:2008
DatePart(interval, date)	Date 日期中 interval 字符串表示的部分。Interval:yyyy(年),m(月),d(日),y(年中至日的天数)	DatePart("yyyy",#08-5-10#),结果:2008 DatePart("y",#08-5-10#),结果:85
DateSerial(year,month,day)	将 year,month,day 等数值表达式指定的年月日转换为日期	DateSerial(2008,5,25),结果:08-5-25
CStr(expression)	将日期表达式转换为字符串	"日期为:" & CStr(Date()),结果:日期为:08-5-25

4. 转换函数

转换函数用来实现不同类型数据之间的转换,常用的转换函数如表10.5所示。

表 10.5 常用的转换函数

函 数	返回值	示　例
Val(C)	将数字字符串转换为数值	Val("123")=123,Val("123abc12")=123
Str(N)	将数值转换成字符串	Str(123.45)="123.45"
Cint(N)	将 N 四舍五入取整	Cint(8.6)=9,Cint(8.4)=8
Hex(N)	将十进制数转换为十六进制数	Hex(23)=17,Hex(23)=&HFFE9
Oct(N)	将十进制数转换为八进制数	Oct(23)=27,Oct(23)=&0177751

补充说明:

① Str()函数在将非负数转换为字符串之后,会在结果字符串的最左边增加空格来表示符号位。例如,Str(123.45)的结果不是"123.45",而是"123.45",此时 Len(Str(123.45))的结果应该是 7,即转换后的字符串长度为 7;而 Str(123.45)的结果是"123.45",该字符串的长度也为 7。

② 用 Val()函数将数字字符串转换为数值时,若遇到字符串中出现非数值以外的符号时,则转换立即停止,函数返回的是停止转换前的结果;若第一个字符就不符合要求,则返回 0。例如,Val("2010CUBA")=2010,而 Val("CUBA2010")=0。

5. 常用的验证函数

在对输入的数据进行类型验证时,可以使用 VBA 提供的一些相关的函数(如表10.6所示),例如,利用文本框控件输入一个数据,若判断它是否是数值类型(即整数或实数),可以使用 IsNumeric()这个标准函数。

表 10.6 常用的验证类函数

函数名	返回值	说　明
IsNumeric	Boolean	判断表达式的结果是否为数值,是数值则返回 True,否则返回 False
IsDate	Boolean	判断表达式是否是日期类型的,若是则返回 True
IsNull	Boolean	判断表达式的结果是否为无效数据(Null),若是则返回 True
IsEmpty	Boolean	判断某个变量是否已经初始化,若是则返回 True
IsArray	Boolean	判断变量是否为一个数组,若是则返回 True
IsError	Boolean	判断表达式是否为一个错误值,若是则返回 True
IsObject	Boolean	判断标识符是否是 Object 类型的变量,若是则返回 True

6. 输入输出函数

(1) InputBox()函数

功能:显示一个对话框,等待用户输入正文或按下按钮,返回输入的内容。

格式:

InputBox(prompt[,title][,default][,xpos][,ypos][,helpfile,context])

参数说明如下。

prompt(提示)：必选参数，在对话框中作为提示信息，可以是字符串、表达式或汉字，内容最长约为1 024个字符。提示内容要用多行时，必须在每行行末加回车符(Chr(13))和换行符(Chr(10))。

title(标题)：可选参数，在对话框中作为标题提示信息，可以是字符串表达式。若省略，则把应用程序名显示在标题栏中。

default(默认值)：可选参数，字符串表达式，当输入对话框中无输入时，该默认值作为输入的内容。

xpos(x坐标位置)、ypos(y坐标位置)：可选参数，整型数值表达式，单位为twip。分别指定对话框的左边与屏幕左边的水平距离、对话框的上边与屏幕上边的距离。若省略，则对话框水平居中和垂直放置于距下边大约1/3的位置，屏幕左上角为坐标原点。

helpfile(帮助文件)：可选参数，字符串表达式，用于识别帮助文件，在输入对话框中增加"帮助"按钮，为输入对话框提供上下文相关的帮助。如果选用了helpfile参数，则必须选用context参数。

context(帮助文件)：可选参数，数值表达式，指定某个帮助主题的帮助上下文编号。如果选用了context参数，则必须选用helpfile参数。

在调用该函数时，若省略中间部分参数，则分隔符逗号","不能省略，因为函数是通过位置来识别某个参数的。

例如，使用下面的调用语句可打开如图10.1所示的输入对话框。调用语句：
strx = InputBox("请输入内容:","输入对话框","ABC",5000,4000,"使用说明",1)

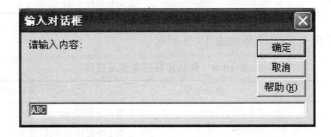

图10.1　InputBox输入对话框

(2) MsgBox()函数与MsgBox过程

Msgbox用于打开一个信息框，等待用户单击按钮并返回一整数值，告诉系统用户单击了哪一个按钮，若不需要返回值，可直接作为命令语句使用，显示提示信息。

在VBA中可以函数的形式调用，格式：
Msgbox(prompt[,buttons] [,title] [,helpfile,context])

参数说明如下。

prompt：必选项。字符串表达式，作为显示在对话框中的消息。prompt的最大长度大约为1 024个字符。

buttons：可选项。数值表达式，指定显示按钮的数目及形式、使用的图标样式。如果省略，则buttons的默认值为0。可以使用内部常数或数字，设定值与按钮的数目的对应关系如表10.7所示。

title：可选项。在对话框标题栏中显示的字符串表达式。

helpfile：可选项。字符串表达式，识别用来向对话框提供上下文相关帮助的帮助文件。如果提供了 helpfile，则也必须提供 context。

context：可选项。数值表达式，指定帮助主题的上下文编号。

表 10.7　参数设置值及其描述

内部符号常量	数字值	按钮名称
VbOkOnly	0	"确定"
VbOkCancel	1	"确定"、"取消"
VbAbortRetryIgnore	2	"终止"、"重试"、"忽略"
VbYesNoCancel	3	"是"、"否"、"取消"
VbYesNo	4	"是"、"否"
VbRetryCancel	5	"重试"、"取消"

图标式样设定值与式样对应关系如表 10.8 所示。

表 10.8　图标式样设定值及作用

使用内部常数	使用数字	图标式样
VbCirtical	16	红色× 标志
VbQuestion	32	询问信息图标？
VbExclamation	48	警告信息图标！
VbInformation	64	信息图标 i

默认按钮设定值与应用结果如表 10.9 所示。

表 10.9　默认按钮设定值及应用

使用内部常数	使用数字	图标式样
Vbdefaultbutton1	0	第 1 个按钮为默认
Vbdefaultbutton2	256	第 2 个按钮为默认
Vbdefaultbutton3	512	第 3 个按钮为默认

buttons（按钮）的多个设定值可以使用加号"＋"连接起来。

例如，使用如下语句调用 Msgbox 函数：

intx = MsgBox("提示信息：",1＋Vbquestion＋ Vbdefaultbutton1＋0,"标题信息")

运行结果如图 10.2 所示。

按"确定"按钮，intx 返回 1；按"取消"按钮，intx 返回 2。

也可以在程序语句中使用 Msgbox 过程，例如，使用如下语句：

MsgBox "提示信息：",1＋Vbquestion＋ Vbdefault-button1＋0,"标题信息"

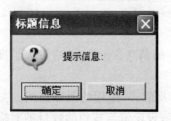

图 10.2　运行结果

与调用 Msgbox 函数的区别是：MsgBox 过程没有返回值，MsgBox 过程的参数不用写在括号内，因此常用于简单信息的提示。

10.2.6 运算符与表达式

VBA 中提供了许多运算符来完成各种不同类型的运算，根据运算对象的不同，把这些运算符分为 4 大类，分别是：算术运算符、关系运算符、逻辑运算符和连接运算符。

1. 算术运算符

VBA 中提供的算术运算符如表 10.10 所示。

表 10.10 算术运算符

运算符	含 义	优先级	举 例
^	幂运算	1	2^3＝8,(2)^3＝8
－	取相反数	2	－2,－2^2＝－4,(－2)^2＝4
*	乘法	3	4*8＝32,2.5*4＝10
/	除法	3	10/4＝2.5,10/5＝2,10/3＝3.333 333 3
\	整数整除	4	10\3＝3,9.6\5＝2,9.3\5＝1,(10.6)\(2)＝5
Mod	求模(或者取余)	5	10 Mod 3＝1,(10)Mod 3＝3,9.6 Mod 3.2＝1
＋	加法	6	3＋2＝5,3.1＋2.5＝5.6
－	减法	6	5－3＝2,5.6－3.1＝2.5

补充说明：

① 对于除法运算符(/)而言，如果得到的结果是能够整除的，则结果不含小数点，否则会出现小数点。例如，3.6 / 0.6 ＝6,3.6/6＝0.6。

② 对于整数整除运算符(\)，实际上就是求两个整数相除之后得到的整数商，不含小数。如果在被除数或者除数当中出现了实数，则在运算之前首先按照四舍五入的要求把实数转换为整数，然后再进行两个整数的整除运算。

③ 对于求模运算(Mod)，实际上就是求两个整数相除之后所得的余数。例如，a Mod b，如果 a 或者 b 中出现了实数，则首先按照四舍五入的原则统一转换为整数，最后结果的符号位与 a 相同。

④ 在表 10.10 所示的 8 种算术运算符中，只有取相反数运算符()是单目运算符(或称一元运算符)，其他 7 种运算符都是双目运算符(或称二元运算符)。

⑤ 8 个算术运算符的优先级如表 10.10 所示，数值越小的优先级越高。例如：
15 \ 4 Mod 2 ＝ (15 \ 4) Mod 2 ＝ 3 Mod 2 ＝ 1

⑥ 除了整数和实数可以参与上述的算术运算外，Data 类型的数据也可以进行加法和减法的运算，其中加法是指一个 Date 类型数据与一个整数相加；减法可以是两个 Date 类型数据相减，或者是一个 Date 类型数据减去一个整数。例如：

＃1990－10－29＃ ＋ 3 ＝ ＃1990－11－1＃
＃1990－10－29＃ － 3 ＝ ＃1990－10－26＃
＃1990－10－29＃ － ＃1990－10－26＃ ＝ 3

2. 关系运算符

关系运算符用来比较两个操作数之间的大小关系,因此也称为比较运算符。关系运算符全部都是双目运算符,运算形式为"a 关系运算符 b",如果表达式成立,则返回 True(真值),否则返回 False(假值)。VBA 所提供的关系运算符如表 10.11 所示。

表 10.11 关系运算符

运算符	功能	优先级	示例
=	等于	7	"BOOK"="BOOK",结果 True
>	大于	7	"BOO">"BOOK",结果 False
>=	大于等于	7	"BOOKS">="BOOK",结果 True
<	小于	7	5<3,结果 False
<=	小于等于	7	5<=3,结果 False
<>	不等于	7	5<>3,结果 True
Is	对象引用比较	7	Is Null 或 Is Not Null
Like	字符串匹配	7	"BOOK" Like "?O*",结果 True
Between…And	在…之间	7	[出版日期]Between #01-1-1# And #07-1-1#

3. 逻辑运算符

逻辑运算符用来进行逻辑判断,VBA 所提供的逻辑运算符如 10.12 所示。

表 10.12 逻辑运算符

运算符	功能	优先级	含义	示例
Not	非	8	取右边逻辑值的反值	Not "BC"<"CB",结果 False
And	与	9	两边都为真才得真,否则为假	-1 And "BC"<"CB",结果 True
Or	或	10	两边有一个为真就得真,否则为假	False Or 3=5,结果 False
Xor	异或	11	两边有且只有一个为真就得真,否则为假	True Xor 5>6,结果为 True

补充说明:

① 表 10.12 所示的 4 种逻辑运算符中,只有 Not(逻辑非运算)是单目运算符,其他 3 种运算符 And(逻辑与运算)、Or(逻辑或运算)和 Xor(逻辑异或运算)都为双目运算符。

② 逻辑表达式的结果属于 Boolean 类型,结果非真即假,只能是 True 或者 False 中的一个。

③ 这 4 种逻辑运算按优先级从高到低依次为:Not > And > Or > Xor。

4. 字符串连接运算符

VBA 提供了字符串的连接运算,可以采用"&"和"+"这两种运算符来实现字符串的合并,具体解释如下。

"&"运算符:强制两个表达式做字符串的首尾连接。

"+"运算符:若两个表达式都是字符串,则做字符串的首尾连接,则做算术运算的加法。

表 10.13 显示了两个表达式取值类型的不同排列,因此得到的最后结果也不相同。在具体编程时,如果希望执行两个字符串的连接运算,建议统一使用 & 运算符;如果希望将字符串当成数值类型(即整数类型或实数类型)来参与运算,则建议使用各自的类型转换函数先把字符串转换为数值类型,然后再进行运算。

表 10.13 两种连接运算符的使用效果

操作数 a	操作数 b	$a+b$ 的结果	$a\&b$ 的结果
"100"	"200"	"100200"	"100200"
100	200	300	"100200"
"100"	200	300	"100200"
100	"200"	300	"100200"
"100CUBA"	200	报错,类型不匹配	"100CUBA200"

5. 表达式和优先级

把一些操作对象(例如常量、变量或者函数),通过上述的运算符连接在一起,所构成的式子称为表达式。

当一个表达式中出现了多种不同类型的运算符时,到底先运算哪个后运算哪个,这在 VBA 中是有规定的。在一个表达式中,运算进行的先后顺序取决于运算符的优先级,即优先级高的先运算,优先级低的后运算,如果两个运算符的优先级一样,则按照从左到右的顺序进行。

各种运算符的优先级在 VBA 中是这样规定的。

① 优先级由高到低的顺序:

算术运算符＞字符串连接运算符＞关系运算符＞逻辑运算符

② 所有关系运算符(如表 10.12 所示)的优先级是相同的,因此在运算时按照从左到右的顺序来执行。

③ 小括号的优先级最高,因此允许用添加小括号的方法来改变运算符的执行顺序。

下面来看几个例子。

例 10.1 计算表达式 12*3/4－7 mod 2＋2＞3 的值。

根据对运算符优先级的分析,上式等价于下式:

((12*3/4)(7 mod 2)+2)>3 =((36/4)(1)+2)>3 =(9*1+2)>3=10>3 = True

例 10.2 分别计算表达式(12＜5)+3 和(12＞5)+3 的值。

在 VBA 中,如果 Boolean 类型的数据(即 True 或 False)参与运算,则 True 转换为 1,而 False 转换为 0。因此本例的两个表达式的求解过程如下:

(12＜5)+3 = (False)+3 = 0＋3 = 3
(12＞5)+3 = (True)+3 = (1)+3 = 2

例 10.3 分别输入 3 个大于 0 的实数 a、b 和 c,如何判断这 3 个实数是否能够构成三角形? 根据构成三角形三边的关系,该判断条件可以这样写:

a+b ＞ c And b+c ＞ a And c+a ＞ b

10.3 创建 VBA 模块与编程环境

10.3.1 VBE 编程环境

1. 类模块进入的 4 种方法

(1) 进入相应对象的设计视图窗口(例如,窗体或报表),将鼠标指向窗体或报表,选择视图菜单下的代码命令,则可进入 VBE(Microsoft Visual Basic)窗口,如图 10.3 所示。

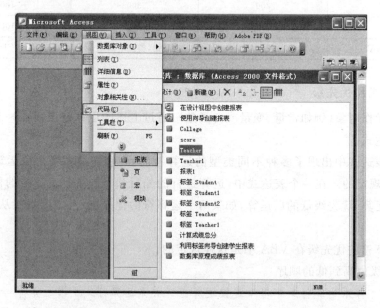

图 10.3　进入 VBE 方法 1

(2) 进入相应"设计视图",鼠标右键单击窗体的左上角的黑块(■),在快捷菜单中选择"事件生成器",即可进入 VBE 窗口,如图 10.4 所示。

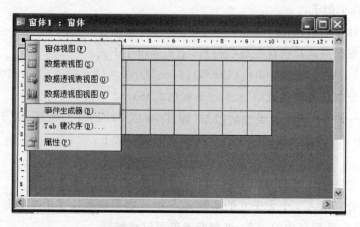

图 10.4　进入 VBE 方法 2

(3) 在窗体的属性对话框中,单击"事件"选项卡选中某个事件,选中某个事件,即可见到该栏右侧的"…"引导标记,双击即可进入 VBE 窗口,如图 10.5 所示。

图 10.5　进入 VBE 方法 3

(4) 选中某个"控件"弹出属性对话框,在"事件"选项卡下,选择"进入"项的"事件过程"选项,再单击属性栏右侧的"…"引导标记,则可进入 VBE 窗口,如图 10.6 所示。

图 10.6　进入 VBE 方法 4

2. 标准模块进入方法

标准模块是包含过程、类型以及数据的声明和定义的模块,在标准模块中,模块级别声明和定义都被默认为 Public(全程)。在 Visual Basic 的早期版本中将标准模块看成代码模块也进入了 VBE 窗口,编辑程序要在标准模块中完成。进入标准模块的方法如下。

(1) 由创建进入,在模块对象下,单击工具栏的"新建"即可进入。

(2) 对已建的模块,在模块对象下,双击某模块即可进入。

(3) 在数据库窗体设计视图中,单击工具菜单下的"宏"下的"Visual Basic 编辑器"选项即可进入,如图 10.7 所示。

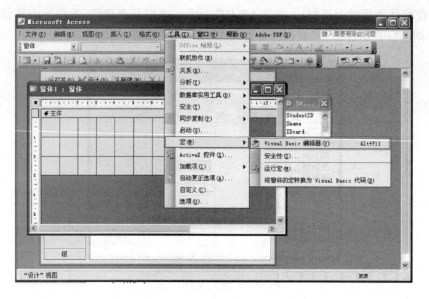

图 10.7　通过菜单进入标准模块

10.3.2　VBE 编程窗口与编辑器

1. VBE 窗口

以上介绍了如何进入 VBE 编程环境,即如何打开 VBE 编程窗口。VBE 是一个开发环境,在其中可以创建和编辑 Visual Basic for Applications(VBA)代码。

如图 10.8 所示是 VBE 编程窗口。

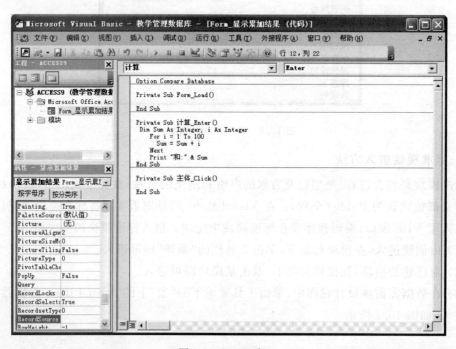

图 10.8　VBE 窗口

(1) 窗口左上半部分的"工程"窗口,实际上是一个"工程项目管理器",还有 3 个按钮(查看代码、切换文件夹、查看对象)可管理自己的数据库系统。

(2) 窗口左下半部分的"属性"窗口,列出了所有对象的属性。

(3) 窗口右侧的上半部分是"代码"窗口,为 VBA 代码输入、编辑窗口,在该窗口,用户可以同时打开多个模块,模块之间还可互相复制、移动、粘贴。

2. 工具栏

编辑与运行程序,工具是不可缺少的,为了方便使用,系统提供了"标准"、"编辑"、"调试"等工具栏,当进入 VBE 窗口后,即可见到标准工具栏,如图 10.9 所示,鼠标放在上面可以显示工具栏名称,若要用其他工具栏,用户可通过单击"视图/工具"菜单调出。

(1) "视图切换"按钮:切换到 Access 窗口。

(2) "插入模块"按钮:用于插入新模块对象。只要单击此按钮,系统将自动新建另一模块对象,并置新模块对象为当前操作目标。

(3) "运行"按钮:运行模块程序。

(4) "中断"按钮:终止正在运行的程序,进入模块设计状态。

(5) "暂停"按钮:暂停正在运行的程序。

(6) "设计模式"按钮:在设计模式与非设计模式之间切换。

(7) "工程资源管理器"按钮:打开或关闭工程资源管理器窗口。

(8) "属性"按钮:打开或关闭属性窗口。

(9) "对象浏览器"按钮:打开或关闭对象浏览器窗口。

图 10.9 标准工具栏

3. 代码窗口的说明

在编辑代码过程中,随时可以让系统提供各种帮助。在代码窗口空白处右击,可弹出快捷菜单,从中得到各种信息。"代码窗口"主要有"对象"列表框、"过程/事件"列表框。

(1) "对象"列表框:显示对象的名称。单击列表框中的下拉箭头,可查看或选择其中的对象,对象名称为建立 Access 对象或控件对象时的命名。

(2) "过程/事件"列表框:在"对象"列表框选择了一个对象后,与该对象相关的事件会在"过程/事件"列表框显示出来,可以根据应用的需要设置相应的事件过程。

10.3.3 创建新过程

1. 模块、过程的关系

模块是由若干个过程组成。过程分两种类型,即 SUB 子过程和 Function 函数过程。

2. 模块的结构

模块的结构如图 10.10 所示。

Access数据库技术及应用

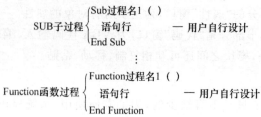

图 10.10 模块结构示意图

 注意：

(1) 保存的模块名是可以在"模块"对象下运行的。

(2) 保存在模块中的过程仅建立了过程名，是可以在过程中相互调用的，还可使用 CALL 过程名实现命令调用。

3. 创建新过程

创建一个新过程必须是在创建了的模块中产生。操作步骤如下。

(1) 在"模块"对象状态下，单击"新建"，进入模块编辑状态，并自动添加上"声明"语句，如图 10.11 所示。

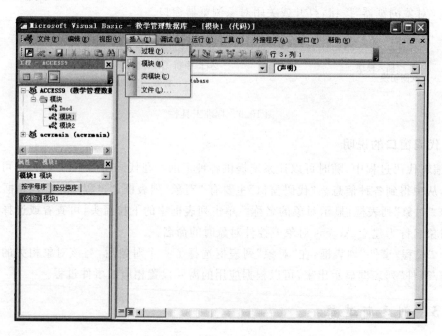

图 10.11 进入过程操作步骤

(2) 单击"插入"菜单下的"过程"选项，弹出"添加过程"对话框，如图 10.12 所示。

(3) 也可以在 VBE 窗口，单击"工具栏"的"过程"工具按钮，也可启动"添加过程"对话框。

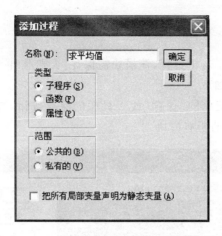

图 10.12 "添加过程"对话框

(4) 在添加对话框中定义过程名,例如,在"名称"栏中输入"求平均值",单击"确定",系统自动进入新建过程的状态,如图 10.13 所示,并在代码窗口的声明语句后,添加上以"求平均值"为名的过程说明语句。

图 10.13 过程代码窗口

(5) 这时用户可以在过程说明语句 SUB…END SUB 之间编写具体程序。

(6) 若创建一个函数过程,需在"添加过程"对话框中的"类型"栏中选中"函数",如图 10.12 所示,若在"名称"栏中,输入函数名"计算等差序列",这时在代码窗口的声明语句之后,添加上如下的以"计算等差级数"为名的函数过程说明语句:

Public Function 计算等差序列()
…
End Function

10.3.4 保存模块

当在一个模块中建立了若干过程,该模块需保存,否则退出 Access 后,将丢失。
保存模块的操作步骤如下。

(1) 单击"文件"下拉菜单的"保存"或工具栏的保存按钮,则弹出"保存"对话框,如图 10.14 所示,列出当前编辑的所有模块。

图 10.14 "保存"对话框

(2) 选择要保存的模块,单击"是",弹出"另存为"对话框,如图 10.15 所示,输入模块名称,即可在 Access 的模块对象中(如图 10.16 所示)见到。

图 10.15 "另存为"对话框

图 10.16 生成模块列表

10.4 Access 程序设计

程序设计就是用一种计算机语言,结合一个具体应用问题,编出一套计算机能够执行的程序,以达到解决问题的目的。

使用某一计算机上的语言编制程序,传统的实现程序设计的方法采用面向过程的程序设计方法,而自 20 世纪 90 年代以来,产生了一个新的观点,即采用面向对象,进行程序设计的原理和方法。这种方法是将问题的实现过程看成是分类过程加状态变换过程,即将系统逐步划分为相互关联的多个对象,并建立这些对象之间的联系,利用系统提供的各种工具软件来完成问题的解决。这要求用户对解决的问题有主要的设计方案,并对实现面向对象程序设计的工具软件比较熟悉即可达到目的,主要精力放在宏观上。

VBA 提供面向对象的设计功能和可视化编程环境。一般的高级语言均提供传统的结构化程序设计思想,目前,大多数高级语言还提供面向对象的程序设计方法。传统的结构化程序设计有如下 4 种基本结构,本节主要讨论程序的基本结构形式及其实现方法。

(1) 顺序结构程序(也称直接程序,即无分支、按顺序执行的程序)。
(2) 分支结构程序。
(3) 循环结构程序(含单重循环程序、双重循环程序、多重循环程序)。
(4) 过程结构程序。

10.4.1 程序设计中语句书写规则

在程序的编辑中,任何高级语言都有自己的语法规则、语言书写规则,否则系统不会辨认,也就会产生错误。VBA 程序语句有自己的书写格式,主要规定如下:

(1) 不区分字母的大小写。
(2) 在书写标点符号和括号时,要用西文格式。
(3) 在语句中的关键字的首字母均转换成大写,其余字母转换成小写。
(4) 对用户自定义的变量和过程名,VBA 以第一次定义的格式为准,以后引用输入时自动向首次定义的格式转换。
(5) 通常将一条语句写在一行,若语句较长,一行写不下时,可在要续行的行尾加上续行符(空格+下划线"_"),在下一行续写语句代码。
(6) 在同一行上可以书写多条语句,语句间用冒号":"分隔,一行允许多达 255 个字符。输入一行语句并按 Enter 键,VBA 会自动进行语法检查,如果语句存在错误,该行代码以红色提示(或伴有错误信息提示)。

10.4.2 程序设计中的基本语句

下面详细介绍一下在 VBA 中的几个常用的基本语句。

1. 注释语句

通常,一个好的程序一般都有注释语句,这对程序的维护以及代码的共享都有重要意义。在 VBA 程序中,注释可以通过使用 Rem 语句或用单引号"'"实现,其中注释语句在程序执行过程中不执行。

(1) 使用 Rem 语句

Rem 语句在程序中作为单独一行语句,Rem 语句多用于注释其后的一段程序。

语句格式为:Rem 注释内容。

(2) 使用西文单引号"'"

可使用单引号"'"引导注释内容,用单引号引导的注释可以直接出现在一行语句的后面。

语句格式为:'注释内容。

下面是一个注释语句使用举例:

Rem 定义 2 个字符型变量

Dim Str1, Str2 As String

Str1 = "教学管理系统" 'Str1 变量记下教学系统的名称

Str2 = "Access 数据库应用教程":Rem Str2 变量记下"Access 数据库应用教程"字符串

说明:添加到程序中的注释语句或内容,系统默认以绿色文本显示,在 VBA 运行代码时,将自动忽略掉注释。

2. 声明语句

声明语句用于命名和定义过程、变量、数组或常量。当声明一个过程、变量或数组时,也同时定义了它们的作用范围,此范围取决于声明位置(子过程、模块或全局)和使用什么关键字(Dim、Public、Static 等)来声明它。

3. Option 语句

Option 语句在模块的开始部分使用,用于对环境状态进行设置。

(1) Option Compare

在模块中指定字符串比较的方法

语法格式:

Option Compare {Binary | Text | Database}

说明:

① Option Compare 语句必须写在模块的所有过程之前。

② Database(默认选项):当需要字符串比较时,将根据数据库的区域 ID 确定的排序级别进行比较。

③ Text:不区分英文字母的大小写。

④ Binary:区分英文字母的大小写,如果模块中没有 Option Compare 语句,则默认的文本比较方法是 Binary。

(2) Option Base 0|1

设置该模块所有数组默认下标的初始值,其后只可使用 0 或 1 两个数字。

① 使用 0 时,模块所有数组的最小元素由 0 开始编号。

② 使用 1 时,模块所有数组的最小元素由 1 开始编号。

(3) Option Explicit

在模块中使用 Option Explicit,则必须使用 Dim、Private、Public、ReDim 或 Static 语句

来显式声明所有的变量。如果使用了未声明的变量名,在编译时会出现错误。

在模块中没有使用 Option Explicit,除非使用 Deftype 语句指定了默认类型,否则所有未声明的变量都是 Variant 类型的。

(4) Option Private Module

在声明区域使用该语句,表示此模块声明区域声明的变量、常量等为私有,但仍可由现有数据库的模块使用,而不可由其他数据库使用。

4. 赋值语句

赋值语句是程序设计中最基本的语句,用于指定一个值或表达式给变量或常量。赋值语句的语句格式如下。

格式 1:[let] 变量名 = 表达式

格式 2:[对象名.]属性名 = 表达式(若对象名省略,则默认对象为当前窗体或报表)

赋值语句举例如下:

```
    BookName = "Access 数据库应用教程"
    BookPrice = 23.40
Let BookNumber = 1200
    BookTotalPrice = BookNumber * BookPrice
    Form1.Caption = "教学管理系统"
    Text1.text = Text2.text
```

说明:

① 在赋值语句中,"="是赋值号,在 VBA 中系统会根据所处的位置自动地判断是赋值号还是等号。

② 赋值号左边只能是变量,不能是常量、符号常量或表达式。

③ 当表达式是数字字符串,变量为数值型时,系统自动转换成数值类型再赋值,若表达式含有非数字或空串时,赋值出错。

④ 不能在一个赋值语句中,同时给多个变量赋值。

⑤ 在赋值语句中经常出现语句:I=I+1,该语句的作用是变量 I 中的值加 1 后再赋值给 I,与循环语句结合可实现计数。

5. With 语句

With 语句是用来对某个对象执行一系列的语句,而不用重复指出对象的名称。

语法格式为:

```
With 对象
    .语句
End With
```

例 10.4 改变 Command1 按钮的属性。

```
With Command1
    .Caption = "确定"
    .Top = 500
    .Enabled = True
```

```
    .FontSize = 14
End With
```

6. On Error 语句

编写程序代码时不可避免地会发生错误。常见的错误主要发生在以下 3 个方面。

(1) 语法错误。如变量定义错误、语句前后不匹配等。

(2) 运行错误。如数据传递时类型不匹配，数据发生异常和动作发生异常等。程序在运行时发现错误，Access 系统会在出现错误的地方停下来，并且将代码窗口打开，显示出错代码。

(3) 逻辑错误。应用程序没有按照希望的结果执行，运算结果不符合逻辑。

在 VBA 中，一般通过设置错误陷阱来纠正运行错误。即在代码中设置一个捕捉错误的转移机制，一旦出现错误，便无条件地转移到指定位置执行。

Access 提供了以下几个语句来构造错误陷阱。

(1) On Error GoTo 语句：在遇到错误发生时，控制程序的处理。

语句格式：

```
On Error GoTo 标号
On Error Resume Next
On Error GoTo 0
```

说明：

① "On Error GoTo 标号"语句在遇到错误发生时，控制程序转移到指定的标号所指位置执行，标号后的代码一般为错误处理程序。一般来说，"On Error GoTo 标号"语句放在过程的开始，错误处理程序代码会在过程的最后。

② "On Error Ressume Next"语句在遇到错误发生时，系统会不考虑错误，继续执行下一行语句。

③ "On Error GoTo 0"语句用于关闭错误处理。如果在程序代码中没有使用"On Error GoTo"语句捕捉错误，或使用"On Error GoTo 0"语句关闭了错误处理，则当程序运行发生错误时，系统会提示一个对话框，显示相应的出错信息。

下面是一个错误捕捉与处理举例：

```
Private Sub Myproc()
    On Error GoTo Errlabel
    ＜程序语句＞
Errlabel:
    ＜错误处理代码＞
End Sub
```

(2) Err 对象：返回错误代码。在程序运行发生错误后，Err 对象的 number 属性返回错误代码。

(3) Error() 函数：该函数返回出错代码所在的位置或根据错误代码返回错误名称。

(4) Error 语句：该语句用于错误模拟，以检查错误处理语句的正确性。

10.4.3 顺序结构程序设计

顺序结构程序是按照命令文件中编排的顺序执行的,也称为直接程序设计。一般作为一个被调用的子程序或完成一个简单的过程。

例 10.5 设计一个在屏幕上显示一个简单菜单的程序(也称为一个直接程序)。模块名为"例题 1 顺序程序"。

MsgBox("学生信息管理软件为您服务")

MsgBox("1—查询　2—计算　3—打印　4—退出")

MsgBox("请输入选择 1~4")

具体代码编写如图 10.17 所示。

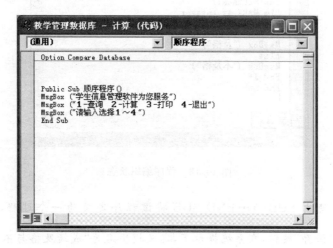

图 10.17　顺序程序示例

该程序编辑与运行过程如下。

(1) 在"模块"对象下,单击"新建"选项进入 VBE 窗口,在代码窗口输入上述语句。

注意：使用 SUB()…END SUB 将该程序定义为一个过程,过程名为"顺序程序",然后,单击"保存"按钮,在系统提示下,定义模块名为"顺序程序",以便以后使用。

(2) 单击"运行"菜单,则可在屏幕上看到显示结果。

10.4.4 分支结构程序设计

分支结构主要解决的问题是在多种情况中选择其中的一种去处理。分支语句又称条件判断语句,根据条件是否成立选择语句执行路径。分支语句有 If 语句和 Select Case 语句两种。

1. 语句格式 1

IF ＜条件表达式＞ [THEN]

　　＜语句串 1＞

[ELSE

       <语句串 2>]
END IF

功能:使命令串按条件执行,IF…END IF 必须配对使用。

例 10.6 编制一个根据输入的成绩,给出"及格"与"不及格"的提示。模块名为"成绩及格与不及格"。

(1) 在"模块"对象下,单击"新建"选项进入 VBE 窗口,在代码窗口输入如图 10.18 所示语句。

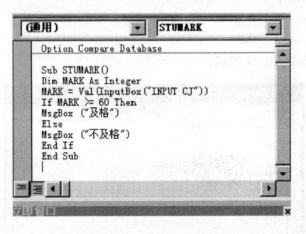

图 10.18 程序编辑状态

注意:使用 SUB( )…END SUB 将该程序定义为一个过程,过程名为"StuMark",然后单击"保存"按钮,在系统提示下,定义模块名为"成绩及格与不及格",以便以后使用。

(2) 单击"运行"菜单,则可在屏幕上看到提示信息,如图 10.19 所示,当输入 50 然后按 Enter 键后,屏幕显示如图 10.20 所示。

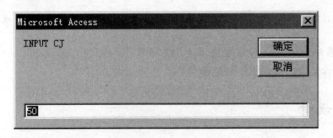 

图 10.19 提示输入显示   图 10.20 输出显示

2. 语句格式 2

SELECT CASE…END SELECT

功能说明:结构式 SELECT CASE…END SELECT 语句。当判断的条件很多时,虽然也可以用 IF…END IF 语句来实现,但显得很繁琐,容易出错。Access 还设计了很多分支判断语句。

命令格式：

SELECT CASE＜表达式＞

CASE＜条件表达式1＞

（表达式的值与条件表达式1的值相等时执行＜语句串1＞）

［CASE＜条件表达式2＞To＜条件表达式3＞

（表达式的值介于＜条件表达式2＞和＜条件表达式3＞之间时执行＜语句串3＞）

［CASE IS 关系运算符＜条件表达式4＞

（表达式的值与＜条件表达式4＞的值之间满足关系运算为真时执行＜语句串4＞）

［CASE ELSE］

（上面的情况均不符合时执行＜语句串5＞）

END SELECT

说明：

① 程序每进入一次 SELECT CASE…END SELECT，最多执行一条路线，若所有条件都不满足，又使用了[CASE SELECT]短语，则去执行[CASE ELSE]之后的语句串，否则空走一趟，执行 END SELECT 之后的语句。如果有几个条件同时成立，则只能执行第一个满足条件的 CASE 下的语句串。这一点要特别注意。

② SELECT CASE…END SELECT 必须配对使用。

例如：

Case 1 to 20

Case is＞20

Case 1 To 5,7,8,10,is＞20

Case 1 To 5,7,8,10,is＞20

Case ″A″ To ″Z″

例 10.7 例 10.6 中判定学生总评成绩的代码可改写为如下：

```
Select Case Val(me!Zpcj)
   Case is > = 90
      me!Zpjg = "优秀"
   Case 80,81,82 to 89
      me!Zpjg = "良好"
   Case 70 to 79
      me!Zpjg = "中等"
   Case 60 to 79
      me!Zpjg = "及格"
   Case Else
      me!Zpjg = "不及格"
End Select
```

或者改写为：

```
Dim strx as string *1
Select Case strx
```

```
    Case "A" to "Z", "a" to "z"
        stry ="英文字母"
    Case "!",",",".",";"
        stry =" 标点符号"
    Case Is<68
        stry ="字符的 ASCII 小于 68"
    Case Else
        stry ="其他字符"
End Select
```

10.4.5 循环程序设计

循环实质上是指按照预先给定的条件去重复执行某一段具有特定功能的程序。一个完整的有意义的循环应由以下几部分组成：

① 确定一个循环变量；
② 循环变量在循环体前送初值(恢复部分)；
③ 确定循环体,即反复执行的部分；
④ 确定循环的次数,循环变量在下一循环前要被修改步长,避免死循环。

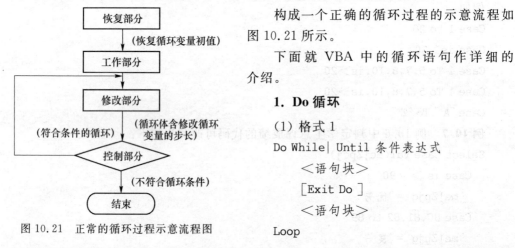

图 10.21 正常的循环过程示意流程图

构成一个正确的循环过程的示意流程如图 10.21 所示。

下面就 VBA 中的循环语句作详细的介绍。

1. Do 循环

(1) 格式 1
```
Do While| Until 条件表达式
    <语句块>
    [Exit Do ]
    <语句块>
Loop
```

功能:Do While 循环语句,当条件表达式结果为真时,执行循环体,直到条件表达式结果为假或执行到 Exit Do 语句而退出循环体;Do Until 循环语句,当条件表达式结果为假时,执行循环体,直到条件表达式结果为真或执行到 Exit Do 语句而退出循环体。

(2) 格式 2
```
Do
    <语句块>
    [Exit Do]
    <语句块>
Loop While| Until 条件表达式
```

功能:先执行循环后判断条件。而格式 1 是先判断条件后执行循环,其他内容与格式 1

相同。

说明：

① 格式1循环语句先判断后执行，循环体有可能一次也不执行。格式2循环语句为先执行后判断，循环体至少执行一次。

② 关键字 While 用于指明当条件为真(True)时，执行循环语句中的语句，而 Until 正好相反，条件为假(False)时执行循环体中的语句。

③ 在 Do…Loop 循环体中，可以在任何位置放置任意个数的 Exit Do 语句，随时跳出 Do…Loop 循环。

④ 如果 Exit Do 使用在嵌套的 Do…Loop 语句中，则 Exit Do 会将控制权转移到 Exit Do 所在位置的外层循环。

⑤ 当省略 While 或 Until 条件子句时，循环体结构变成如下格式：

Do

　　＜语句块＞

　　[Exit Do]

　　＜语句块＞

Loop

循环结构仅由 Do…Loop 关键字组成，表示无条件循环，若在循环体中不加 Exit Do 语句，循环语句为死循环。

例 10.8　把 26 个小写英文字母赋给数组 strx。

Dim strx(1 to 26) As String

I = 1

Do While I＜ = 26

　　strx(I) = Chr(I + 96)

　　I = I + 1

Loop

2. For 循环

功能：对问题的循环次数，若是已知的，可使用该语句来实现。

命令格式：

For＜循环变量的初值＞ To＜循环变量的终值＞ Step＜每次循环后循环变量的增值＞（默认为 1）

　　循环体

Next＜循环变量＞

以上各种格式的循环语句均可实现问题的解决，用户可自行选择使用。

说明：

① 循环变量必须为数值型。

② Step 步长值：可选参数。步长值可以是任意的正数或负数，但不能为 0，如果没有指定，则 Step 的步长默认为 1。

③ 当程序执行到 Exit For 语句时，退出循环体。

④ Next 是循环结束标志，Next 后的循环变量与 For 语句中的循环变量必须相同，且必

须与 For 成对出现。

⑤ 没有遇到 Exit For 语句的情况下，循环体结束后，循环变量的值为循环终值＋步长。

例 10.9 把 26 个大写英文字母赋给数组 strx。

```
Dim strx(1 to 26) As String
i = 1
For i = 1 To 26
    strx(i) = Chr(i + 64)
Next i
```

需要说明的是：循环体结束后，循环变量的值为循环终值＋步长，如例 10.9 循环结束后 i 值为 27。

3. While 循环

语句格式为：

While 条件

＜语句块＞

Wend

功能：当条件为真时，执行循环体中的语句，遇到 Wend 时，程序跳转到 While 处，继续判断条件，直到条件为假，退出循环，执行 Wend 后的语句。

说明：

① While 与 Wend 成对出现。

② While 循环没有强制跳出循环的语句。

例 10.10 求 N!。

程序代码如下：

```
Public Sub 阶乘 N()
    Dim n, i As Integer
    n = InputBox("请输入一个整数：")
    i = 1
    total = 1
    While i <= n
        total = total * i
        i = i + 1
    Wend
    MsgBox "N 的阶层为：" & total
End Sub
```

10.4.6 过程调用与参数传递

(1) 过程调用的基本概念。

将反复执行的或具有独立功能的程序编成一个"子过程"，使"主过程"程序与这些子过程有机地（并列调用或嵌套调用）联系起来，使程序结构清晰、便于阅读、修改及交流，这是程序编制中不可少的技巧。

(2) 关于过程调用中的使用的几条命令：

① 定义 1 个子过程。

命令格式：

[Public |Private][Static] SUB 子过程名(〈接受参数〉)

　　[AS 数据类型]

　　〈子过程语句行〉...

END SUB

功能：建立 1 个子过程、并接收参数。

说明：

- 使用 Public,可以使该过程用到的变量适用于所有模块中的所有其他过程。
- 使用 Private,可以使该子过程用到的变量通用于同一模块中的其他过程。
- 使用 Static,只要含有这个过程的模块是打开的,所有该过程用到的变量均被保留。

② 调用 1 个子过程。

命令格式：

[CALL] 子过程名(〈发送参数〉)

例 10.11　在窗体对象中,使用子过程实现数据的排序操作,当输入 2 个数值时,从大到小排列并显示结果。

在窗体中添加以下控件。

- 创建两个标签控件,其标题分别设为:x 值和 y 值。
- 创建两个文本框控件,其名字分别设为:Sinx 和 Siny。
- 创建一个命令按钮,其标题设为"排序",在其 Click 事件过程中,加入如下代码语句:

```
Private Sub command1_Click()
    Dim a,b
    If Val(me!Sinx)>Val( me!Siny)
        Msgbox "x 值大于 y 值,不需要排序",vbinformation,"提示"
        Me!Sinx.SetFocus
    Else
        a = Me!Sinx
        b = Me!Siny
        Swap a,b
        Me!Sinx = a
        Me!Siny = b
        Me!Sinx.SetFocus
    End If
End Sub
```

在窗体模块中,建立完成排序功能的子过程 Swap。代码如下：

```
Public Sub Swap (x,y)
    Dim t
```

```
        t = x
        x = y
        y = t
End Sub
```
运行窗体,可实现输入数据的排序。

在上面的例子中,Swap(x,y)子过程定义了两个形参 x 和 y,主要任务是:从主调程序获得初值,又将结果返回给主调程序,而子过程名 Swap 是无值的。

③ 函数过程的定义。

命令格式:

[Public|Private][Static] FUNCTION 函数过程名([〈接受参数〉])[AS 数据类型]

〈函数过程语句行〉…

END FUNCTION

功能:建立 1 个子过程、并接收参数。

说明:基本同上。

④ 函数过程的调用。

命令格式:

函数过程名([〈发送参数〉])

例 10.12 在窗体对象中,使用函数过程实现任意半径的圆面积计算,当输入圆半径值时,计算并显示圆面积。

在窗体中添加以下控件。

- 创建两个标签控件,其标题分别设为:半径和圆面积。
- 创建两个文本框控件,其名字分别设为:SinR 和 SinS。
- 创建一个命令按钮,其标题设为"计算",在其 Click 事件过程中,加入如下代码 语句:

```
Private Sub command1_Click()
    me!SinS = Area(me!SinR)
End Sub
```

在窗体模块中,建立求解圆面积的函数过程 Area()。代码如下:

```
Public Function Area(R As Single) As Single
    IF R< = 0 Then
        Msgbox "圆半径必须为正数值!",vbCritical,"警告"
        Area = 0
        Exit Function
    End If
    Area = 3.14 * R * R
End Function
```

运行结果:当在半径文本框中输入数值数据时,单击"计算"按钮,将在圆面积文本框中显示计算的圆面积值。

函数过程可以被查询、宏等调用使用,在一些计算控件的设计中经常使用。

10.5 程序的调试方法

程序编制完成后,往往不能一次就运行正确,这就需要对编制的程序加以调试,经过调试,达到成功。不同的高级语言有不太相同的调试方法。本节介绍在 Access 的模块中如何调试程序。

10.5.1 程序的运行错误处理

在模块中编写程序代码不可避免地会发生错误。常见的错误主要发生在以下 3 个方面。

(1) 语法错误,如变量定义错误,语句前后不匹配等。

例如,在条件语句的嵌套使用中,If 与 End If 关键字不匹配等。

语法错误的排除:由于 Access 2003 的代码窗口是逐行检查的,所以表面上的语法错误会被立即发现。对于复杂的错误,如数据的重复定义等,可选择菜单中的 Compile 命令来编译当前代码,在编译过程中,模块中的所有语法错误都将被指出。

(2) 运行错误,如数据传递时类型不匹配,数据发生异常和动作发生异常等。

程序在运行时发现错误,Access 2003 系统会在出现错误的地方停下来,并且将代码窗口打开,显示出错代码。

(3) 逻辑错误,应用程序没有按照希望的结果执行,运算结果不符合逻辑。

程序运行不发生错误,但得到的结果不正确。这类错误一般属于程序算法上的错误,比较难以查找和排除。需要修改程序的算法来排除错误。

在 VBA 中,一般通过设置错误陷阱来纠正运行错误。即在代码中设置一个捕捉错误的转移机制,一旦出现错误,便无条件转移到指定位置执行。Access 2003 提供了以下几个语句来构造错误陷阱。

(1) On Error GoTo 语句:在遇到错误发生时,控制程序的处理。

语句的使用格式有如下几种:

On Error GoTo   标号

On Error Resume Next

On Error GoTo 0

"On Error GoTo 标号"语句在遇到错误发生时,控制程序转移到指定的标号所指位置代码执行,标号后的代码一般为错误处理程序。一般来说,"On Error GoTo 标号"语句放在过程的开始,错误处理程序代码放在过程的最后。

一般使用格式为:

```
Private Sub Myproc()
    On Error GoTo ErrHandler
    <程序语句>
    ErrHandler:
    <错误处理代码>
End Sub
```

例如,在用向导创建记录操作的命令按钮时,系统在自动创建的 Click 事件过程代码中,均使用了"On Error GoTo 标号"语句。

"On Error Resume Next"语句在遇到错误发生时,系统会不考虑错误,继续执行下一行语句。

"On Error GoTo 0"语句用于关闭错误处理。

如果在程序代码中没有使用"On Error GoTo"语句捕捉错误,或使用"On Error GoTo 0"语句关闭了错误处理,则当程序运行发生错误时,系统会提示一个对话框,显示相应的出错信息。

(2) Err 对象:返回错误代码。在程序运行发生错误后,Err 对象的 number 属性返回错误代码。

(3) Error() 函数:该函数返回出错代码所在的位置或根据错误代码返回错误名称。

(4) Error 语句:该语句用于错误模拟,以检查错误处理语句的正确性。

在实际编程中,不能期待使用上述错误处理机制来维持程序的正常运行,要对程序的运行操作有预见,采用正确的处理方法,避免运行错误发生。

10.5.2 程序的调试

为避免程序运行错误的发生,在编码阶段要对程序的可靠性和正确性进行测试与调试。VBA 编程环境提供了一套完整的调试工具与调试方法,利用这些工具与方法,可以在程序编码调试阶段,快速准确地找到问题所在,使编程人员及时修改与完善程序。

VBA 提供的调试技术有:设置断点、单步跟踪和设置监视窗口。

1. 设置断点

在程序的某条语句上设置"断点"。其作用是:在程序运行中,遇到"断点"设置,程序将中断执行,编程人员可以查看此刻程序运行的状态信息。例如,变量的值是否是此刻所期待的值。

要设置"断点"的语句与设置多少个"断点",由编程人员根据程序的处理流程确定。

设置"断点"的方法:将光标放在需要设置断点的代码行上,然后选择"调试"菜单中的"切换断点"命令或是直接按 F9 键,设置好的"断点"行将以"酱色"亮条显示。

设置断点后,当程序运行到该代码行时会自动停下来,这时可以选择"调试"菜单中的"逐语句"命令进入程序的单步执行状态。当需要清除断点时,可以选择"调试"菜单中的"清除所有断点"命令,或在设置断点的代码行上按 F9 键清除本行的断点。

2. 调试工具栏

在 VBE 环境中,程序的调试主要使用"调试"工具栏或"调试"菜单中的命令选项来完成,两者功能相同。

VBE 的"调试"工具栏,如图 10.22 所示。

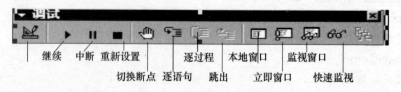

图 10.22 调试工具栏的图示

主要功能如下。

①"运行"按钮:当程序运行到"断点"行,调试运行处于"中断"状态时,单击该按钮,程序可以继续运行至下一个"断点"行或结束程序。

②"中断"按钮:用于暂时中断程序运行。在程序的中断位置会使用"黄色"亮条显示代码行。

③"重新设置"按钮:用于中止程序调试运行,返回代码编辑状态。

④"切换断点"按钮:用于设置/取消"断点"。

⑤"逐语句"按钮(快捷键 F8):使程序进入单步执行状态。每单击一次,程序执行一步(用"黄色"亮条移动提示)。在遇到调用过程语句时,会跟踪到被调用过程的内部去执行。

⑥"逐过程"按钮(快捷键 Shift+F8):其功能与"逐语句"按钮基本相同。只是在遇到调用过程语句时,不会跟踪到被调用过程的内部去执行,而是在本过程中继续单步执行。

⑦"跳出"按钮(快捷键 Ctrl+Shift+F8):当程序在被调用过程的内部调试运行时,单击"跳出"按钮可以提前结束在被调用过程中的内部调试,返回调用过程,转到调用语句的下一行。

⑧"本地窗口"按钮:用于打开"本地窗口",如图 10.23 所示。在其内部显示当前过程的所有变量声明和变量值,可以查看到一些有用的数据信息。

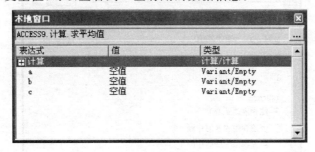

图 10.23　本地窗口

窗口内容说明如下。

① 第一行为过程的对象标识,"表达式"列的第一项内容是一个特殊的模块变量,对于类模块,定义为 Me。Me 是对当前模块定义的类实例的引用,可以展开以显示当前实例的全部属性和数据成员。

② "立即窗口"按钮:用于打开"立即窗口"。在中断模式下,"立即窗口"中可以使用调试语句,用于分析与查看此时程序运行的状态。

例如,可以使用"Print 变量名"语句,显示某个变量此刻的值,如图 10.24 所示。

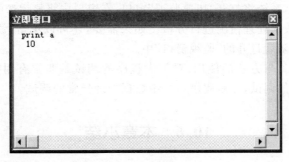

图 10.24　立即窗口

③"监视窗口"按钮:用于打开"监视窗口",如图10.25所示。

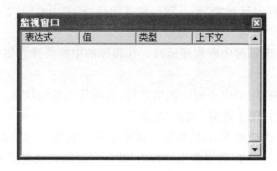

图 10.25　监视窗口

在中断模式下,右击监视窗口区域,系统将弹出含有"添加监视"的快捷菜单,选择"添加监视"命令,系统打开如图10.26所示的"添加监视"对话框。

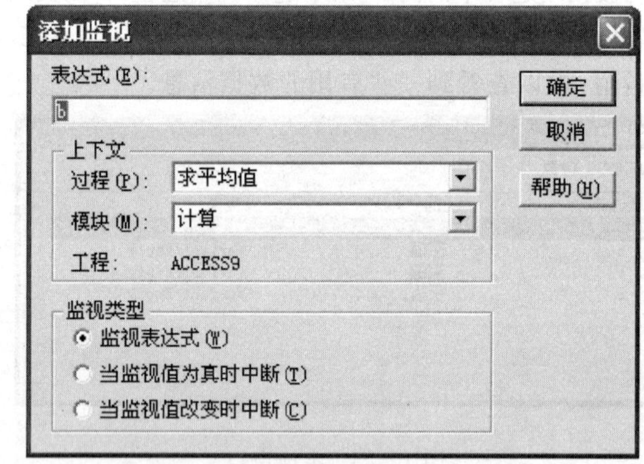

图 10.26　"添加监视"对话框

在窗口的"表达式"文本框中,可以输入监视的变量或表达式,输入变量或表达式的状态信息将显示在监视窗口中。若需修改监视变量或表达式,可以利用"监视窗口"右击快捷菜单中的"编辑监视"、"添加监视"和"删除监视"等命令。

使用"监视窗口"功能,可以动态了解一些关键变量或表达式值的变化情况,进而检查与判断代码执行是否正确。

④"快速监视"按钮:在中断模式下,可以先在程序代码中选定某个变量或表达式,然后单击"快速监视"按钮,系统将打开"快速监视"窗口,在窗口中将显示选中变量或表达式的当前值,用于对程序的数据处理情况进行分析。如果需要,还可以单击"添加"按钮,将选定的变量或表达式添加到随后打开的"监视窗口"中。

掌握上述调试工具与方法的使用,对于大程序的调试是非常有用的。这里所讲的"调试",不是语句语法类的调试,而是程序运行中数据处理异常的调试。

10.6　本章小结

本章主要介绍 Access 专业级编程工具 VBA 语言,它的很多语法继承自 VB,我们可以像编写 VB 语言那样来编写 VBA 程序,以实现一些相关应用实例的开发。

本章内容要点:

① VBA 的编程环境。
② VBA 模块、过程的创建。
③ 模块与过程的关系以及结构介绍。
④ 3 个程序流程的控制语句的理解与正确应用。
⑤ 程序的调试方法。

习 题 十

一、单项选择题

1. 对变量概念的理解错误的是(　　)。
   A. 变量名的命名同字段命名一样,但变量命名不能包含有空格或除了下划线符号外的任何其他的标点符号
   B. 变量名不能使用 VBA 的关键字
   C. VBA 中对变量名的大小写敏感,变量名"Newyear"和"ncwyear"代表的是两个不同的变量
   D. 根据变量直接定义与否,将变量划分为隐含型变量和显式变量

2. 以下有关优先级的比较,正确的说法是(　　)。
   A. 算术运算符＞关系运算符＞连接运算符
   B. 算术运算符＞连接运算符＞逻辑运算符
   C. 连接运算符＞算术运算符＞关系运算符
   D. 逻辑运算符＞关系运算符＞算术运算符

3. VBA 程序流程控制的方式有(　　)。
   A. 顺序控制和选择控制　　　　B. 选择控制和循环控制
   C. 顺序控制和循环控制　　　　D. 顺序控制、选择控制和循环控制

4. 以下(　　)选项定义了 10 个整型数构成的数组,数组元素为 NewArray(1)～NewArray(10)。
   A. Dim NewArray(10) As Integer
   B. Dim NewArray(1 to 10) As Integer
   C. Dim NewArray(10) Integer
   D. Dim NewArray(1 to 10) Integer

5. 下列关于数组特征的描述不正确的是(　　)。
   A. 数组是一种变量,由有序规则结构中具有同一类型的值的集合构成
   B. 在 VBA 中不允许隐式说明数组
   C. Dim astrNewArray (20) As String 这条语句产生包含 20 个元素的数组,每个元素为一个变长的字符串变量,且第一个元素从 0 开始
   D. Dim astrNewArray (1 To 20) As String 这条语句产生包含 20 个元素的数组

6. 程序段:
For S = 5 TO S = 10 Step 1

S = 2 * S
Next S
该循环执行的次数为( )。
A. 1　　　　　　　B. 2　　　　　　　C. 3　　　　　　　D. 4

7. 下面关于 Visual Basic 的说法错误的是( )。
A. Visual Basic 程序可以分成不同的过程。过程就是完成一个单任务的指令集合
B. Visual Basic 仅存在于 Access 模块内
C. Visual Basic 过程存在于哪个地方,取决于过程的作用域
D. 在使用宏完成给定任务时局限性太大,或者对于给定的任务使用宏的效率太低时应使用 Visual Basic

8. 程序段：
Dim M As Single
Dim N As Single
Dim P As Single
M = Abs(-7)
N = Int(-2.4)
P = M + N

P 的返回值是( )。
A. 9　　　　　　　B. -9　　　　　　C. 5　　　　　　　D. 4

9. VBA 中可以用关键字( )定义符号常量。
A. Const　　　　　B. Dim　　　　　　C. Public　　　　　D. Static

10. 连接式"2+3"&"="&(2+3)的运算结果为( )。
A. "2+3=2+3"　　　　　　　　　　　　B. "2+3=5"
C. "5=5"　　　　　　　　　　　　　　D. "5=2+3"

11. 程序段：
x = 0
For i = 1 to 10 step 2
　x = x + i
　i = i * 2
Next i

程序运行完成后,变量 i 的值为( )。
A. 22　　　　　　　B. 10　　　　　　　C. 11　　　　　　　D. 16

12. 下面表达式为假的是( )。
A. (4>3)　　　　　　　　　　　　　　B. ((4 Or (3>2))=-1)
C. ((4 And(3<2)=1)　　　　　　　　　D. (Not(3>=4))

13. 以下关于标准模块的说法不正确的是( )。
A. 标准模块一般用于存放其他 Access 数据对象使用的公共过程
B. 标准模块所有的变量和函数都具全局特性,是公共的
C. 标准模块的生命周期是伴随着应用程序的开始而开始,关闭而结束
D. Access 系统中可以通过创建新的模块对象而进入其代码设计环境

14. VBA 的逻辑值进行算术运算时，True 值被当做（   ）。
A. 0　　　　　　B. －1　　　　　　C. 1　　　　　　D. 任意值

二、计算下列表达式的值

① 5*3＋5*6 Mod 4；

② 3＞8 And Not True；

③ 24\5*5.0^2/1.5；

④ 25\4 Mod 3.1*Int(2.4)；

⑤ ♯2010－11－10♯＋5；

⑥ 已知 s＄＝"2323432"，求表达式 Val(Left(s＄,3)＋Mid(s＄,2))的值。

三、简答题

1. VBA 中定义了哪些标准数据类型，它们各自的存储长度以及取值范围是多少？
2. 变量的命名规则有哪些？
3. VBA 中的模块有哪些？
4. 在 VBA 中定义 Sub 子过程与定义 Function 函数有什么不同？

四、编程题

1. 任意输入 3 个整数，编写程序实现数据从小到大排列。
2. 求 200～500 之间所有素数之和。
3. 输入两个自然数 a 和 b，编写一个计算这两个数的最大公约数的函数 gcd(a,b)。

第 11 章 Access数据库应用系统综合实例

前面各章节系统地介绍了 Access 数据库中各种数据对象的管理和操作方法,综合全部知识,我们可以设计并实现一个典型的数据库应用系统。本章通过一个具体的数据库开发实例——某高校学生教学管理系统,详细阐述使用 Access 设计并实现一般数据库应用系统的完整流程。

11.1 学生教学管理系统分析

实现 Access 数据库应用系统,首先要对系统进行全面正确的分析,确定系统需要实现的具体功能,以及用户对系统的整体需求。认真收集并详细研究相关信息后,规划系统的总体目标,确定设计实现方案,制定分阶段的开发任务和实施步骤。

11.1.1 系统功能需求分析

学生教学管理系统的使用者主要是学校教师和有关管理人员,从他们的实际需求出发,分析得到本系统应该具有的功能主要包括如下几个方面。

(1) 要求能够对学生、教师和课程等信息进行有效管理。包括快速浏览相关信息,能根据实际需要对信息进行添加、删除和修改操作。如添加新生信息,查询所有开设的课程信息等。

(2) 要求在学生选课后,能够对学生的选课信息进行管理。如查询学生选课情况,统计学生选修学分和课程成绩信息等。

(3) 要求所有的信息都能根据需要输出到屏幕或者打印机。

根据以上的功能需求分析,设计学生教学管理系统的总体功能模块如图 11.1 所示。

各模块实现的主要功能描述如下。

(1) 学生管理模块:可以查看学生详细的学籍信息,可以根据需要添加新生记录,对已有数据进行删除和修改,可以分学院或者分年级专业等统计学生人数,并将需要打印的信息以报表形式输出。

(2) 教师管理模块:可以根据需要对教师信息进行查询和修改,可以按学院或者学历学位等分类标准对全校教师进行汇总统计,可以将选定的教师信息打印报表输出。

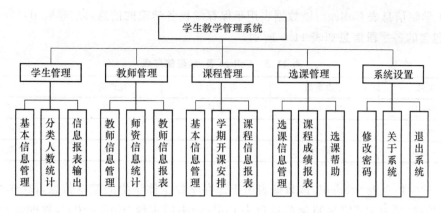

图 11.1 学生教学管理系统功能模块

(3) 课程管理模块：可以根据需要查询和修改课程信息，每学期可以根据教学计划和现有的师资开设安排课程，可以分类输出课程信息报表。

(4) 选课管理模块：学生选课后，可以根据开课情况和学生选课情况对选课信息进行管理，课程考试结束后能对考试成绩进行各项分类汇总，还提供选课操作的有关说明。

(5) 系统设置模块：用户可以修改个人密码，查看系统有关的信息和退出系统。

11.1.2 系统数据库设计

学生教学管理系统的后台数据库中需要保存学生、教师、课程、学院以及系统用户等相关信息，根据需求设计得到数据库中各数据表的详细结构如下。

(1) 系统用户表 User：该数据表用于保存登录系统的用户账号信息，以"用户 ID"为主键，数据表中包含的各字段信息如表 11.1 所示。

表 11.1 User 表：系统用户表

字段名	字段类型	字段约束	允许为空	字段说明
UserID	文本(12)	主键约束	否	用户 ID
Password	文本(12)	长度>=6 位	否	用户密码
LastTime	日期/时间		是	最近登录时间
LastHost	文本(15)		是	最近登录主机 IP
Status	文本(10)		否	用户状态

(2) 学年学期信息表 Term：该数据表用于保存学年学期信息，以"学年学期 ID"为主键，数据表中包含的各字段信息如表 11.2 所示。

表 11.2 Term 表：学年学期信息表

字段名	字段类型	字段约束	允许为空	字段说明
TermID	文本(11)	主键约束	否	学年学期 ID
TermInfo	文本(20)		是	学年学期信息

（3）学院信息表College：该数据表用于保存学校各学院的信息，以"学院ID"为主键，数据表中包含的各字段信息如表11.3所示。

表11.3 College表：学院信息表

字段名	字段类型	字段约束	允许为空	字段说明
CollegeID	文本(5)	主键约束	否	学院ID
Colname	文本(30)		否	学院名称
ShortName	文本(10)		是	学院简称

（4）学生信息表Student：该数据表用于保存学校全体学生的基本信息，以"学生学号"为主键，外键"学院ID"应参照学院信息表College中的主键"CollegeID"，数据表中包含的各字段信息如表11.4所示。

表11.4 Student表：学生信息表

字段名	字段类型	字段约束	允许为空	字段说明
StudentID	文本(12)	主键约束	否	学生学号
Sname	文本(20)		否	学生姓名
IDCard	文本(18)	长度=15位 或 长度=18位	否	学生身份证号
Sex	文本(2)	="男" or ="女"	是	学生性别
Nation	文本(20)		是	民族
BirthDate	日期/时间	<Date()	是	出生日期
College	文本(5)	外键约束	是	学院ID
Department	文本(8)		是	专业ID
Class	文本(10)		是	班级名称
Grade	文本(4)		否	学生年级
Highschool	文本(30)		是	高中学校
Status	文本(30)		是	学籍状态
Address	文本(100)		是	家庭住址
Postalcode	文本(6)		是	邮政编码
City	文本(20)		是	学生籍贯城市
Photo	OLE对象		是	学生相片
Memo	备注		是	备注信息

（5）教师信息表Teacher：该表用于保存学校全体教师的基本信息，以"教师ID"为主键，外键"学院ID"应参照学院信息表College中的主键"CollegeID"，数据表中包含的各字段信息如表11.5所示。

表 11.5 Teacher 表:教师信息表

字段名	字段类型	字段约束	允许为空	字段说明
TeacherID	文本(8)	主键约束	否	教师ID
College	文本(5)	外键约束	是	学院ID
Tname	文本(20)		否	教师姓名
Sex	文本(2)	="男" or ="女"	是	教师性别
Status	文本(10)		是	教师状态
Specialty	文本(20)		是	教师专业
BirthDate	日期/时间	<Date( )	是	出生日期
Nation	文本(20)		是	民族
Education	文本(10)		是	学历
Degree	文本(10)		是	学位
Memo	备注		是	备注信息

(6) 课程信息表 Course:该表用于保存学校所开设课程的基本信息,以"课程ID"为主键,外键"开课学院ID"应参照学院信息表 College 中的主键"CollegeID",数据表中包含的各字段信息如表 11.6 所示。

表 11.6 Course 表:课程信息表

字段名	字段类型	字段约束	允许为空	字段说明
CourseID	文本(10)	主键约束	否	课程ID
Cname	文本(50)		否	课程名称
College	文本(5)	外键约束	是	开课学院ID
Period	数字-整型	>=0 And <=200	否	课程总学时
Credit	数字-单精度型	>=0 And <=10	否	课程学分
Experiment	数字-整型		是	实验学时
Theory	数字-整型		是	理论学时
Character	文本(10)		是	课程性质
ExamMethod	文本(10)		是	考核方式
Practice	数字-整型		是	实践学时
Memo	备注		是	备注信息

(7) 学生选课信息表 StudentCourse:该表用于保存全体学生的选课信息,以"课程ID"、"学生ID"和"教师ID"为组合主键,外键"课程ID"应参照课程信息表 Course 中的主键"CourseID",外键"学生ID"应参照学生信息表 Student 中的主键"StudentID",外键"教师ID"应参照教师信息表 Teacher 中的主键"TeacherID",外键"学年学期"应参照学年学期信息表 Term 中的主键"TermID",数据表中包含的各字段信息如表 11.7 所示。

表 11.7 StudentCourse 表：学生选课信息表

字段名	字段类型	字段约束	允许为空	字段说明
CourseID	文本(10)	主键约束,外键约束	否	课程 ID
StudentID	文本(12)	主键约束,外键约束	否	学生 ID
TeacherID	文本(8)	主键约束,外键约束	否	教师 ID
Term	文本(11)	外键约束	是	学年学期
TotalMark	数字—单精度型	>=0 And <=100	是	总成绩
ExamGrade	数字—单精度型	>=0 And <=100	是	考试成绩
RegularGrade	数字—单精度型	>=0 And <=100	是	平时成绩
ExamDate	日期/时间		是	考核日期

11.2 学生教学管理系统功能实现

做好前期的设计工作之后,"学生教学管理系统"的具体实现过程可以结合前面各章节的有关知识,按照步骤有序进行。

11.2.1 创建数据库

创建数据库是实现 Access 数据库应用系统的第一步。首先建立一个空白数据库,然后根据 11.1 节的设计方案依次建立各个数据表,并定义表与表之间的关系。

创建数据表可以通过菜单方式可视化实现,也可以使用 SQL 语句来定义。如图 11.2 所示为使用设计视图创建 Student 表,定义表结构时一定要严格按照设计方案,设置各字段的名称、数据类型、字段大小、格式、输入掩码、默认值、有效性规则等,然后再定义主键约束、外键约束和其他完整性约束。

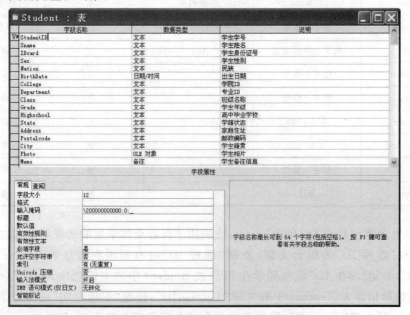

图 11.2 在设计视图中定义 Student 表结构

创建好所有数据表后,必须建立表与表之间的关联关系。"学生教学管理系统"中各数据表之间的关系如图 11.3 所示,同时还要定义好实施参照完整性和级联删除更新等操作。

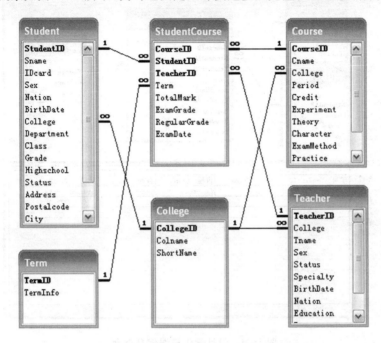

图 11.3　定义数据库中各数据表之间的关联关系

然后可以在各个数据表中添加新的数据记录,表上定义的完整性约束会自动对用户的输入进行校验,如果输入数据不合理,数据库系统会给出相应提示并拒绝输入。

用户还可以根据需要在数据表上建立索引和视图等对象,具体操作此处不作详细阐述,读者可参阅前面有关章节的内容。

11.2.2　设计数据查询

查询是在数据库中实现数据检索的重要手段,创建查询时,必须以现有的数据表或查询作为新建查询的数据来源。

"学生教学管理系统"数据库创建之后,应该根据用户的操作需求创建各种合适的查询,以实现对特定数据信息的检索。譬如,为了查询某个学生或者教师的个人信息,可以创建参数查询;为了查询学生选课的详细信息,可以创建多表联接查询;为了查询各学院的男女生人数统计信息,可以创建交叉表查询;为了查询学生的年龄信息,可以创建计算查询等。

譬如设计"学生选课信息查询",如图 11.4 所示,该查询涉及到 Student、Course、Teacher 和 StudentCourse 4 个表中的数据。

Student 表中只保存了学生的出生日期,如果要查询学生现在的年龄信息,可以在设计查询时添加一个计算年龄值的字段。具体操作为,在设计网格最后一列的字段行中输入表达式"年龄:Year(Now())－Year([Student]![BirthDate])",运行查询,结果如图 11.5 所示。

如果要查询各学院男女生人数的分类统计信息,可以基于 Student 表和 College 表创建交叉表查询,运行查询后结果如图 11.6 所示。

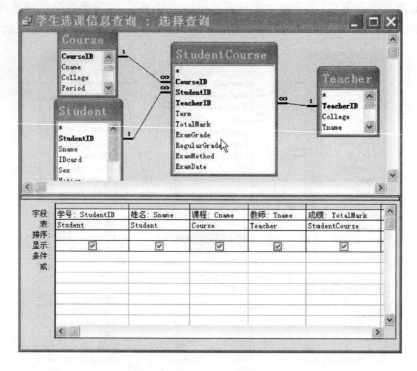

图 11.4　设计学生选课信息查询

图 11.5　学生年龄信息查询结果　　　　图 11.6　交叉表查询各学院男女生人数统计结果

11.2.3　设计窗体

窗体是 Access 中常用的数据库对象,也是实现一个数据库应用系统非常重要的部分。因为窗体是人机对话的窗口,是用户实现数据浏览和各种数据操作的交互界面,所以设计窗体时不仅要保证其上显示信息的丰富,还要尽量做到形式美观、操作简便。

"学生教学管理系统"中,用户对各类信息的浏览和修改基本上都通过窗体来进行,不同的操作需要用不同类型的窗体来实现。例如,为了浏览和更新学生、教师等基本信息,适合建立纵栏式窗体;如果要了解全体学生的选课信息,适合建立数据表窗体;如果要浏览学生的个人信息及其选课信息,适合建立主/子窗体;如果要统计各学院的学生和老师信息,适合建立图表窗体或者数据透视表窗体。

例如，"学生基本信息管理"窗体是管理学生信息的主要窗口。因为学生基本信息包含内容较多，为了操作方便，可以使用选项卡控件来分页显示，设计效果如图 11.7 所示。

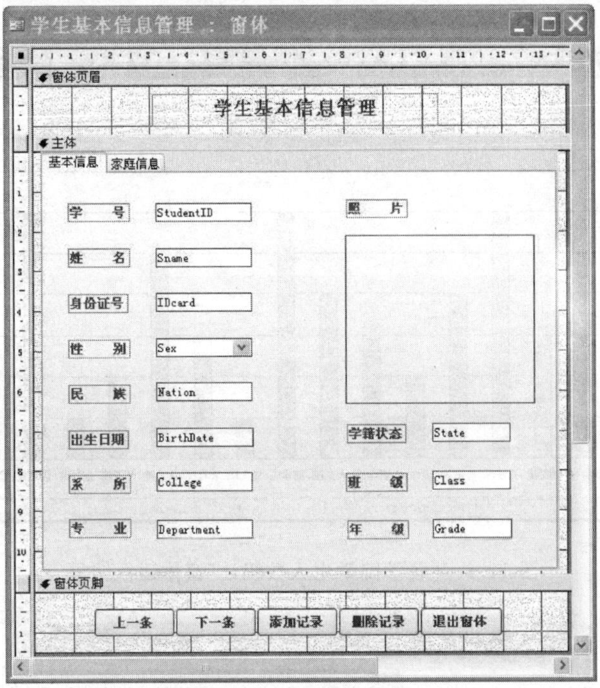

图 11.7 "学生基本信息管理"窗体设计结果

为了浏览每个学生的选课信息，以学生基本信息和学生选课信息为数据来源建立主/子窗体"学生选课信息浏览"，运行界面如图 11.8 所示。

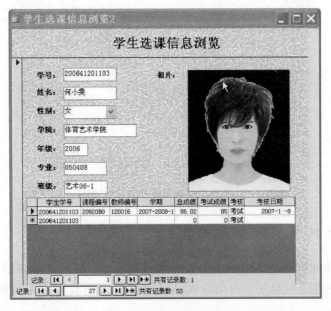

图 11.8 "学生选课信息浏览"窗体运行结果

为了统计各学院的学生信息和老师信息，建立图表窗体“各学院学生人数统计图”，运行界面如图 11.9 所示。建立数据透视表窗体“各学院教师按职称分类统计透视表”，运行界面如图 11.10 所示。

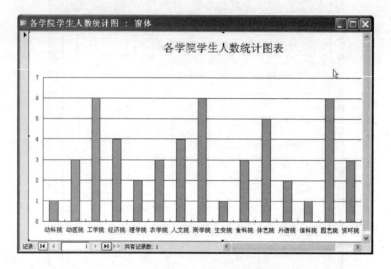

图 11.9 “各学院学生人数统计”窗体运行结果

各学院教师按职称分类统计数据透视表

将筛选字段拖至此处

学院名称	副教授 人数统计	讲师 人数统计	教授 人数统计	助教 人数统计	总计 人数统计
保卫处		2			2
东方科技学院	1	1			2
动物科技学院			2		2
动物医学院	1		1		2
工学院	1		1		2
国际学院		2			2
后勤集团		2			2
教务处		1	1		2
经济学院	2				2
科学技术师范学院			2		2
理学院			2		2
农学院	1		1		2
人文社会科学学院	1	1			2
商学院	1	1			2
生物安全科学技术学院	2				2
生物科学技术学院	1		1		2
食品科技学院			2		2
体育艺术学院	1	1			2
图书馆		2			2
外国语学院	1	1			2
信息科学技术学院	1	1			2
学工部		1	1		2
园艺园林学院	1		1		2
招生就业处		1		1	2
资源环境学院	1	1			2
总计	16	18	15	1	50

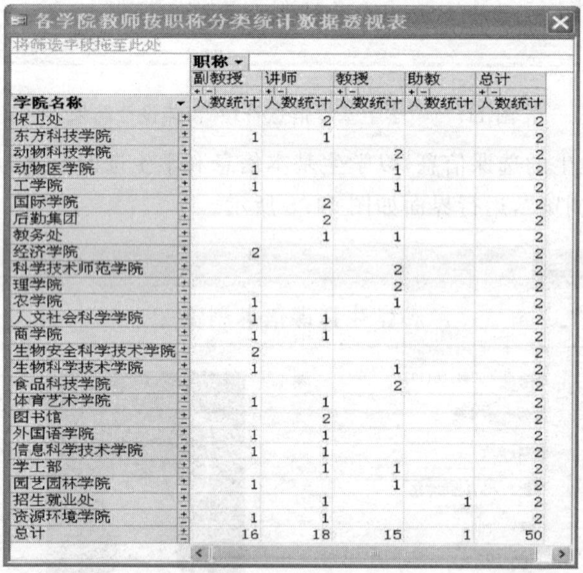

图 11.10 “各学院教师按职称分类统计”窗体运行结果

11.2.4 设计报表和数据访问页

报表和数据访问页也是 Access 数据库中非常重要的两类对象，用户不仅可以使用它们定制数据库中各种信息的显示和打印格式，而且有利于信息在用户之间甚至在 Internet 上广泛传播。

报表和窗体在很多方面类似，一般以创建好的数据表作为直接数据来源，设计视图页面也和窗体差不多。因此，报表设计的重点一方面是整个页面的合理布局和美化，另一方面是其中各项数据信息的统计汇总。"学生教学管理系统"中，在打印输出学生、教师和课程等基本信息和统计情况时，都可以通过设计报表来实现。例如，"学生基本信息报表"用来呈现学生的基本学籍信息和人数统计汇总，其设计结果如图 11.11 所示。

图 11.11 "学生基本信息报表"设计结果

数据访问页是 Access 在 Internet 上传播、共享数据的重要手段，可以将数据库中数据以 Web 页的形式发布，使得有数据需求的用户可以随时通过 Internet 访问这些资源。数据访问页的创建和其他数据库对象的创建方式差不多，可以自动创建，也可以利用向导来生成。本节创建"学生基本信息数据访问页"运行效果如图 11.12 所示。

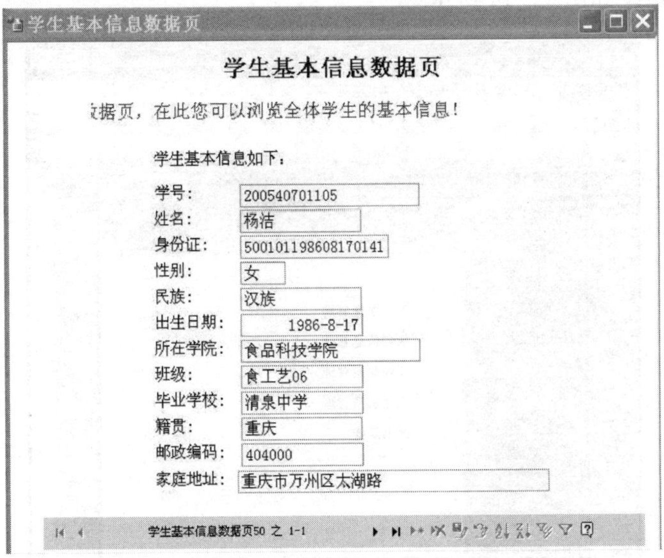

图 11.12 "学生基本信息数据页"运行结果

11.2.5 数据对象的集成

创建好查询、窗体、报表和数据访问页等各种数据对象之后，如何将它们集成到一个统一的应用系统中，Access 可以使用切换面板和菜单系统来实现该功能。

在Access中,切换面板是一个具有专门功能的窗体,它可以调用主菜单,将数据库应用系统中各个窗体、报表的调用集成在一个窗口中。本小节中,使用Access提供的"切换面板管理器"设计系统的主切换面板,运行后窗体效果如图11.13所示。

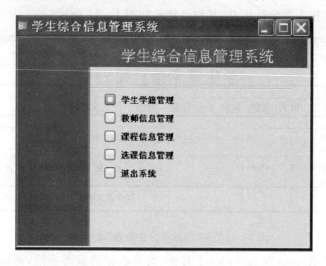

图11.13　系统主切换面板运行结果

菜单系统也是Windows应用程序中最常用的操作手段,在Access中创建菜单需要通过设计宏来实现。"学生教学管理系统"中,为不同数据库对象的管理定义了对应的主菜单,设计得到的菜单系统如图11.14所示。

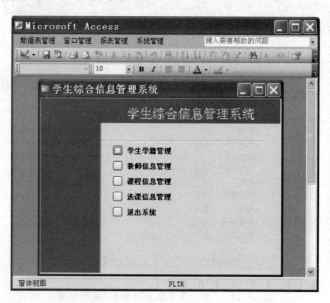

图11.14　菜单系统运行结果

最后还需要设计用户登录窗体并设置系统启动窗体。操作用户登录系统时,输入自己的身份标识(即用户名和密码),提交给系统后,在数据库中执行数据查询,对用户身份的合法性进行校验,验证通过才能成功登录系统。因为需要获取用户输入的用户名和密码,并在数据库中执行数据查询,所以登录模块功能必须通过VBA编程实现,具体过程可参阅本书配套的实验教材中对应部分。登录窗体运行效果如图 11.15 所示。

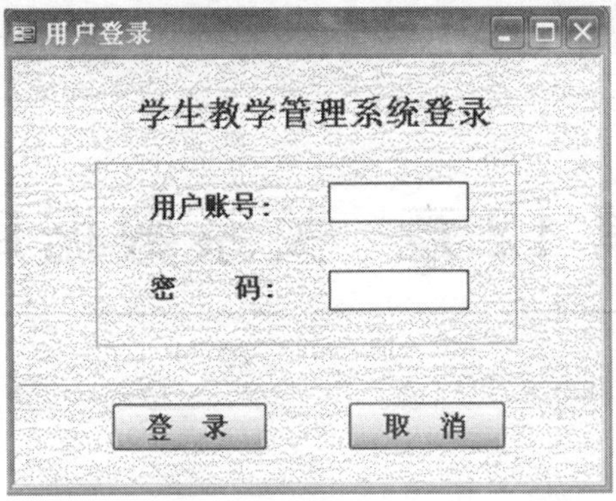

图 11.15　用户登录窗体运行结果

一般而言，用户登录窗体是数据库应用系统启动后的第一个窗体。设置"学生教学管理系统"的启动窗体，可通过单击"工具｜启动"菜单，在"启动"对话框中进行设置来实现。至此，"学生教学管理系统"的主要设计和实现工作基本上已全部结束。

第12章 关系数据库设计

本章主要介绍关系数据库设计的方法和步骤。数据库设计是数据库应用系统开发的核心环节,如同建造高楼大厦之前必须事先做好详细的房屋架构、水路电气设计一般,在开始数据库应用系统实施之前,首先必须做好详尽具体、科学合理的数据库设计,才能保证整个开发工作的顺利进行。

12.1 关系规范化

数据库设计包括数据结构设计和数据处理设计两方面。数据结构设计是指建立合理的数据库模式,使数据库系统无论在数据存储效率,还是数据操作便捷性等方面都具有较好的性能。那么,什么样的数据库模式是合理的模式?对于不合理的数据库模式应该如何改善?这是设计人员在进行数据库设计工作之前必须明确的问题。

为了使数据库设计工作简单实用,设计方案合理可靠,经过长期积累,设计人员逐渐形成了一套完整的关系数据库设计理论——规范化理论。它可以根据现实世界中存在的数据依赖对关系数据库模式进行规范化处理,从而确定得到合理高效的关系模式。

12.1.1 关系规范化的作用

一般而言,不合理的关系模式往往存在数据冗余度大、插入异常、删除异常和更新异常等问题。例如表12.1所示的教学关系,关系模式为"Teaching(StudentID,Sname,Sex,Department,Cname,Tname,Grade)",由学号StudentID、学生姓名Sname、学生性别Sex、学生系别Department、学生选修课程名Cname、任课教师姓名Tname以及选修成绩Grade等属性组成,主键为(StudentID,Cname)。

表12.1 Teaching 关系中的部分数据

StudentID	Sname	Sex	Department	Cname	Tname	Grade
200721702304	杨冰倩	女	中药资源与开发	中药化学	周历苗	90
200721702304	杨冰倩	女	中药资源与开发	药用植物功能成分分析	陈晓霞	85
200721702304	杨冰倩	女	中药资源与开发	药用植物栽培学	肖敬	88
200721702312	武岳	男	中药资源与开发	中药化学	周历苗	76

续表

StudentID	Sname	Sex	Department	Cname	Tname	Grade
200721702312	武岳	男	中药资源与开发	药用植物功能成分分析	陈晓霞	70
200721702312	武岳	男	中药资源与开发	药用植物栽培学	肖敬	87
...	...	...	...	...	...	...
200540701105	杨洁	女	食品科学	食品机械设备	黄阳	75
200540701105	杨洁	女	食品科学	食品安全性评测	唐培丽	70

对表 12.1 中的数据进行分析,不难发现该关系模式存在如下问题。

(1) 数据冗余度大:相同数据在数据库中多次重复存放。例如系名,学生选修了多少门课,系名就重复存储了多少次,不仅造成存储空间的浪费,而且容易导致数据的不一致。

(2) 插入异常:因为关系中主属性取值不能为空,所以如果新成立了一个系,但该系尚未招收学生,则新系名无法插入到数据表中;如果某位学生因为一些原因暂时没有选课,则该学生的基本信息也无法插入到数据表中。

(3) 删除异常:如果学生都退选了某门课程,则该门课程的相关信息会全部被删除。

(4) 更新异常:如果更改某门课程的任课教师,则需要修改所有选修了该课程的学生信息;如果一个学生转系,则该学生所有的选课记录都必须进行修改,否则数据库中会出现数据不一致的情况。

综上所述,该教学关系由于存在诸多问题,因而不是一个合理的关系模式。必须借助关系规范化理论对其进行改造,以便解决上述问题。

产生这些问题的最主要原因是由于关系模式中各个属性之间存在着相互依赖、相互制约的关系。如上述教学关系中的学号与系别、课程名与任课教师之间都存在相互依赖的关系,这种关系称为数据依赖(Data Independence)。如果能够消除数据间某些不合理的依赖,就能在一定程度上解决数据冗余度大以及更新异常等问题,而要消除不合理的数据依赖,可以通过分解关系模式来实现。譬如上述教学关系,如果将它分解为 3 个关系模式:

学生基本信息 Student(StudentID,Sname,Sex,Department)

课程信息 Course(Cno,Cname,Tname)

学生成绩信息 SC(StudentID,Cno,Grade)

那么就可以大大改善原有关系的合理性。

当然,这种分解并不是任意的。不适宜的分解不但解决不了实际问题,反而可能会带来更多的问题。那么,对于不合理的关系模式应该如何正确地分解? 分解后能否完全解决上面所列出来的各个问题? 下面章节中,将对与此相关的问题展开深入的讨论分析。

12.1.2 函数依赖

函数依赖是数据依赖的一种,它反映了同一关系中属性与属性之间的相互约束,是关系规范化的理论基础。

定义 12.1 设 $R(U)$ 是属性集 U 上的关系模式,X、Y 是 U 的子集。若对于 $R(U)$ 的任意一个可能的关系 r,r 中不可能存在两个元组在 X 上的属性值相等,而在 Y 上的属性值不等,则称"X 函数确定 Y"或"Y 函数依赖于 X",记作 $X \rightarrow Y$。

例如,在上述的教学关系中,就存在 StudentID→Sname,StudentID→Sex,StudentID→Department,(StudentID,Cname)→Tname,(StudentID,Cname)→Grade 等函数依赖。

函数依赖和其他数据依赖一样是语义范畴的概念,一般只能根据特定的语义环境来确定。例如,Sname 与 Department 这两个属性之间,如果不允许学生同名,那么函数依赖 Sname→Department 成立。如果允许学生同名,则 Department 就不再依赖于 Sname 了。

当 $X→Y$ 成立时,一般称 X 为决定因素,而 Y 称为被决定因素。当 Y 不函数依赖于 X 时,记作 $X \not\to Y$。特别有一种情况是,如果有 $X→Y$,并且 $Y→X$,则记作 $X \leftrightarrow Y$。

定义 12.2 在关系模式 $R(U)$ 中,X、Y 是 U 的子集。如果 $X→Y$,并且 Y 不是 X 的子集,则称 $X→Y$ 是非平凡的函数依赖;如果 $X→Y$,但 Y 是 X 的子集,则称 $X→Y$ 是平凡的函数依赖。

例如,在学生教学关系中,StudentID→Sname,(StudentID,Cname)→Grade 等都是非平凡的函数依赖,而 StudentID→StudentID,(StudentID,Cname)→Cname 等是平凡的函数依赖。

定义 12.3 在关系模式 $R(U)$ 中,如果 $X→Y$,并且对于 X 的任何一个真子集 X',都有 $X' \not\to Y$,则称 Y 完全函数依赖于 X,记作 $X \xrightarrow{F} Y$。若 $X→Y$,但 Y 不完全函数依赖于 X,则称 Y 部分函数依赖于 X,记作 $X \xrightarrow{P} Y$。

例如,学生教学关系中,StudentID $\xrightarrow{F}$ Sname,(StudentID,Cname) $\xrightarrow{F}$ Tname 等都是完全函数依赖,而 (StudentID,Cname) $\xrightarrow{P}$ Sname 等属于部分函数依赖。

定义 12.4 在关系模式 $R(U)$ 中,如果 $X→Y$,$Y→Z$,且 $Y \not\subseteq X$,$Y \not\to X$,则称 Z 传递函数依赖于 X,记作 $X \xrightarrow{传递} Z$。

例如,学生教学关系中若规定学生姓名不重复,则有 StudentID→Sname,Sname→Sex 成立,所以可以得到 StudentID $\xrightarrow{传递}$ Sex。

12.1.3 范式

范式,即满足一定规范化程度的关系模式。关系数据库中的关系必须满足一定的规范化要求,不同程度的要求用不同的范式来衡量,目前主要有第一范式、第二范式、第三范式、BC 范式、第四范式和第五范式。满足最低要求的称为第一范式,简称 1NF。在第一范式基础上满足进一步要求的为第二范式,简称 2NF,其余依此类推。某一关系模式 R 属于第 n 范式,简记为 $R \in n$NF。各种范式之间存在如下联系:

$$1NF \supset 2NF \supset 3NF \supset BCNF \supset 4NF \supset 5NF$$

1. 第一范式

定义 12.5 如果关系模式 R 中,每个属性值都是一个不可再分的数据项,则称该关系模式满足第一范式,记为 $R \in 1NF$。

第一范式规定一个关系中所有的属性值都必须是"原子"的,不能为元组、数列或者其他复合数据类型。第一范式是对关系模式最基本的要求,所有的关系模式都必须满足第一范式。

满足第一范式的关系模式不一定是一个好的关系模式,其中可能存在前文所述的数据冗余度大、插入异常、删除异常和修改复杂等问题,具体表现读者可以根据 12.1.1 节的思路进行分析。要解决这些问题,可以采用投影分解的方法,将一个仅满足 1NF 的关系模式转换为若干个满足更高级范式的关系模式。

2. 第二范式

定义 12.6 如果关系模式 $R \in 1NF$,并且它的所有非主属性都完全函数依赖于 R 的码,则称 R 满足第二范式,记作 $R \in 2NF$。

第二范式其实质是不允许关系模式 R 中存在非主属性对码的部分依赖。由定义可知,如果关系模式 R 属于第一范式,且 R 的码中只包含一个属性,则 R 也一定属于第二范式。

采用投影分解将一个 1NF 的关系模式分解为多个 2NF 的关系模式后,在一定程度上减轻了原 1NF 关系模式中存在的数据冗余度大和操作异常等问题,但是并不能完全解决这些问题。也就是说,满足 2NF 的关系模式并不一定是一个好的关系模式,有必要对其进行进一步的分解改造。

3. 第三范式

定义 12.7 如果关系模式 $R \in 1NF$,并且其中不存在这样的码 X,属性组 Y 以及非主属性 $Z(Z \nsubseteq Y)$,使得 $X \rightarrow Y, Y \rightarrow Z$ 成立,$Y \nrightarrow X$,那么称 R 满足第三范式,记为 $R \in 3NF$。

第三范式其实质是要求 R 中的所有非主属性都不传递函数依赖于任何 R 的码,由于部分依赖必然会导致传递依赖,所以第三范式其实也限制了非主属性对码的部分依赖。换言之,满足 3NF 的关系模式必然满足 2NF。

同样地,将一个 2NF 的关系模式分解为多个 3NF 的关系模式,可以在一定程度上进一步减轻原 2NF 关系模式中存在的数据冗余度大和操作异常等问题,但是仍然不能完全消除这些问题。也就是说,属于 3NF 的关系模式虽然消除了大部分异常问题,但仍然存在不足,可以进一步改进完善。

4. BCNF 范式

定义 12.8 如果关系模式 $R \in 1NF$,并且对于所有的 $X \rightarrow Y$,如果 $Y \nsubseteq X$ 时,X 一定包含码,则称 R 满足 BC 范式,记为 $R \in BCNF$。

BC 范式的实质是要求它的所有属性都不传递函数依赖于任何 R 的码,相对于 3NF 而言,增加了"不允许主属性传递函数依赖于码"的限制。

如果一个关系数据库中的所有关系模式都属于 BCNF,那么在函数依赖范畴内,它已实现了模式的彻底分解,消除了插入异常和删除异常,达到了最高的规范化程度。

将一个低级范式的关系模式进行投影分解,转换得到若干个高级范式的关系模式集,这个过程称为关系模式的规范化。目前,数据库设计一般采用"基于 3NF 的系统设计"方法,只要所设计的关系数据库模式达到第三范式的程度,基本上可以解决数据冗余和各种操作异常问题。在定义更为广泛的多值依赖甚至连接依赖范畴中,还有更高级的第四范式以及第五范式,此处不再继续展开讨论,有兴趣的读者可以参阅有关的其他书籍。

12.2 数据库设计概述

什么是数据库设计?从不同的角度来说,有不同层次、不同范畴的定义。一般而言,数据库设计是指对于一个给定的应用环境,构造优化的数据库逻辑模式和物理结构,并据此建立数据库及其应用系统,使之能够有效地存储和管理数据,满足各种用户的应用需求,包括信息管理要求和数据操作要求。

好的数据库设计应能为用户所需要的数据库应用系统提供强大的数据支撑和高效的运行环境。一般而言,设计好的数据库应具有较高的完备性,能表示特定应用领域所需的所有信息,满足数据存储和信息处理需求;应具备良好的完整性和一致性,模式规范,冗余度低,数据处理能力高;应易于用户理解,便于维护,数据安全,可扩充性强。

12.2.1 数据库设计的特点

数据库设计是将特定用户的应用需求转化为在相应软硬件环境中具体实现的过程,其中良好的管理是数据库设计的基础。"三分技术、七分管理,十二分基础数据",作为数据库设计的重要特点之一,在整个设计过程中,不仅要加强数据库建设项目本身的管理,还要加强所针对企业各部门之间的职能管理和控制。

"十二分基础数据",强调的是基础数据的收集、整理、组织和不断更新。数据定义必须遵循标准的数据格式,采用通用的数据形式,从而使得数据库能随着社会发展和企业业务逻辑的变化而随时更新扩充。

数据库设计的最终目的是基于其上建立高效的应用系统,因此数据库设计应当和应用系统设计密切结合。一方面,设计思想和过程必须源于实际的应用环境,源于真实的业务逻辑需求;另一方面,数据库设计人员应保持与应用系统设计开发人员的良好交流与沟通,才能保证所设计的数据库能满足应用系统开发的需要,满足最终用户的操作需求。

12.2.2 数据库设计方法

数据库设计是一项涉及多门学科的综合性工程,要求设计人员具备计算机领域内多学科的知识和技能,包括程序设计方法、软件工程和信息建模等。早期的数据库设计主要采用手工试凑法,依靠设计人员的设计经验和水平进行各项设计工作,由于信息结构复杂,应用环境多样,缺乏科学理论和工程方法的支持,因此设计工作质量难以保证,往往设计出的数据库效率低下,可维护性能较差。

为了提高设计效率和设计质量,人们在积累经验的基础上对数据库设计过程不断进行优化,形成了一些规范化的设计方法。其中比较著名的有新奥尔良方法(New Orleans),它运用软件工程的思想将数据库设计分为需求分析、概念结构设计、逻辑结构设计和物理结构设计 4 个阶段,并采用一些辅助手段逐一实现每个过程。其后有 S.B.Yao 的五步骤方法。还有 BarkE-R 方法等,各种规范化设计方法从本质上看仍然是手工设计方法,基于过程迭代和逐步求精的设计思想,只是在细致的程度上各有差别,导致设计步骤各有不同。

随着计算机辅助设计的发展,在数据库设计领域也出现了很多辅助设计工具,比较有名的如 Oracle 公司的 Oracle Designer、Sybase 公司的 PowerDesigner 以及 IBM 公司的 Rational Rose 等,这些工具可以帮助数据库设计人员高效地完成许多设计工作,目前已经广泛应用于各种数据库设计和开发工作当中。

12.2.3 数据库设计基本步骤

按照规范化设计方法,一般将整个数据库设计过程分为需求分析、概念结构设计、逻辑结构设计、物理结构设计以及数据库实施和维护5个阶段,如图12.1所示。在这5个阶段中,每个阶段都有其各自的设计任务和设计方法,阶段结束后必须取得相应的设计成果。

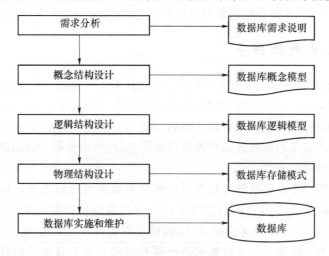

图12.1 数据库设计步骤

(1) 需求分析阶段

该阶段主要是了解、收集用户的信息需求和处理需求,然后进行整理分析,形成数据库需求说明。需求分析是整个数据库设计过程的基础,它决定了后期设计工作的效率和质量,因而最困难,也最耗费时间。如果需求分析不准确或不充分,可能导致整个数据库设计工作的重做。

(2) 概念结构设计阶段

概念结构设计是数据库设计的关键,通过对需求分析阶段得到的用户需求说明进行综合、归纳和抽象,形成数据库的整体概念模型。概念模型属于对现实世界的建模,与具体采用的DBMS无关,一般用E-R模型表示。

(3) 逻辑结构设计阶段

逻辑结构设计阶段主要是将上一阶段得到的概念模型转化为某个特定的DBMS所支持的数据模型,并结合关系规范化理论对其进行优化。目前主流的数据模型一般为关系模型。

(4) 物理结构设计阶段

物理结构设计阶段主要根据前一阶段建立的数据库逻辑模型,并结合具体DBMS的特点设计高效合理的数据库物理结构,建立数据库存储模式。

(5) 数据库实施和维护阶段

数据库实施和维护阶段,首先使用DBMS提供的数据定义语言建立数据库,组织数据入库并基于其上实现应用系统。随后在数据库运行过程中必须不断维护和更新数据库。

需要注意的是,由于数据库设计的复杂性,上述过程往往不会一蹴而就,而是需要在设计过程中不断调整、修改设计方案,循环往复。

12.3 需求分析

需求分析就是分析用户对数据库的要求,然后根据分析结果再展开后续的其他设计工作。需求分析的结果是否正确、充分地反映了用户的实际需求,对后期数据库设计工作起着至关重要的作用。本节主要介绍需求分析的任务、过程和方法,以及需求分析的结果。

12.3.1 需求分析的任务

需求分析的任务是通过详细调查,获取企业原有手工系统的工作流程和各项业务处理的基本情况。如果企业原有旧的信息系统,则还应详细了解原系统的工作情况。在调查分析的基础上明确用户需求,进而确定新系统的功能边界。需求分析除了充分考虑用户现有的需求,还应考虑到将来的业务发展和需求特征的变化,从而使得设计出的数据库易于修改和扩充,具有良好的可扩展性。

需求分析时,调查重点包括静态数据结构和动态数据处理两方面。着重从以下几方面获取用户的实际需求。(1)用户的信息需求。指用户需要从数据库中获得哪些数据信息?这些数据的性质是什么?解决这些问题,从而确定数据库中需要存储和处理的数据对象。(2)用户的处理需求。指用户需要对数据进行哪些处理?对于各种处理有何具体要求?根据获取的用户需求,确定数据库中需要定义的数据处理过程。(3)用户性能需求。用户对新系统性能的具体需求,如系统响应时间、系统整体的安全性、稳定性等。

全面准确地定义用户需求是一件比较困难的事情,因为一方面最终用户大多缺乏专业的计算机知识,无法准确表达其操作需求;另一方面数据库设计人员缺少用户的专业领域知识,不易理解用户的真实需求。例如,为某企业开发财务系统,企业财务人员缺乏专业的计算机设计和开发知识,无法详细准确地表达财务系统的数据和处理要求;而数据库设计人员缺乏专业的财会知识,不能迅速理解企业财务的业务流程和各种处理要求。除此之外,企业业务逻辑的变化也可能使得用户需求在设计期间发生变化,因此数据库设计人员必须不断和用户深入交流沟通,才能逐步完整地理解和获取用户的实际需求。

12.3.2 需求分析的方法

进行需求分析,首先要调查了解用户的需求,逐步与用户达成共识;然后再对收集的需求信息进行分析,用通用规范的方式表达出来。调查用户的具体需求一般包括以下内容。(1)组织机构情况。了解部门的组成情况、各部门的职能和职责等,画出组织机构图。(2)各部门的业务活动情况。使用哪些输入数据,数据的来源、格式和含义;对数据的加工处理,处理方法和规则;加工后的数据输出到什么部门,输出数据的格式和含义。(3)新系统的具体要求。和用户交流沟通,共同确定新系统的功能要求。(4)系统边界。对调查结果进行分析,确定系统边界,即哪些功能由计算机完成,哪些功能由人工完成。

为了完成上述调查,可以采取一些行之有效的方法,常用的包括以下几种。

(1) 跟班作业

参与到各个部门的业务处理中,了解业务的具体流程。这种方法能比较准确地了解用户的业务活动,但缺点是较为费时。

(2) 开调查会

通过与用户中业务经验丰富的人举行座谈。一般要求调查人员具有较好的业务背景,之前有过类似项目的设计经验,双方才能就具体问题进行有针对性的交流和讨论。

(3) 问卷调查

调查问卷要求设计合理,发放和回收要有明确的时间规定,填写要有样板,同时要将相关数据的表格附在调查问卷中。

(4) 访谈询问

针对问卷调查或调查会的具体情况,对于尚且存在疑虑的问题,应当进一步与有经验的业务人员访谈,询问其对业务的理解和处理方法。

通过以上调查方法获得用户的实际需求后,还需要对调查结果进行进一步的分析,目前一般采用结构化分析(Structured Analysis,SA)方法。

12.3.3 结构化分析方法

结构化分析方法采用自顶向下、逐层分解的方式分析系统,从最上层的组织机构入手,逐步分解为底层的若干个子模块,直至能清楚表达系统工作流程而无需再向下分解为止。在分解过程中,结构化分析方法主要采用数据流图来表达数据处理,而使用数据字典来对数据流图进行补充说明。

在结构化分析方法中,数据借助于数据字典(Data Dictionary,DD)来描述,而处理过程往往借助于判定表或判定树来描述。数据流图(Data Flow Diagram,DFD)则表达数据和处理过程的关系,其主要成分有数据流、数据存储、数据加工以及数据的源点和终点。

(1) 数据流由数据项组成,一般用箭头表示,箭头方向指示数据的流向,在箭头上方标明数据流的名称。

(2) 数据存储用来保存数据流,可以是暂时的,也可以是永久的,用双划线表示,在中间标明其名称。数据流可以从数据存储流入或流出,可以不标名称。

(3) 数据加工是对数据进行处理的单元,用圆角矩形表示,并在内部标明名称。

(4) 数据的源点和终点表示数据的来源和去处,代表系统外部的数据,用方框表示。

如图12.2所示为学生教学管理系统中课程查询的数据流图。

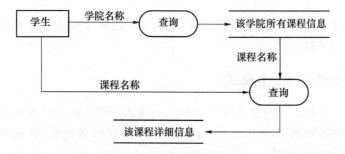

图12.2 课程查询数据流图

对于较复杂的系统,一张数据流图往往难以描述和表达需求,因而多采用分层数据流图。

数据字典是关于数据信息的集合,是对系统中各类数据的定义和描述,通常包括数据项、数据结构、数据流、数据存储和处理过程。

① 数据项是一个不可再分的基本数据单位,描述数据项通常需要数据项的名称、含义说明、别名、数据类型、数据长度、取值范围以及取值说明等。

例如,"学号"数据项描述为:{学号,唯一标识每个学生,学生编号或学生 ID,文本型,12,100000000000 至 999999999999,前四位为学生年级,第 6、7 位为学院编号,第 8、9 位为专业编号,第 10 位为班级编号,第 11、12 位为班内顺序编号}。

② 数据结构一般由若干个数据项组成,也可以由若干个数据结构或者是数据项和数据结构混合组成,它表达的是数据之间的组合关系。描述数据结构通常包括数据结构名称、含义说明及其组成。

例如,"学生"数据结构描述为:{学生,定义一个学生的详细信息,组成:{学号,姓名,身份证号,性别,民族,出生日期,学院,专业,班级,年级,毕业中学,学籍状态,家庭住址,邮政编码,籍贯,相片,备注}}。

③ 数据流是数据结构在系统中的流动路径,其描述通常包括数据流名称、说明、数据流来源、数据流去向、数据流组成、平均流量、高峰期流量等。

例如,"选课信息"数据流描述为:{选课信息,学生选课后生成的信息,选课,判断选课信息,组成:{学生信息,课程信息,教师信息},每年 30 万次,每年 40 万次}。

④ 数据存储是数据结构存储的地方,也是数据流的来源和去向之一。对数据存储的描述通常包括数据存储名称、说明、输入数据流、输出数据流、组成、数据量、存取方式等。

例如,"学生选课信息表"数据存储描述为:{选课信息表,保存学生成功选课的记录,选课成功的信息,所有选课信息,组成:{选课信息},每年 25 万条,检索/更新}。

⑤ 处理过程是对数据流图中加工处理的描述,而具体的处理逻辑一般使用 IPO 图、结构化语言、判定表或判定树表达。描述处理过程通常包括处理过程名称、说明、输入数据流、输出数据流、处理说明等。

例如,"判断选课信息"处理过程描述为:{判断选课信息,判断选课是否成功,输入:{选课信息},输出:{选课成功的信息},处理:{在学生选课后,对其合理性进行判断,是否误选了其他专业的课程,是否超出了选修学分的上限}}。

12.4 概念结构设计

概念结构设计是将需求分析阶段获得的用户需求抽象为信息世界中的概念结构模型,它是数据库设计的关键。

12.4.1 概念结构设计概述

概念结构独立于数据库管理系统(DBMS),是现实问题转换为计算机问题的中间层次,要求既能准确反映客观现实,同时又易于向计算机所支持的数据模型(包括层次模型、网状模型和关系模型等)进行转换。

概念结构设计是数据库设计过程中最重要的阶段,常常借助于数据库辅助设计工具进行设计。常用的方法有如下 4 种。

① 自顶向下:首先定义全局概念结构的整体框架,然后逐步细化。

② 自底向上：首先定义局部概念结构，然后逐步集成为全局概念结构。

③ 逐步扩张：首先定义核心的概念结构，然后以此为中心逐步向外扩充，最终形成全局的概念结构。

④ 混合策略：自顶向下和自底向上相结合。一般用自顶向下的方法设计全局概念结构框架，然后用自底向上的方法设计各局部概念结构，最后形成整体概念结构。

具体采用哪种方法，与需求分析策略有关。现在比较常用的方法是自顶向下地进行需求分析，而自底向上地进行概念结构设计，如图12.3所示。

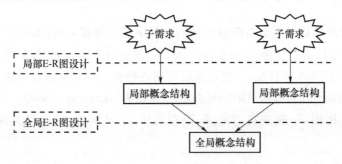

图 12.3　概念结构设计方法

12.4.2　E-R 模型

数据库概念结构模型的表示方法有很多，其中最为常用的是 P. P. S. Chen 于 1976 年提出的实体-联系方法（Entity-Relationship Approach）。这种方法使用 E-R 图（E-R Diagram）来描述现实世界的概念模型，E-R 方法也称为 E-R 模型。

E-R 模型提供了表达现实世界中概念结构模型的各个要素。实体型用矩形框表示，在矩形框内写明实体名称；属性用椭圆形表示，在椭圆内写明属性的名称，并用无向边将其与相应的实体型连接起来；实体之间的联系用菱形表示，在菱形框内写明联系名，并且用无向边将有关的实体型连接起来，在无向边旁标明联系的类型是一对一、一对多还是多对多。

例如，"学生教学管理系统"中，学院实体的属性有学院编号、学院名称和学院简称，学生实体的属性有学号、学生姓名和其他信息，一个学院可以管理多名学生，一名学生只受一个学院的管理。描述该概念结构模型的 E-R 图如 12.4 所示。

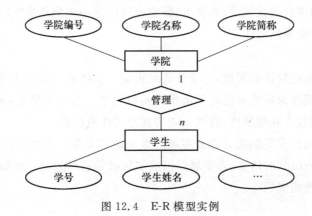

图 12.4　E-R 模型实例

需要注意的是，概念模型中的联系也可以具有属性，如果一个联系具有属性，则这些属性也要用无向边与该联系连接起来。

了解了表示概念模型的 E-R 方法之后，本章以自底向上设计方法为例，介绍数据库概念结构设计的详细步骤。一般来说，自底向上的概念结构设计方法包括局部 E-R 图设计和全局 E-R 图设计这两个步骤。

12.4.3 局部 E-R 图设计

局部 E-R 图设计以需求分析阶段得到的数据字典为依据，对现实世界进行抽象。即在对现实世界有一定认识的基础上，对实际的人、事、物进行人为的处理，忽略其中非本质的细节，抽取关心的共同和本质特征，并把这些特征用各种概念精确地加以描述。常用抽象方法包括分类(Classification)、概括(Generalization)和聚集(Aggregation)等。

设计局部 E-R 图，一般按确定范围、识别实体、定义属性、确定联系这 4 个步骤顺序进行。

(1) 确定范围

确定局部 E-R 图设计的范围。范围划分要自然、便于管理，可以按业务部门或业务主题划分。与其他范围分界清晰，相互影响小。范围大小要适度，实体控制在 10 个左右。

(2) 识别实体

在确定的范围内，寻找和识别实体，确定实体的码。在数据字典中按人员、组织、物品、事件等寻找实体。实体找到后，给实体一个合适的名称，给实体正确命名时，可以发现实体之间的差别。根据实体的特点，标识实体的码。确定实体一般借助于分类和概括抽象方法。

分类是定义一组对象的类型，这些对象具有共同的特征和行为，定义对象值和型之间的"is member of"的语义。

例如，在学生教学管理系统中，杨洁是本科生，邓丹也是本科生，都是本科生的一员(is member of 本科生)，具有共同的特征，通过分类，得出"本科生"这个实体。同理，李明雅是老师，张大卫也是老师，都是老师的一员，分类得出"老师"这个实体。

而概括是定义类型之间的一种子集联系，抽象了类型之间的"is subset of"的语义。

例如，在学生教学管理系统中，本科生、研究生可以进一步抽象为"学生"，其中本科生和研究生是子实体，学生是超实体。

(3) 定义属性

属性是描述实体的特征和组成，也是分类的依据。实体和属性之间没有截然的划分，因而容易混淆。一般能作为属性对待的尽量作为属性对待。基本原则是：属性是不可再分的数据项，属性中不能包含其他属性；属性不能与其他实体有联系。

属性定义一般通过聚集抽象方法来实现。聚集是定义某一类型的组成成分，抽象类型和成分之间的"is part of"的语义，若干属性组成实体就是这种抽象。例如，学生实体是由学号、姓名、班级等属性组成的。

(4) 确定联系

对于识别出的所有实体，判断它们相互之间是否存在联系，然后确定联系类型。

例如,学生教学管理系统中,学生和学院之间联系的局部E-R图设计模型如图12.4所示。

① 确定范围:以学生为核心,根据分层数据流图和数据字典来确定局部E-R图的边界。

② 识别实体:学生,学院。

③ 定义属性:学生(学号,姓名,身份证号,性别,民族,出生日期,学院,专业,班级,年级,毕业中学,学籍状态,家庭住址,邮政编码,籍贯,相片,备注);学院(学院编号,学院名称,学院简称)。

④ 确定联系:学院和学生之间为$1:n$的联系。

12.4.4 全局E-R图设计

设计好所有局部E-R图之后,需要将全体局部E-R图集成为一个全局E-R图。集成方法有一次集成和逐步集成的方式。一次集成是一次性将所有的局部E-R图综合,形成总体E-R图,操作起来较为复杂,难度稍大;而逐步集成是一次将几个局部E-R图综合,逐步形成总体E-R图,操作起来难度相对较小。无论采用哪种集成方式,一般都是先合并后优化。

(1) 合并局部E-R图,消除冲突,生成初步E-R图

不同局部E-R图面向不同应用,一般由不同的人员设计,因而容易产生某些不一致的定义,这称之为冲突。冲突常表现为属性冲突、命名冲突和结构冲突,合并E-R图时,消除这些可能的冲突是工作的关键。

① 属性冲突

属性冲突指属性值的类型、取值范围或单位不同,包括属性域冲突和属性取值单位冲突。例如,学生编号,有的部门定义为整数型,有的部门定义为字符型。又如,学生编号虽然都定义为整数,但有的部门取值范围为0 000~9 999,有的部门取值范围为00 000~99 999。又如,对于学生身高,有的部门使用米,有的部门使用厘米。在合并过程中,要消除这种不一致。

② 命名冲突

包括同名异义和异名同义两种情况。同名异义是指相同的实体名或属性名,其意义不同;而异名同义是指相同的实体或属性使用了不同的名称。在合并局部E-R图时,应消除实体命名和属性命名方面不一致的地方。

③ 结构冲突

结构冲突的表现主要是:同一对象在不同的局部E-R图中,有的作为实体,有的作为属性;同一实体在不同的局部E-R图中,属性的个数或顺序不一致;同一实体在局部E-R图中的码不相同;实体间的联系类型在不同的局部E-R图中不相同。

(2) 对初步E-R图进行修改和重构,消除冗余,生成基本E-R图

在初步E-R图中,可能存在一些冗余的数据和冗余的联系。冗余数据指可以用其他数据导出的数据;冗余联系指可以通过其他联系导出的联系。冗余数据和冗余联系容易破坏数据库的完整性,给数据库的维护增加困难,应该予以消除。消除冗余后的E-R图称为基本E-R图。

例如,学生年龄可由现在年份减去学生出生年份得到,如果学生实体中同时存在"出生日期"和"年龄"属性,则"年龄"属性冗余,应该予以消除。

并不是所有的冗余都必须消除,因为适当保持部分冗余信息,能在一定程度上提高数据查询的效率。故而在该阶段,应根据处理需求和性能要求对冗余信息做出取舍选择。

学生教学管理系统的全局 E-R 图如图 12.5 所示。注意,在图中没有标出实体和联系的属性。

12.5 逻辑结构设计

数据库概念结构设计结束后,下一步需要将得到的全局 E-R 图转化为某个特定的 DBMS 所支持的数据模型,得到数据库逻辑结构,这便是数据库逻辑结构设计阶段的任务。在选用何种数据模型的问题上,网状模型、层次模型、关系模型以及面向对象模型等都是可选对象,但关系数据模型毫无疑问是目前的主流,因此本节着重阐述基于关系数据模型的逻辑结构设计方法和步骤。

总体而言,数据库逻辑结构设计过程分两步走:首先将概念模型转换为关系模型,然后再对得到的关系模型进行优化,设计用户子模式。

12.5.1 概念模型转换

概念模型转化为关系数据模型,就是将 E-R 图中的实体、实体属性以及实体之间的联系转化为关系数据库所支持的关系模式。一般转换原则如下。

(1) 一个实体转换为一个关系模式。实体的属性就是关系的属性,实体的码就是关系的码。

如图 12.5 中,"学生"是实体,根据原则转换得到如下关系模式:学生(学号,学生姓名,身份证号,性别,民族,出生日期,专业,班级,年级,毕业中学,学籍状态,籍贯,家庭住址,邮编,相片,备注)。

(2) 实体之间 1:1 的联系,可以与任意一端实体所对应的关系模式合并,并在

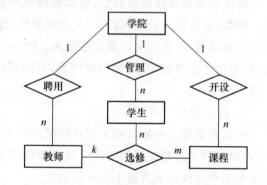

图 12.5 学生教学管理系统全局 E-R 图

该关系模式中加入另一端实体的码和联系本身的属性。

(3) 实体之间 1:n 的联系,一般与 n 端实体所对应的关系模式合并,并在该关系模式中加入 1 端实体的码以及联系本身的属性。

如图 12.5 中,"学院"与"学生"之间是 1:n 的联系,根据原则转换得到关系模式:学生(学号,学生姓名,身份证号,性别,民族,出生日期,专业,班级,年级,毕业中学,学籍状态,籍贯,家庭住址,邮编,相片,备注,学院)。

(4) 实体间 n:m 的联系,一般转换为一个独立的关系模式,与该联系相连的各实体的码以及联系本身的属性都转换为关系的属性,关系的码是各实体的码的组合。

(5) 3个或3个以上实体之间的多元联系,一般转换为一个独立的关系模式,与该多元联系相连的各实体的码以及联系本身的属性都转换为关系的属性,关系的码是各实体的码的组合。

如图12.5中,"学生"、"教师"和"课程"这3个实体之间存在 $n:m$ 的联系,根据原则转换得到关系模式:选课(学号,课程编号,教师编号,学年学期,总成绩,考试成绩,平时成绩,考核方式,考核日期)。

(6) 全部转换完毕后,具有相同码的关系模式可以合并。

12.5.2 关系模型的优化

为了消除可能存在的数据异常,进一步提高数据库整体性能,在将数据库概念模型转化得到若干关系模式后,需要对关系模式进行适当的调整和修改,这一过程即关系模型的优化。关系模型优化通常以12.1节所阐述的关系规范化理论为指导,常用方法包括关系规范化和关系模式分解。

(1) 关系规范化

研究关系模式中各属性间的数据依赖,逐一分析是否存在部分函数依赖、传递函数依赖和多值依赖,确定关系模式所属的范式级别。然后根据用户需求,有选择性地对关系模式进行分解或合并。必须注意的是:关系模式并不是规范化程度越高就越好,设计人员必须在关系规范化程度和操作复杂性这两者之间求得一个平衡。如同前文曾经提及的,关系模式规范化级别一般要求达到3NF或者BCNF即可。

(2) 关系模式分解

关系模式分解的目的是为了提高数据操作的效率和存储空间的利用率。常用的分解方式有水平分解和垂直分解。

① 水平分解是指按一定的原则,将一个关系中的元组横向分解成多个子关系集合。

例如,"学生"关系,可以将所有学生的信息存放在一个表中,也可以将学生信息按年级或者按学院属性水平分解为若干个数据表分开存放。水平分解能大大提高局部数据操作的效率,但是如果执行全局操作则会带来一些不便,因此需要设计者全面分析和综合权衡。

② 垂直分解是通过模式分解,将一个关系中的元组纵向分解成多个子关系集合。

垂直分解是实现关系模式规范化的主要途径。有时候为了应用或者数据安全的需要,也可以利用垂直分解将关系中的普通数据和机密数据分离开来。

12.5.3 设计用户子模式

用户子模式也称为外模式。与全局E-R图转换后得到的整体逻辑结构不同,用户子模式是数据库用户能够看见和使用的局部数据逻辑结构和特征的描述。

定义子模式,一方面使得用户所能见到的数据逻辑结构符合个人的使用习惯,另一方面主要是为了给不同级别的用户提供不同的数据模式。它的定义应结合具体DBMS的特点进行,目前在关系数据库中一般通过视图功能来实现。采用前文所述的垂直分解方法,也可以实现子模式定义。

例如,对于"学生"关系,任课教师关注学生的学号、学院、年级、专业等信息,而学生工作组老师更为关注学生的籍贯、家庭地址等信息。为了满足他们各自不同的需求,可以分别定义不同的用户子模式供他们使用。

12.6 物理结构设计

数据库在物理设备上的存储结构和存取方法称为数据库物理结构,它依赖于设计人员所选择的计算机系统。为一个给定的逻辑结构选取一个最适合应用需求的物理结构的过程就是数据库的物理结构设计。

12.6.1 物理结构设计概述

数据库物理结构设计的主要目的一方面是提高数据库的性能,另一方面是有效利用存储空间,从而使得数据库系统在时间上和空间上最优化。

设计数据库物理结构,首先应该确定数据库的物理存储结构和存取方法;然后对设计结果进行评价,重点是时间和空间的效率表现;如果评价结果满足应用需求,则可进入到物理结构的实施阶段,否则需要修改设计甚至重新进行设计。

数据库物理结构设计与具体的 DBMS 密切相关,由于不同数据库产品在物理环境、存取方法和存储结构等方面都存在很大差异,因此物理结构设计没有通用的方法。设计时需要着重注意以下两个方面的问题。

① DBMS 的特点:物理结构设计只能在特定的 DBMS 下进行,设计者必须对所使用的 DBMS 的特点有着充分了解,根据其特点进行有针对性的设计。

② 应用环境方面:数据库设计者应充分了解所使用计算机系统的详细性能。比如单任务系统还是多任务系统,单磁盘还是磁盘阵列,数据库专用服务器还是多用途服务器等。还要了解数据的使用频率和数据库事务的运行情况。

12.6.2 存取方法选择

数据库系统是多用户共享的系统,为满足多个用户同时快速存取数据的需求,必须选择有效的存取方法。常用的存取方法有索引法、聚簇法和 HASH 法等。

(1) 索引存取方法的选择

索引能极大地提高数据查询的效率,但由于本身需要占用存储空间,同时还需要 DBMS 自动进行索引的更新和维护,因而同时也会在一定程度上降低系统的整体性能。设计物理结构时,选择在关系表的哪些字段上创建索引?创建何种类型的索引?这是选择索引存取方法时应着重考虑的问题。建立索引的一般原则如下。

① 如果某属性或属性组经常出现在查询条件中,则考虑为该属性或属性组建立索引。

例如,"学生"关系中,经常需要根据学号或者姓名查询学生信息,因此可以考虑在"学号"、"姓名"等属性列上创建索引。

② 如果某属性经常作为最大值或最小值等聚集函数的参数,则考虑为该属性建立索引。

例如,"学生选修"关系中,经常需要查询学生成绩的总分、平均分和最高最低分等,因此可以考虑在"成绩"属性列上创建索引。

③ 如果某属性或属性组经常作为连接操作的连接条件,则考虑为该属性或属性组建立索引。

例如,查询学生所在的学院信息,需要将"学院"关系和"学生"关系基于"学院编号"属性进行连接查询,因此可以考虑在该属性列上建立索引。

(2) 聚簇存取方法的选择

聚簇是将经常进行连接操作的两个或多个数据表,按连接属性(聚簇码)相同值把元组存放在一起,从而大大提高连接操作的效率。一个数据库中可以建立很多簇,但一个表只能加入一个聚簇中。设计聚簇的原则是:

① 经常在一起进行连接操作的多个表,可以考虑存放在一个聚簇中;

② 在聚簇中的表,主要是经常需要查询的静态表,而不是更新频繁的数据表。

(3) HASH 存取方法的选择

HASH 存取是根据某个属性值,先用 HASH 函数计算出元组的地址,然后再执行数据存取。HASH 方法减少了数据存取的 I/O 次数,加快了存取速度。但不是所有的数据表都适合 HASH 存取,选择 HASH 方法的原则有:

① 主要是用于查询的静态表,而不是经常被更新的数据表;

② 作为查询条件列的值域,具有比较均匀的数值分布;

③ 查询条件是相等比较,而不是某个数值范围。

12.6.3 存储结构的确定

确定数据库的存储结构,主要是确定数据库中数据的存放位置,并设置合理的系统参数。需要综合考虑数据存取时间上的高效性、存储空间的利用率和存储数据的安全性。

(1) 存放位置

在确定数据存放位置之前,要将数据中易变部分和稳定部分进行适当的分离,要将数据库系统文件和数据文件分开存放。如果硬件系统采用多个磁盘和磁盘阵列,则应该将表和索引存放在不同的磁盘上,利用并行性提高 I/O 性能。为了系统的安全性,一般将日志文件和重要的系统文件存放在多个磁盘上互为备份。

(2) 系统配置

DBMS 产品一般都提供了大量的系统配置参数,供数据库设计人员和 DBA 进行数据库的物理结构设置和物理优化。如用户数、缓冲区、内存分配、物理块的大小等。在建立数据库时,系统一般都提供了默认参数,但不一定适合于当前的应用环境,因此数据库设计人员应该根据实际情况对这些参数进行调整,并在后期系统运行维护阶段根据需要不断优化。

12.6.4 物理结构的评价

不同的数据库物理结构设计方案,其时间、空间性能存在差异,数据库设计人员应该仔细进行比较分析,从中找出最优方案作为最终选择。

12.7 数据库的实施和维护

数据库物理结构设计完成后,设计人员首先使用DBMS提供的数据定义语言和其他应用程序将数据库逻辑结构和物理结构的设计结果描述出来,创建数据库模式,然后组织数据入库、调试应用程序,这是数据库实施阶段的任务。数据库实施后,还需要对数据库进行各方面测试,试运行,正式运行。在运行过程中,需要定期对数据库进行维护。

12.7.1 数据库实施

数据库实施阶段包括两项重要的工作,一是建立数据库,二是测试。

(1) 建立数据库

首先建立数据库模式,主要是各类数据对象的建立。可以使用DBMS提供的交互式工具进行定义,也可以编写SQL脚本代码批量创建。如Oracle环境下的PL/SQL脚本、SQL Server环境下的Transact-SQL脚本程序。

然后载入数据。需要将各处数据重新组织和组合,并转换成DBMS所支持的格式。转换工作可以手工进行,也可以借助于已有的工具(如Oracle的SQL*Load、SQL Server的DTS等)。为了保证数据载入的质量,提高效率,往往设计一个专门的数据录入子系统来完成数据载入工作。

(2) 测试

数据库系统在正式运行前,要经过严格的测试。数据库测试一般与应用系统测试结合起来,通过试运行,参照用户需求说明,测试应用系统是否满足用户需求,查找应用程序的错误和不足,核对数据的准确性。如果功能不满足或数据不准确,对应用程序部分要进行修改、调整,直到满足设计要求为止。

对数据库的测试,重点在两个方面:一是通过应用系统的各种操作,数据库中的数据能否保持一致性,完整性约束是否有效实施;二是数据库的性能指标是否满足用户的性能需求,是否达到设计目标。如果测试的物理结构参数与设计目标不符,则要返回到物理结构设计阶段重新调整,修改系统物理参数。有些情况下要返回到逻辑结构设计,修改逻辑结构。

12.7.2 数据库维护

数据库测试合格后转入试运行,数据库开发工作基本完成,随后可以适时投入正式运行。但是,由于应用环境不断变化,数据库运行过程中物理存储也会不断变化,因而对数据库设计的评价、调整、修改等维护工作是一个长期任务,也是数据库设计工作的继续和提升。

在数据库运行阶段,对数据库经常性的维护工作通常由DBA完成。主要包括以下内容。

(1) 数据库转储和恢复

这是系统正式运行后最重要的维护工作之一。DBA要针对不同的应用要求制定不同的转储计划,以保证一旦发生故障能尽快将数据库恢复到之前的某个一致状态,尽可能减少数据库的损失和破坏。

(2) 数据库的安全性和完整性控制

在数据库的运行过程中,由于应用环境的变化,数据库安全性的要求会发生变化,系统中用户的级别也会发生变化。这些都要 DBA 根据实际情况进行调整修改。同样,数据库的完整性约束条件也会发生变化,也需要 DBA 不断修正,以满足用户需要。

(3) 数据库性能的监控、分析和改造

在数据库运行过程中,监控系统运行,对检测数据进行分析,找出改进系统性能的方法,这是 DBA 的又一重要任务。目前有些 DBMS 产品提供了检测系统性能的工具,DBA 可以利用这些工具方便地得到系统运行过程中一系列参数值。据此判断当前系统运行状况是否最优,应当做出哪些改进,找出改进的方法。

(4) 数据库的重组和重构

数据库运行一段时间后,由于记录不断增加、删除和修改,会使数据库的物理存储结构变坏,降低数据的存取效率,导致数据库整体性能下降。DBA 需要根据具体情况适时地对数据库进行重组或部分重组。DBMS 一般都提供了实施数据库重组的实用程序,在重组过程中,按原设计要求重新安排存储位置、回收垃圾、减少指针链等,最终达到提高系统性能的目的。数据库的重组,并不需要修改原来的逻辑结构和物理结构。

由于数据库应用环境发生变化,增加了新的应用或新的实体,或者取消了某些应用,使得原有的数据库模式不能满足新的需求,那么 DBA 需要调整数据库的逻辑结构和物理结构,这个过程称为数据库的重构。数据库的重构是有限的,只能做部分修改,如果应用变化太大,重构也无济于事,说明此数据库应用系统的生命周期已经结束,应该设计新的数据库。

12.8 本章小结

本章首先讨论了关系模式的规范化问题。关系模式设计是否合理,对消除数据冗余和提高数据操作效率有着重大的影响。好的关系模式设计,必须以关系规范化理论作为基础。

范式是衡量关系模式规范化程度的标准。对于不合理的关系模式,可以通过将其投影分解为若干个关系模式,消除其中可能存在的部分函数依赖和传递函数依赖,从而逐步解决数据冗余、插入删除和更新异常等问题,实现关系模式的规范化。

本章其次讨论了关系数据库设计过程。详细介绍了数据库设计过程中需求分析阶段、概念结构设计阶段、逻辑结构设计阶段、物理结构设计阶段、数据库实施和维护阶段的目标、任务、方法和步骤。其中最重要的是概念结构设计和逻辑结构设计这两个环节。

数据库设计属于方法学的范畴,主要应该掌握基本方法和一般原则,并能在数据库设计过程中加以灵活运用,设计出符合实际需求的数据库。

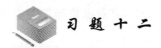

习 题 十 二

一、填空题

(1) 关系模式 R 中,如果每个数据项都是不可再分割的,那么 R 一定属于_____。

(2) 如果关系模式 R 属于 1NF,并且它的每个非主属性都_____ R 的码,则 R 也属于 2NF。

(3) 如果关系模式 R 属于 2NF,且它的每个非主属性都不传递函数依赖于 R 的码,则称 R 为满足_____的关系模式。

(4) 设关系 $R(U),X,Y \in U,X \rightarrow Y$ 是 R 的一个函数依赖,如果存在 $X' \in X$,使 $X' \rightarrow Y$ 成立,则称函数依赖 $X \rightarrow Y$ 是_____函数依赖。

(5) 在关系模式 $R(A,B,C,D)$ 中,存在函数依赖关系 $\{A \rightarrow B, A \rightarrow C, A \rightarrow D, (B,C) \rightarrow A\}$,则候选码是_____,关系模式 $R(A,B,C,D)$ 属于_____。

(6) 数据库规范化设计方法从本质上看仍然是手工设计方法,其基本思想是_____和_____。

(7) 数据库设计分为以下几个阶段_____、_____、_____、_____和_____。

(8) 数据字典中应包括对以下几部分数据的描述:_____、_____、_____、_____和_____。

(9) 设计数据库的物理结构时,需要选择有效的数据存取方法,常用存取方法有_____、_____、_____等。

(10) 数据库实施并正式运行后,对数据库经常性的维护工作主要是由_____完成的。

二、单项选择题

(1) 关系规范化的主要目的,是为了解决关系数据库中的( )等问题。
 A. 提高数据查询速度   B. 保证数据的安全性
 C. 插入、删除异常和数据冗余   D. 保证数据的完整性

(2) 根据关系规范化理论,关系数据库中的关系必须满足的条件是:其每一个属性都是( )。
 A. 类型统一的   B. 不可再分的   C. 互相关联的   D. 互不相关的

(3) 若有 $X \rightarrow Y$,当下列哪一项成立时,该函数依赖被称为平凡的函数依赖( )。
 A. $X \in Y$ B. $Y \in X$ C. $X \cap Y = \emptyset$ D. $X \cap Y \neq \emptyset$

(4) 在关系模式中,满足 2NF 的关系模式( )。
 A. 必定是 1NF   B. 可能是 1NF   C. 必定是 3NF   D. 必定是 BCNF

(5) 消除了部分函数依赖的 1NF 的关系模式,必定可以达到( )。
 A. 1NF   B. 2NF   C. 3NF   D. BCNF

(6) 在学生关系 S(StudentID, Sname, Sex, Age, DepartID, Dname) 中,存在函数依赖 StudentID→(Sname, Sex, Age, DepartID) 以及 DepartID→Dname,则其满足( )。
 A. 1NF   B. 2NF   C. 3NF   D. BCNF

(7) 设有关系模式 $R(A,B,C,D)$,其数据依赖集为 $F=\{(A,B) \rightarrow C, C \rightarrow D\}$,则该关系模式 R 的规范化等级最高达到( )。
 A. 1NF   B. 2NF   C. 3NF   D. BCNF

(8) 若关系模式 R 中的属性全是主属性,则 R 的规范化等级最高必定可以达到( )。
 A. 1NF   B. 2NF   C. 3NF   D. BCNF

(9) 在数据库设计过程中,概念结构设计是关键,它通过对用户需求说明进行综合、归

纳和抽象，形成一个独立于具体 DBMS 的（　　）。

　　A. 数据模型　　　B. 概念模型　　　C. 层次模型　　　D. 关系模型

（10）确定数据库中关系、索引、聚簇和备份等数据的存储结构和存取方法，这是数据库设计过程中（　　）的任务。

　　A. 需求分析阶段　B. 逻辑设计阶段　C. 概念设计阶段　D. 物理设计阶段

（11）数据库物理设计完成后，进入数据库实施阶段，下述选项中，（　　）一般不属于实施阶段的工作。

　　A. 建立数据库　　B. 系统测试　　　C. 载入数据　　　D. 系统功能扩充

（12）在关系数据库设计过程中，设计得到关系数据模型是（　　）阶段的任务。

　　A. 逻辑设计阶段　B. 概念设计阶段　C. 物理设计阶段　D. 需求分析阶段

（13）在关系数据库设计过程中，对关系模式进行规范化处理，使其达到一定的范式级别，这是（　　）阶段的任务。

　　A. 需求分析阶段　B. 概念设计阶段　C. 物理设计阶段　D. 逻辑设计阶段

（14）在概念结构模型中，客观存在并且可以相互区别开来的事物称为（　　）。

　　A. 实体　　　　　B. 元组　　　　　C. 属性　　　　　D. 节点

（15）数据字典是数据库设计过程中（　　）阶段所产生的。

　　A. 概要设计　　　B. 可行性分析　　C. 程序编码　　　D. 需求分析

（16）在数据库设计中，将 E-R 模型转换成关系数据模型属于（　　）的任务。

　　A. 需求分析阶段　B. 逻辑设计阶段　C. 概念设计阶段　D. 物理设计阶段

（17）从 E-R 图导出关系模型时，如果实体间的联系是 $m:m$ 的，下列说法中正确的是（　　）。

　　A. 将 n 方码和联系的属性纳入 m 方的属性中

　　B. 将 m 方码和联系的属性纳入 n 方的属性中

　　C. 增加一个关系表示联系，其中纳入 m 方和 n 方的码

　　D. 在 m 方属性和 n 方属性中均增加一个表示级别的属性

（18）数据库概念结构设计阶段，在合并多个局部 E-R 时，往往会产生某些不一致的定义。下列哪项冲突一般不会出现（　　）。

　　A. 功能冲突　　　B. 命名冲突　　　C. 属性冲突　　　D. 结构冲突

（19）在数据库运行阶段，下面哪一项不属于日常性的数据库维护工作（　　）。

　　A. 数据库转储恢复　　　　　　　　B. 数据库性能监控

　　C. 数据库安全控制　　　　　　　　D. 数据库功能设计

（20）下列选项中，哪一项说法是正确的？（　　）

　　A. 设计 E-R 图时，所有的冗余信息都应该消除。

　　B. 关系模式的规范化，一般只要求达到 3NF 即可。

　　C. E-R 模型中，实体一般用矩形框来表示。

　　D. 设计用户子模式时，一般通过视图功能来实现。

三、简答题

（1）什么是函数依赖、部分函数依赖、完全函数依赖以及传递函数依赖？请结合具体实例阐述说明其含义。

(2) 试述数据库设计的全过程,以及各阶段的主要设计任务是什么?
(3) 数据库设计过程中生成的数据字典,其内容和作用是什么?
(4) 什么是数据库的概念结构?试述其特点和设计策略。
(5) 什么是数据库 E-R 模型?构成 E-R 模型的基本要素有哪些?
(6) 什么是数据库的逻辑结构设计?试述其设计步骤。
(7) 试述数据库物理设计的内容和步骤。
(8) 什么是数据库的重组和重构?为什么要进行数据库的重组和重构?

第 13 章 数据库保护

为了保证数据库数据的安全性、可靠性和正确有效，DBMS 必须提供统一的数据保护功能。数据保护也称数据控制，主要包括数据库的安全性、完整性、并发控制和恢复。

13.1 数据库的安全性

数据库的安全性是指保护数据库以防止不合法的使用所造成的数据泄露、更改或破坏。计算机系统都有这个问题，在数据库系统中大量数据集中存放，为许多用户共享，使安全问题更为突出。

在一般的计算机系统中，安全措施是一级级设置的。在数据存储这一级可采用密码技术，当物理存储设备失窃后，它起到保密作用。在数据库系统这一级中提供两种控制：用户标识和鉴定，数据存取控制。

数据库安全可分为两类：系统安全性和数据安全性。

① 系统安全性是指在系统级控制数据库的存取和使用的机制，包含：
- 有效的用户名/口令的组合；
- 一个用户是否授权可连接数据库；
- 用户对象可用的磁盘空间的数量；
- 用户的资源限制；
- 数据库审计是否是有效的；
- 用户可执行哪些系统操作。

② 数据安全性是指在对象级控制数据库的存取和使用的机制，包含：哪些用户可存取、指定的模式对象及在对象上允许作哪些操作类型。其中约束是用来确保数据的准确性和一致性。关系模型有如下三类完整性约束。

（1）数据的完整性

数据的完整性就是对数据的准确性和一致性的一种保证。数据完整性（Data Integrity）是指数据的精确（Accuracy）和可靠性（Reliability），分为以下 4 类。

① 实体完整性：规定表的每一行在表中是唯一的实体。

② 域完整性：是指表中的列必须满足某种特定的数据类型约束，其中约束又包括取值范围、精度等规定。

③ 参照完整性：是指两个表的主关键字和外关键字的数据应一致,保证表之间的数据的一致性,防止数据丢失或无意义的数据在数据库中扩散。

④ 用户定义的完整性：不同的关系数据库系统根据其应用环境的不同,往往还需要一些特殊的约束条件。用户定义的完整性即是针对某个特定关系数据库的约束条件,它反映某一具体应用必须满足的语义要求。

(2) 完整性约束的类型

可分为 3 种类型：与表有关的约束、域(Domain)约束和断言(Assertion)。

① 与表有关的约束：是表中定义的一种约束。可在列定义时定义该约束,此时称为列约束,也可以在表定义时定义约束,此时称为表约束。

② 域(Domain)约束：在域定义中被定义的一种约束,它与在特定域中定义的任何列都有关系。

③ 断言(Assertion)：在断言定义时定义的一种约束,它可以与一个或多个表进行关联。

现从语法角度分析相应命令及其使用方法：

1. 与表有关的约束

包括列约束(表约束＋NOT NULL)和表约束(PRIMARY KEY、foreign key、check、unique)。

(1) not null(非空)约束：只用于定义列约束。

语法如下：

Colunm_name datatype | domain not null

实例：

create table College

(

  CollegeID char(5) not null,

  Cname varchar(30) not null,

  ShortName varchar(10)

)

注意：在 Access 环境录入查询语句时除录入中文,输入法处于中文状态外,其他都应该切换到英文状态,否则会出错。

创建之后,如果往表 College 表中非空约束中插入空值 insert into College values ('10045',null,'信息院')将会出错。如下：

Microsoft Office Access 不能在追加查询中追加所有记录

Microsoft Office Access 设置 0 字段为 Null 是因为类型转换失败,它未将 0 记录添加到表是因为键值冲突,没有添加 0 记录是因为锁定冲突,没有添加 1 记录是因为有效规则冲突。

(2) unique(唯一)约束：用于指明创建唯一约束的列取值必须唯一。

语法如下：

Colunm_name datatype | domain unique

实例：

```
create table College
(
    CollegeID char(5) not null,
    Cname varchar(30) not null unique,
    ShortName varchar(10)
)
```

如下往 College 插入数据时，如果两条记录的 Cname 不唯一：

```
insert into College values ('10045','信息科学技术学院','信息院');
insert into College values ('10046','信息科学技术学院','信科院')
```

分别插入记录，在插入第二条记录时则会出现如下错误：

Microsoft Office Access 不能在追加查询中追加所有记录

Microsoft Office Access 设置 0 字段为 Null 是因为类型转换失败，它未将 1 记录添加到表是因为键值冲突，没有添加 0 记录是因为锁定冲突，没有添加 0 记录是因为有效性规则冲突。

除了在定义列时添加 unique 约束外，也可以将 unique 约束作为表约束添加。即把它作为表定义的元素。

语法如下：

[CONSTRAINT constraint_name] unique (column1,column2,……)

实例：

```
create table College
(
    CollegeID char(5) not null,
    Cname varchar(30) not null,
    ShortName varchar(10),
    constraint p_uniq unique(Cname)
)
```

（3）primary key（主键）约束：用于定义基本表的主键，起唯一标识作用，其值不能为 null，也不能重复，以此来保证实体的完整性。

语法如下：

Colunm_name datatype | domain primary key

实例：

```
drop table College
go
    create table College
    (
        CollegeID char(5) primary key,
        Cname varchar(30) not null,
        ShortName varchar(10)
    )
```

如果向 College 表插入的 CollegeID 重复了或者插入时 CollegeID 为 null 值,则会出错。同样可以在创建表时,创建主键约束,也可创建表完成以后,创建主键,例如:

alter table College

add constraint e_prim primary key(CollegeID)

 注意：primary key 与 unique 的区别：

① 在一个表中,只能定义一个 primary key 约束,但可定义多个 unique 约束；

② 对于指定为 primary key 的一个列或多个列的组合,其中任何一个列都不能出现空值,而对于 unique 所约束的唯一键,则允许为 null,只是 null 值最多有一个。

(4) foreign key(外键)约束:定义了一个表中数据与另一个表中的数据的联系。

foreign key 约束指定某一个列或一组列作为外部键,其中包含外部键的表称为子表,包含外部键所引用的主键的表称为父表。系统保证,表在外部键上的取值要么是父表中某一主键,要么取空值,以此保证两个表之间的连接,确保了实体的参照完整性。

语法如下：

Colunm_name datetype | domain references table_name(column)

[match full|partial|simple] //注：sqlserver 不支持。

[referential triggered action]

说明：table_name 为父表的表名,column 为父表中与外键对应的主键值。[match full|partial|simple]为可选子句,用于设置如何处理外键中的 null 值。[referential triggered action]也为可选子句,用于设置更新、删除外键列时的操作准则。

可以为表的一列或多列创建 foreign key 约束,如果为多列创建 foreign key 约束,将分别与主表中的相应主键相对应。

实例：

create table College

　　(

　　　　CollegeID char(5) primary key,

　　　　Cname varchar(30) not null,

　　　　ShortName varchar(10)

　　)

create table Teacher

　　(

　　　　TeacherID char(8) primary key ,

College char(5) ,

Tname nvarchar(20),

Sex char(2),

　　　　CONSTRAINT E_Teacher FOREIGN KEY(College) REFERENCES College(CollegeID)

　　)

也可以表创建以后添加到表上。如下：

create table Teacher

```
(
    TeacherID char(8) primary key,
    College char(5),
    Tname nvarchar(20),
    Sex char(2)
)
```

alter table Teacher

add CONSTRAINT E_Teacher FOREIGN KEY(College) REFERENCES College (CollegeID)

该外键的作用:确保表 Teacher 的每个 College 列都对应表 College 中相应的 CollegeID。此时表 College 为父表,而表 Teacher 为子表。子表的 College 列参照父表的 CollegeID 列。

如果想在子表的 College 列插入一个值,首先父表的 CollegeID 列必须存在,否则会插入失败。如果想从父表的 CollegeID 删除一个值,则必须删除子表 College 列中所有与之对应的值。

潜在问题:由于 foreign key 列上可以取空值,DBMS 将跳过对 foreign key 约束的检查,因此如果插入 Teacher 记录:insert into Teacher values('10008996',null,null),则插入到 Teacher 中,但其主表的相关列却不存在。

解决办法:

① 将联合外键的列添加 not null 约束,但这限制了用户的部分操作;

② 采用 Match 子句(sqlserver 不支持)。

下面再简要论述 Access 更新、删除操作规则:在删除或更新有 primary key 值的行,且该值与子表的 foreign key 中一个或多个值相匹配时,会引起匹配完整性的丧失。

在 foreign key 创建语法中,提供了可选的 on update 和 on delete 子句,也就是上面的[referential triggered action],可用此保持引用完整性。

on update / on delete

no action|cascade|restrict|set null|set default

注意:

① no action:更新或删除父表中的数据时,如果该行的键被其他表引用,则产生错误,并回滚。

② Cascade:当父表中被引用列的数据被更新或删除时,子表中的相应数据也被更新或删除。

③ restrict:与 no action 规则基本相同,只是引用列中的数据永远不能违反外键的引用完整性,暂时的也不行。

④ set null:当父表数据被更新或删除时,子表中的相应数据被设置成 Null 值,前提是子表中的相应列允许 null 值。

⑤ set default:当父表数据被更新或删除时,子表中的数据被设置成默认值。前提是子表中的相应列设置有默认值。

(5) check(校验)约束:用来检查字段值所允许的范围。DBMS 每当执行 delete、insert

或 update 语句时,都对这个约束过滤。如果为 true,则执行,否则,取消执行并提示错误。

如列定义语法:

Column datetype | domain check(search condition)

表约束语法如下:

constraint constraint_name check(search condition)

实例如下:

create table Teacher
(
  TeacherID char(8) primary key,
College char(5) check(´10045´,´10046´,´10047´,´10048´),
Tname nvarchar(20),
Sex char(2) check(´男´,´女´)
)

如果此时,再往表中插入如下语句则会出错:(因为不满足 College 指定的约束。)

insert into Teacher values(´10008996´,´10044´,´刘波´,´男´)

2. 域约束

语法如下:

create domain domain_name as data type

[default default_value]

[constraint constraint_name] check(value condition expression)

例如:

create domain valid_no as int

constraint constraint_no check(value between 100 and 999)

然后创建表时,使用 valid_no 域:

create table TestDomain
(
  emp_id valid_no,
  emp_name varchar(10)
)

3. 断言约束

不必与特定的列绑定,可以理解为能应用于多个表的 check 约束,因此必须在表定义之外独立创建断言。

语法如下:

create assertion constraint_name

check search condition

例如:

create assertion name

check (Emp_Sal.emp_id in(select emp_id from EmployeeInfo where emp_name is not null))

添加断言后,每当试图添加或修改 Emp_Sal 表中的数据时,就对断言中的搜索条件求值,如果为 false,则取消执行,给出提示。

13.2 数据库的完整性

主要分为引用完整性与实施完整性,其中引用完整性比较常用。

关系模型强制引用完整性,必须启用系统的引用完整性特性来满足关系规则,从技术上说,完整性规则负责维护关系,有如下 3 种类型的完整性。

① Entity(实体):必须不重复地标识每一条记录。
② Referential(引用):每个外键值都必须在相关的表中有一个匹配的主键值(或为 Null)。
③ Business(业务):这些规则是业务特有的,和关系数据库理论无关。

如果禁用引用完整性,在任何时候可输入数据,只要数据不会违反其他表或字段属性的需求就行了,例如,验证规则和数据类型等。相反地,引用完整性会强制规则,限制在什么时候能修改、添加或删除数据。启用引用完整性后,除非在相关的表中存在一个匹配的主键值,否则不能输入一个新的外键值。如果相关的表中有一个匹配的外键值,就不能更改主键值。另外,如果在相关的表中有匹配的外键值,就不能删除一个主键值。在这种情况下删除主键记录会造成"孤儿",即信息可能无法查询到。

决定何时启用引用完整性,除非有非常特别的理由,否则在每个数据库中都应启用引用完整性,但在启用引用完整性之前,必须满足以下几方面的条件。

① 要强制引用完整性的关系必须基于一个主键或一个唯一性的索引。
② 不可在不同数据库的表之间强制引用完整性,所有表都必须在同一个数据库内。
③ 关系必须基于数据类型相同的字段(有的系统允许在自动编号字段和一个编号字段之间建立关系)。

示例:只有亲身体验,才能完全掌控引用完整性。下面以一个书籍数据库为基础,使用用户的系统在 Books 和 Publishers 表之间启用引用完整性。图 13.1 展示了 Microsoft Access 中的对话框和 Relationships 窗口。

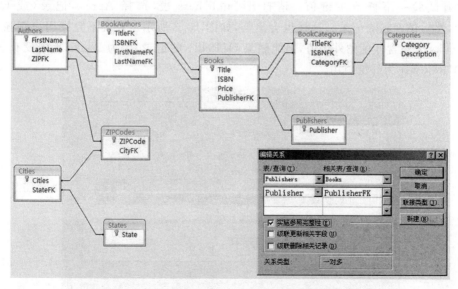

图 13.1 在 Books 和 Publisher 表之间启用引用完整性

在两个表之间启用了引用完整性之后，数据输入将受到更多的限制：
- 不可在 Books.PublisherFK 中输入新的外键值，除非首先在 Publishers.Publisher 中将新值作为主键值输入；
- 如果 Books.PublisherFK 中存在一个匹配的值（外键），那么不能在 Publishers.Publisher 中更改一个值（主键）；
- Books.PublisherFK 中存在一个匹配的值（外键），那么不能从 Publishers.Publisher 中删除一个值（主键）。

输入、删除和更改数据时，如果违反了引用完整性，会发生什么呢？下面以 Microsoft Access 为例来实际体验一下。首先打开 Books 表，然后输入 Nee Nee's Truck 的记录，如图 13.2 所示。保存记录时会产生一个错误，因为 RabbitPress 在 Publishers 表中不是个主键值。必须先在 Publishers 表中为 RabbitPress 输入一条记录，否则引用完整性不认为 RabbitPress 是个外键值。

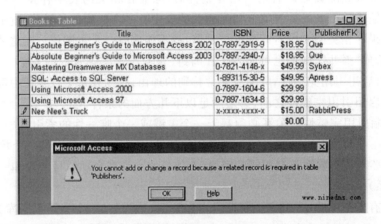

图 13.2 系统拒绝 RabbitPress 成为一个外键

接着试验一下修改主键值。请打开 Publishers 表，选择 Apress 记录（或 Que 及 Sybex），然后试着删除记录。这样也会出错，如图 13.3 所示。系统不允许用户删除记录，因为 Books 表包含匹配的外键值，但能删除 O'Reilly 的记录，因为 Books 表中没有所有记录将 O'Reilly 作为外键使用。

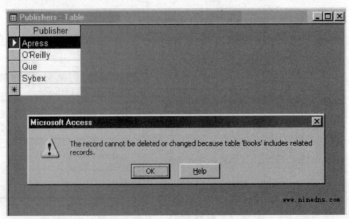

图 13.3 不能删除 Apress 记录

如果将 Apress 修改成 RabbitPress,会再次出现上述错误。记住,只要在相关的表中存在匹配的外键值,那么主键也是不能修改的。相反,O'Reilly 就能修改成 RabbitPress。

(1) 启用级联选项

强制了引用完整性后,如果必须更改或删除一个主键值,就可能遇到麻烦。为此,应该在更改时暂时禁用引用完整性,或启用一个级联选项。

(2) 级联更新

启用一个级联更新选项后,就可以在存在相匹配的外键值的前提下更改一个主键值。系统会相应地更新所有匹配的外键值。下面来看看 Microsoft Access 中的一个例子,如图 13.4 所示,打开 Books 和 Publishers 表之间的级联选项。

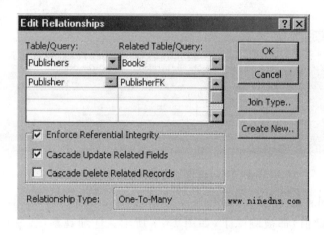

图 13.4 启用级联更新选项

接着打开 Publishers 表,试验将 Apress 变成 RabbitPress。这一次,系统将接受更改,而不是像图 13.3 那样报错。打开 Books 表并检查 PublisherFK 值,如图 13.5 所示,系统在接受 RabbitPress 后,将所有匹配的外键值从 Apress 变成了 RabbitPress。这样一来,更改主键值时就不会产生信息"孤儿"了。

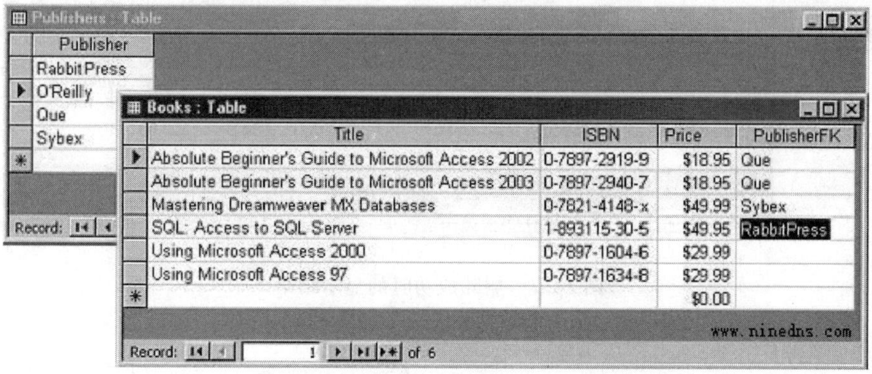

图 13.5 级联更新选项更改了所有匹配的外键值

如果系统不允许编辑"自动编号"数据类型,但一个主键要基于这样的一个字段,那么级联更新是没有用的,当然,由于不能更改主键值,所以也不会产生冲突。

(3) 级联删除

在相关的表中存在相匹配的外键值时,用户可以删除一个主键。启用级联删除选项后,就能成功删除主键值。这时,系统会自动删除外键记录,以避免产生信息"孤儿"。

在下面的例子中,必须启用级联删除选项(如图 13.4 所示)。接着,打开 Publishers 表并试着删除第一条记录(Apress)。系统可能显示如图 13.6 所示的一条警告消息。

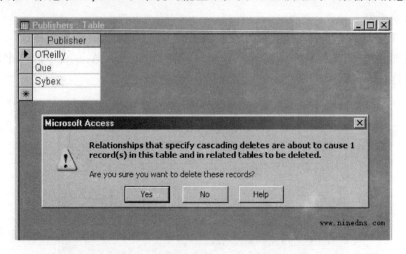

图 13.6 删除主键值时显示警告消息

最后打开 Books 表,查看从 Publishers 表删除 Apress 后的结果。匹配的外键(整条记录,而非仅仅是外键值)都被删除了,如图 13.7 所示。仔细观察,会发现 SQL:Access to SQL Server 记录已消失了。

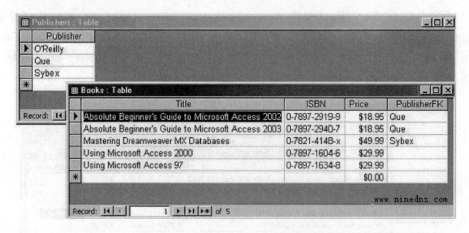

图 13.7 删除成功时的显示结果

警告!

① 级联选项(尤其是级联删除选项)如果使用不当,可能产生破坏性的后果。为了保护数据,不要永久性地启用这两个选项。相反只有在真正需要,而且有十足的把握时,才暂时启用它们。用毕则将其关闭。

② 为了去除数据表可能存在冗余的可能性和数据的完整性,需要设计把一张表拆分成

多张表,表与表之间通过参照完整性来维护表之间的关系。

③ 设计表的时候,被参照的表的字段称为主键,参考主键的表的字段叫该表的外键,设计好后进入 Access 软件工具栏的"关系"按钮就可以来设计表与表之间的参照关系了。

④ 级联更新相关记录:就是参照表的主键更新了,外键同步自动更新。

⑤ 级联删除相关记录:就是参照表的主键删除了,外键同步删除。

⑥ 实施参照完整性:就是限定外键必须来源于参照表的主键,Access 不允许外键为空,而 SQL Server 2000 允许这种情况。

13.3 数据库的恢复

13.3.1 数据库后备

使用一个数据库时,总希望数据库的内容是可靠的、正确的,但由于计算机系统的故障(硬件故障、软件故障、网络故障、进程故障和系统故障)影响数据库系统的操作,影响数据库中数据的正确性,甚至破坏数据库,使数据库中全部或部分数据丢失。因此当发生上述故障后,希望能重新建立一个完整的数据库,该处理称为数据库恢复。恢复子系统是数据库管理系统的一个重要组成部分。恢复处理随发生的故障类型所影响的结构而变化。

(1) 恢复数据库所使用的结构

Access 数据库使用几种结构应对可能的故障来保护数据:数据库后备、日志、回滚段和控制文件。

① 数据库后备是由构成 Access 数据库的物理文件的操作系统后备所组成。当介质故障时进行数据库恢复,利用后备文件恢复毁坏的数据文件或控制文件。

② 日志,每一个 Access 数据库实例都提供,记录数据库中所作的全部修改。一个实例的日志至少由两个日志文件组成,当实例故障或介质故障时进行数据库部分恢复,利用数据库日志中的改变应用于数据文件,修改数据库数据到故障出现的时刻。数据库日志由两部分组成:在线日志和归档日志。

每一个运行的 Access 数据库实例相应地有一个在线日志,它与 Access 后台进程 LGWR 一起工作,立即记录该实例所作的全部修改。在线日志由两个或多个预期分配的文件组成,以循环方式使用。

归档日志是可选择的,一个 Access 数据库实例一旦在线日志填满后,可形成在线日志的归档文件。归档的在线日志文件被唯一标识并合成归档日志。

③ 回滚段用于存储正在进行的事务(为未提交的事务)所修改值的老值,该信息在数据库恢复过程中用于撤销任何非提交的修改。

④ 控制文件,一般用于存储数据库的物理结构的状态。控制文件中某些状态信息在实例恢复和介质恢复期间用于引导 Access。

(2) 在线日志

一个 Access 数据库的每一实例有一个相关联的在线日志。一个在线日志由多个在线日志文件组成。在线日志文件填入日志项,日志项记录的数据用于重构对数据库所作的全部修改。后台进程 LGWR 以循环方式写入在线日志文件。当前的在线日志文件写满后,日志写入进程(log writer,LGWR)写入到下一可用在线日志文件,当最后一个可用的在线日志文件的检查点已完成时即可使用。如果归档不实施,一个已填满的在线日志文件(当包含该在线日志文件的检查点完成),该文件已被归档后即可使用。在任何时候,仅有一个在线日志文件被写入存储日志项,它被称为活动的或当前在线日志文件,其他的在线日志文件为不活动的在线日志文件。

当 Access 结束写入一个在线日志文件时,又开始写入到另一个在线日志文件的节点称为日志开关。日志开关在当前在线日志文件完全填满,必须继续写入到下一个在线日志文件时出现,也可由 DBA 强制日志开关。每个日志开关出现时,每个在线日志文件赋给一个新的日志序列号。如果在线日志文件被归档,在归档日志文件中包含有它的日志序列号。

Access 后台进程 DBWR(数据库写)将 SGA 中所有被修改的数据库缓冲区(包含提交和未提交的)写入到数据文件,这样的事件称为出现一个检查点。因下列原因实现检查点。

① 检查点确保将内存中经常改变的数据段块每隔一定时间写入到数据文件。由于 DBWR 使用最近最少使用算法,经常修改的数据段块从不会作为最近最少使用块,如果检查点不出现,它从不会写入磁盘。

② 由于直至检查点时所有的数据库修改已记录到数据文件,先于检查点的日志项在实例恢复时不再需要应用于数据文件,所以检查点可加快实例恢复。

虽然检查点有一些开销,但 Access 既不停止活动又不影响当前事务。由于 DBWR 不断地将数据库缓冲区写入到磁盘,所以一个检查点一次不必写许多数据块。一个检查点保证自前一个检查点以来的全部修改数据块写入到磁盘。检查点不管填满的在线日志文件是否正在归档,它总是出现。如果实施归档,在 LGWR 重用在线日志文件之前,检查点必须完成并且所填满的在线日志文件必须被归档。

检查点可对数据库的全部数据文件出现(称为数据库检查点),也可对指定的数据文件出现。下面说明一下什么时候出现检查点及出现什么情况。

- 在每一个日志开关处自动地出现一个数据库检查点。如果前一个数据库检查点正在处理,由日志开关实施的检查点优于当前检查点。
- 初始化参数 LOG-CHECKPOINT-INTERVAL 设置所实施的数据库检查点,当预定的日志块数被填满后(自最后一个数据库检查点以来),实施一个数据库检查点。另一个参数 LOG-CHECKPOINT-TIMEOUT 可设置自上一个数据库检查点开始之后指定秒数后实施一个数据库检查点。这种选择对使用非常大的日志文件时有用,它在日志开始处增加检查点。由初始化参数所启动的数据库检查点只有在前一个检查点完成后才能启动。
- 当一个在线表空间开始后备时,仅对构成该空间的数据文件实施一个检查点,该检查点压倒仍在进行中的任何检查点。
- 当 DBA 使一个表空间离线时,仅对构成该表空间的在线文件实施一个检查点。
- 当 DBA 以正常或立即方式关闭一个实例时,Access 在实例关闭之前实施一个数据库检查点,该检查点压倒任何运行检查点。
- DBA 可要求实施一个数据库检查点,该检查点压倒任何运行检查点。

(3) 归档日志

Access 要将填满的在线日志文件组归档时,则要建立归档日志,或称离线日志。其对数据库后备和恢复有下列用处：
- 数据库后备以及在线和归档日志文件，在操作系统或磁盘故障中可保证全部提交的事务可被恢复。
- 在数据库打开时和正常系统使用下，如果归档日志是永久保持，在线后备可以进行和使用。

如果用户数据库要求在任何磁盘故障的事件中不丢失任何数据，那么归档日志必须要存在。归档已填满的在线日志文件可能需要 DBA 执行额外的管理操作。

归档机制决定于归档设置，归档已填满的在线日志组的机制可由 Access 后台进程 ARCH 自动归档或由用户进程发出语句手工归档。当日志组变为不活动、日志开关指向下一组已完成时，ARCH 可归档一组，可存取该组的任何或全部成员，完成归档组。在线日志文件归档之后才可为 LGWR 重用。当使用归档时，必须指定归档目标指向一存储设备，它不同于其他数据文件、在线日志文件和控制文件的设备，理想的是将归档日志文件永久地移到离线存储设备、如磁带。

数据库可运行在两种不同方式下：NOARCHIVELOG 方式或 ARCHIVELOG 方式。数据库在 NOARCHIVELOG 方式下使用时，不能进行在线日志的归档。在该数据库控制文件指明填满的组不需归档，所以一旦填满的组成为活动，在日志开关的检查点完成，该组即可被 LGWR 重用。在该方式下仅能保护数据库实例故障，不能保护介质（磁盘）故障。利用存储在在线日志中的信息，可实现实例故障恢复。

如果数据库在 ARCHIVELOG 方式下使用时，可实施在线日志的归档。在控制文件中指明填满的日志文件组在归档之前不能重用。一旦组成为不活动，执行归档的进程立即可使用该组。

在实例启动时，通过参数 LOG-ARCHIVE-START 设置，可启动 ARCH 进程，否则 ARCH 进程在实例启动时不能被启动。然而 DBA 在特殊时候可交互地启动或停止自动归档。一旦在线日志文件组变为不活动时，ARCH 进程自动对它归档。

如果数据库在 ARCHIVELOG 方式下运行，DBA 可手工归档填满的不活动的日志文件组，不管自动归档是可以还是不可以。

(4) 数据库后备

不管为 Access 数据库设计成什么样的后备或恢复模式，数据库数据文件、日志文件和控制文件的操作系统后备是绝对需要的，它是保护介质故障的策略部分。操作系统后备有完全后备和部分后备。

① 完全后备：一个完全后备将构成 Access 数据库的全部数据库文件、在线日志文件和控制文件的一个操作系统后备。一个完全后备在数据库正常关闭之后进行，不能在实例故障后进行。在此时，所有构成数据库的全部文件是关闭的，并与当前点相一致。在数据库打开时不能进行完全后备。由完全后备得到的数据文件在任何类型的介质恢复模式中是有用的。

② 部分后备：部分后备为除完全后备外的任何操作系统后备，可在数据库打开或关闭下进行。如单个表空间中全部数据文件后备、单个数据文件后备和控制文件后备。部分后备仅对在 ARCHIVELOG 方式下运行的数据库有用，因为存在的归档日志，数据文件可由部分后备恢复。在恢复过程中与数据库其他部分一致。

13.3.2 数据库恢复

(1) 实例故障的恢复

当实例意外地(如掉电、后台进程故障等)或预料地(发出 SHUTDOUM ABORT 语句)中止时出现实例故障,此时需要实例恢复。实例恢复将数据库恢复至故障之前的事务一致状态。如果在在线后备发现实例故障,则需介质恢复。在其他情况 Access 在下次数据库启动时(对新实例装配和打开),自动地执行实例恢复。如果需要,从装配状态变为打开状态,自动地激发实例恢复,由下列处理:

① 为了解恢复数据文件中没有记录的数据,进行向前滚,该数据记录在在线日志,包括对回滚段的内容恢复;

② 回滚未提交的事务,按步①重新生成回滚段所指定的操作;

③ 释放在故障时正在处理事务所持有的资源;

④ 解决在故障时正经历一阶段提交的任何悬而未决的分布事务。

(2) 介质故障的恢复,介质故障是当一个文件、一个文件的部分或一磁盘不能读或不能写时出现的故障。介质故障的恢复有两种形式,决定于数据库运行的归档方式。

- 如果数据库是可运行的,以致它的在线日志仅可重用但不能归档,此时介质恢复为使用最新的完全后备的简单恢复。在完全后备执行的工作必须手工重做。
- 如果数据库可运行,其在线日志是被归档的,该介质故障的恢复是一个实际恢复过程,重构受损的数据库恢复到介质故障前的一个指定事务一致状态。

不管哪种形式,介质故障的恢复总是将整个数据库恢复到故障之前的一个事务一致状态。如果数据库是在 ARCHIVELOG 方式运行,可有不同类型的介质恢复:完全介质恢复和不完全介质恢复。

① 完全介质恢复可恢复全部丢失的修改。仅当所有必要的日志可用时才可能恢复。有不同类型的完全介质恢复可使用,其决定于毁坏文件和数据库的可用性,举例如下。

- 关闭数据库的恢复。当数据库可被装配却是关闭的,完全不能正常使用时,可进行全部的或单个毁坏数据文件的完全介质恢复。
- 打开数据库的离线表空间的恢复。当数据库是打开的,完全介质恢复可以处理。未损的数据库表空间是在线的可以使用,而受损耗捕空间是离线的,其所有数据文件作为恢复的单位。
- 打开数据库的离线表间的单个数据文件的恢复。当数据库是打开的,完全介质恢复可以处理。未损的数据库表空间是在线的可以使用,而所损的表空间是离线的,该表空间的指定受损的数据文件可被恢复。
- 使用后备的控制文件的完全介质恢复。当控制文件所有副本由于磁盘故障而受损时,可进行介质恢复而不丢失数据。

② 不完全介质恢复是在完全介质恢复不可能或不要求时进行的介质恢复。重构受损的数据库,使其恢复介质故障前或用户出错之前的一个事务一致性状态。不完全介质恢复有不同类型的使用,决定于需要不完全介质恢复的情况,分为下列类型:基于撤销、基于时间和基于修改的不完全恢复。

基于撤销恢复:在某种情况,不完全介质恢复必须被控制,DBA 可撤销在指定点的操作。基于撤销的恢复当在一个或多个日志组(在线的或归档的)已被介质故障所破坏,不能用于恢复过程时使用,介质恢复必须控制,要求使用最近的、未损的日志组用于数据文件在中止恢复后的操作。

基于时间和基于修改的恢复:如果 DBA 希望恢复到过去的某个指定点,不完全介质恢复不理想时,可在下列情况下使用。

- 当用户意外地删除一表,并注意到错误提交的估计时间,DBA 可立即关闭数据库,恢复它到用户错误之前时刻。
- 由于系统故障,一个在线日志文件的部分被破坏,所以活动的日志文件突然不可使用,实例被中止,此时需要介质恢复。在恢复中可使用当前在线日志文件的未损部分,DBA 利用基于时间的恢复,一旦将有效的在线日志已应用于数据文件后停止恢复过程。

在这两种情况下,不完全介质恢复的终点可由时间点或系统修改号(SCN)来指定。

13.3.3 操作具体实例

数据库修复相对比较难,如果没有事先进行数据库备份,会存在很多问题,下面介绍如何简单修复 Access 数据库。

(1) 使用 Access 2002 打开数据库,若系统提示"不可识别的数据库格式"或"不是该表的索引"等信息,这时数据库损坏比较严重。损坏严重的数据库一般来说都是无法修复的,只能恢复备份,好在这种情况比较少见。

(2) 若数据库损坏得不严重,只需要使用 Access 2002 菜单上的"修复数据库"和"压缩数据库"就可以把数据库修复好。因为数据库轻微损坏的时候,一般也不会导致软件出什么问题,所以也不会引起人的注意,只有当数据库的某一个或几个表损坏了的时候,才会使软件变得不稳定,这种情况可能是经常遇到的。

(3) 如何确定数据库中哪几个表有问题呢,首先利用 Access 2002 建立一个空数据库,利用系统提供的"引入数据库"功能,选择目标数据库所有的表进行引入,Access 2002 当引入到有问题的表时系统会提示一些错误信息,把这个表的名字记下来以备以后修复时使用。接下来利用 Access 2002 打开有问题的数据库,准备修复表。修复损坏的表的方法依照表损坏程度不同而不同,下面分情况介绍处理的办法。

① 表损坏得非常严重,表现为无法打开表,系统提示"Microsoft jet 找不到对象"、"没有读写权限"或"不可识别"等信息。

处理方法:这种表已经损坏得非常严重了,一般无法修复。如果这个表不很重要或通常情况下表的内容为空的话,例如"学年学期表"、"学生选课用户表",可以通过引入的方法把其他数据库的表引入,然后把有问题的表删除即可。

② 表中有几行内容非常混乱或字段内标有"#已删除"字样,但当要删除这些记录时就会出现错误信息不许删除。

处理办法:既然不让删除这些记录,可以通过使用 SQL 语句把没有问题的记录复制到一个新的表中,然后把老表删除把新表的名字改过来即可。例如"学年学期表 Term"中有错误记录又无法删除,可以使用如下 SQL 语句把好的记录复制到 TermTEMP 中:

SELECT. * INTO TermTEMP FROM Term WHERE {筛选的条件}

然后删除表Term,再把表TermTEMP的名字改为Term即可解决问题。

修复Access数据库的注意事项,首先,在修复数据库前一定要做好备份,以防数据丢失或损坏;有一些数据库中有RELATION(关系)来维护数据的一致性,但当数据库异常后相关表的RELATION也就丢失了,在修复好数据库后一定要把RELATION再连好,有些软件可以自动修复RELATION,如Access数据库,当修订后重新进入系统时,系统会自动升级并重建索引。

13.4 本章小结

数据库的重要特征是它能为多个用户提供数据共享。在多个用户使用同一数据库系统时,要保证整个系统的正常运转,DBMS必须具备一整套完整而有效的安全保护措施。本章从安全性控制、完整性控制、并发性控制和数据库恢复4方面讨论了数据库的安全保护功能。

数据库的安全性是指保护数据库,以防止因非法使用数据库所造成数据的泄露、更改或破坏。实现数据库系统安全性的方法有用户标识和鉴定、存取控制、视图定义、数据加密和审计等多种,其中,最重要的是存取控制技术和审计技术。

并发控制是为了防止多个用户同时存取同一数据,造成数据库的不一致性。事务是数据库的逻辑工作单位,并发操作中只有保证系统中一切事务的原子性、一致性、隔离性和持久性,才能保证数据库处于一致状态。并发操作导致的数据库不一致性主要有丢失更新、污读和不可重读3种。实现并发控制的方法主要是封锁技术,基本的封锁类型有排它锁和共享锁两种,3个级别的封锁协议可以有效解决并发操作的一致性问题。对数据对象施加封锁,会带来活锁和死锁问题,并发控制机制可以通过采取一次加锁法或顺序加锁法预防死锁的产生。死锁一旦发生,可以选择一个处理死锁代价最小的事务将其撤销。

数据库的恢复是指系统发生故障后,把数据从错误状态中恢复到某一正确状态的功能。对于事务故障、系统故障和介质故障3种不同的故障类型,DBMS有不同的恢复方法。登记日志文件和数据转储是恢复中常用的技术,恢复的基本原理是利用存储在日志文件和数据库后备副本中的冗余数据来重建数据库。

数据库的完整性是指保护数据库中数据的正确性、有效性和相容性。完整性和安全性是两个不同的概念,安全性措施的防范对象是非法用户和非法操作,完整性措施的防范对象是合法用户的不合语义的数据。

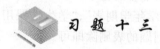

一、填空题

1. 对数据库的保护一般包括_____、_____、_____和_____4个方面的内容。

2. 对数据库_____性的保护就是指要采取措施,防止库中数据被非法访问、修改,甚至恶意破坏。

3. 安全性控制的一般方法有_____、_____、_____、_____和_____ 5种。

4. 用户鉴定机制包括_____和_____两个部分。

5. 每个数据均需指明其数据类型和取值范围,这是数据_____约束所必需的。

6. 在SQL中,_____语句用于提交事务,_____语句用于回滚事务。

7. 加锁对象的大小被称为加锁的_____。

8. 对死锁的处理主要有两类方法,一是_____,二是_____。

9. 解除死锁最常用的方法是_____。

10. 基于日志的恢复方法需要使用两种冗余数据,即_____和_____。

二、单项选择题

1. 对用户访问数据库的权限加以限定是为了保护数据库的(　　)。
   A. 安全性　　　B. 完整性　　　C. 一致性　　　D. 并发性

2. 数据库的(　　)是指数据的正确性和相容性。
   A. 完整性　　　B. 安全性　　　C. 并发控制　　　D. 系统恢复

3. 在数据库系统中,定义用户可以对哪些数据对象进行何种操作被称为(　　)。
   A. 审计　　　B. 授权　　　C. 定义　　　D. 视图

4. 脏数据是指(　　)。
   A. 不健康的数据
   B. 缺损的数据
   C. 多余的数据
   D. 被撤销的事务曾写入库中的数据

5. 设对并发事务 T1、T2 的交叉并行执行如下,执行过程中(　　)。

   T1　　　　　　　　　　　　T2
   ① READ(A)
   ②　　　　　　　　　　　　READ(A)
   　　　　　　　　　　　　　A＝A＋10 写回
   ③ READ(A)

   A. 有丢失修改问题　　　　　B. 有不能重复读问题
   C. 有读脏数据问题　　　　　D. 没有任何问题

6. 若事务 T1 已经给数据 A 加了共享锁,则事务 T2(　　)。
   A. 只能再对 A 加共享锁
   B. 只能再对 A 加排它锁
   C. 可以对 A 加共享锁,也可以对 A 加排它锁
   D. 不能再给 A 加任何锁

7. 用于数据库恢复的重要文件是(　　)。
   A. 日志文件　　　B. 索引文件　　　C. 数据库文件　　　D. 备注文件

8. 若事务 T1 已经给数据对象 A 加了排它锁,则 T1 对 A(　　)。
   A. 只读不写
   B. 只写不读
   C. 可读可写
   D. 可以修改,但不能删除

9. 数据库恢复的基本原理是(　　)。
   A. 冗余　　　B. 审计　　　C. 授权　　　D. 视图

10. 数据备份可只复制自上次备份以来更新过的数据,这种备份方法称为( )。
   A. 海量备份　　　B. 增量备份　　　C. 动态备份　　　D. 静态备份

三、简答题

1. 简述数据库保护的主要内容。
2. 什么是数据库的安全性？简述 DBMS 提供的安全性控制功能包括哪些内容。
3. 什么是数据库的完整性？DBMS 提供哪些完整性规则？简述其内容。
4. 数据库的安全性保护和完整性保护有何主要区别？
5. 数据库管理系统中为什么要有并发控制机制？
6. 在数据库操作中不加控制的并发操作会带来什么样的后果？如何解决？
7. 数据库运行过程中可能产生的故障有哪几类？各类故障如何恢复？
8. 什么是数据恢复？为什么要进行数据备份？

参 考 文 献

[1] 萨师煊,王删.数据库系统概论.第3版.北京:高等教育出版社,2000.
[2] 陈恭和.数据库基础与Access应用教程.北京:高等教育出版社,2003.
[3] 史济民,汤观全.Access应用系统开发教程.北京:清华大学出版社,2004.
[4] 王连平.Access数据库应用技术题解及实验指导.北京:中国铁道出版社,2005.
[5] 李雁翎.数据库技术及应用－Access.北京:高等教育出版社,2006.
[6] 于繁华.Access基础教程.第2版.北京:中国水利水电出版社,2005.
[7] 解圣庆.Access 2003数据库教程.北京:清华大学出版社,2006.
[8] 张强.Access 2003数据库应用开发实例.北京:电子工业出版社,2007.
[9] 刘大玮,王永皎,巩志强.Access数据库项目案例导航.北京:清华大学出版社,2005.
[10] 訾秀玲,等.Access数据库技术及应用教程习题与实验指导.北京:清华大学出版社,2007.